全国高等教育机电类专业规划教材

数控技术

明兴祖　陈书涵　主编

严宏志　主审

SHUKONG
JISHU

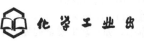

化学工业出版社

·北京·

数控技术是用数字程序控制数控设备实现自动工作的技术，广泛应用于制造领域。本书共分六章，第1章数控技术概述，简述了数控技术的基本概念与特点，数控设备的组成与分类，数控技术的发展状况；第2章数控加工及其程序编制，介绍了数控加工与数控程序编制基础，数控车削、铣削与加工中心的程序编制；第3章轨迹控制原理与数控系统，讨论了脉冲增量插补，数据采样插补，进给速度控制，可编程控制器和典型数控系统；第4章计算机数控装置，阐述了其组成、功能与特点，CNC装置的硬件、软件及数据预处理；第5章数控机床的传动控制与机械结构，介绍了数控机床的位置检测装置，进给伺服系统，主轴驱动及其机械结构，自动换刀装置，总体结构；第6章数控技术综合应用，叙述了数控机床的选用、安装与调试、维修，数控自动编程技术等内容。

本书内容全面、系统，力求重点突出，理论联系实际；文字简练，图文并茂；各章均附有习题，以及时巩固所学知识。

该书是普通高等教育机电类专业数控课程的教材，也可供研究生、电视大学和其他院校机电类专业的学生，以及有关工程技术人员参考。

图书在版编目（CIP）数据

数控技术/明兴祖，陈书涵主编. —北京：化学工业出版社，2012.12（2025.3重印）

全国高等教育机电类专业规划教材

ISBN 978-7-122-15521-4

Ⅰ.①数… Ⅱ.①明… ②陈… Ⅲ.①数控技术—高等学校—教材 Ⅳ.①TP273

中国版本图书馆 CIP 数据核字（2012）第 237711 号

责任编辑：高　钰	文字编辑：云　雷
责任校对：边　涛	装帧设计：史利平

出版发行：化学工业出版社（北京市东城区青年湖南街13号　邮政编码100011）
印　　装：北京科印技术咨询服务有限公司数码印刷分部
787mm×1092mm　1/16　印张14½　字数365千字　2025年3月北京第1版第6次印刷

购书咨询：010-64518888　　　　　　　售后服务：010-64518899
网　　址：http://www.cip.com.cn
凡购买本书，如有缺损质量问题，本社销售中心负责调换。

定　　价：46.00元

前　言

数控技术是 20 世纪 70 年代发展起来的，它是集计算机、自动控制、精密测量、信息管理与机械制造等技术为一体的现代控制技术，广泛应用于机械制造领域，是制造业实现自动化、柔性化、集成化生产的基础。

本书从数控技术课程的知识、能力和素质结构要求出发，按照该课程的教学大纲而编写，内容包括数控技术概述，数控加工及其程序编制，轨迹控制原理与数控系统，计算机数控装置，数控机床的传动控制与机械结构，数控技术综合应用等。

该书内容全面、系统，重点突出，强调理论联系实际；文字简练，图文并茂；各章均附有习题，以及时巩固所学知识。本书是普通高等教育机电类本科专业数控课程的教材，也可供研究生、电视大学和其他院校机电类专业的学生，以及有关工程技术人员参考。

本书由明兴祖、陈书涵任主编，编写分工为：明兴祖、周静编写了第 1 章、第 3 章，陈书涵、熊显文、汤迎红编写了第 2 章，刘赣华、孙晓编写了第 4 章，文泽军、李忠群、李兵华编写了第 5 章，付彩明、姚建民编写了第 6 章。全书由明兴祖教授负责统稿和定稿，并由中南大学严宏志教授负责主审。

限于编者的经验和水平，书中难免有欠妥之处，恳请广大读者批评指正。

编　者
2013 年 1 月

目　录

第 1 章 数控技术概述

1.1 数控技术的基本概念与特点

1.1.1 数控技术的基本概念

数控技术，简称数控（Numerical Control，NC），它是以数字或数字代码的形式来实现控制的一门技术。如果一种设备的控制过程是以数字形式来描述的，其工作过程是在数控程序的控制下自动地进行，那么这种设备就称为数控设备，主要有数控机床、数控激光与火焰切割机、数控压力机、数控弯管机、数控绘图机、数控冲剪机、数控坐标测量机、数控雕刻机等，其中数控机床是数控设备的典型代表。图 1.1 为数控设备的一般工作原理图。

图 1.1 数控设备的工作原理

由图 1.1 知，操作者根据工作要求编制数控程序，并将数控程序记录在程序介质（如磁带、磁盘等）上。数控程序经数控设备的输入输出接口输入到数控设备中，控制系统按数控程序控制该设备执行机构的各种动作或运动轨迹，达到规定的工作结果。

"数控"与"顺控"的概念不同。"数控"能自动控制执行部件的位移和相对位置坐标、速度、转速与各种辅助功能，以及动作顺序等，控制指令采用数字形式；而"顺控"只能自动控制执行部件动作的先后顺序，控制指令则采用模拟形式。

1.1.2 数控技术的特点

数控技术是集计算机、自动控制、精密测量、信息管理与机械制造等技术为一体的现代控制技术，广泛应用于机械制造领域，是制造业实现自动化、柔性化、集成化生产的基础。它的特点可概括为以下几点。

（1）加工精度高，产品质量稳定

由于数控设备按预定的数控程序自动控制，在元件、机械机构和软件上采用了提高精度的很多措施，所以数控设备能达到较高的加工精度。更重要的是数控设备的加工精度不受产品形状及其复杂程度的影响，消除了操作者的人为误差，提高了同批零件加工的一致性，从而使产品质量稳定。

（2）生产率高

数控机床可以采用较大的运动用量，有效地节省了运动工时；还有自动换速、自动换刀和其他辅助操作自动化等功能，使辅助时间大为缩短。这些都有效地提高了生产率。

（3）适应性强

数控加工是按零件要求编制的数控程序来控制设备执行机构的各种动作，当工作要求改变时，只要改变数控程序软件，而不需改变机械部分和控制部分的硬件，就能适应。因此，生产准备周期短，有利于机械产品的更新换代，适应性强。

（4）减轻劳动强度，改善劳动条件

因数控加工是自动完成，许多动作不需操作者进行，故劳动强度减轻，劳动条件大为改善。

（5）有利于生产管理

采用数控加工，能准确地计算零件加工时间，加强了零件的计时性，便于实现生产计划调度，简化和减少了检验、工装准备和半成品调度等管理工作。通过数控设备之间的通信，有利于向计算机控制和管理生产方向发展，为实现制造和生产管理自动化创造了条件。

数控设备是一种高自动化的机电设备，技术复杂，成本高。发达国家拥有的数控机床占机床总数的20％左右，目前我国数控机床多用于精度高、形状复杂的中、小批量零件的加工。随着我国经济实力的增强和技术水平的提高，数控技术的普及程度越来越高，数控机床也不断扩大其应用范围。

1.2　数控设备的组成与分类

1.2.1　数控设备的组成

数控设备的基本组成框图如图1.2所示，它主要由输入输出装置、计算机数控装置、伺服系统和受控设备四部分组成。

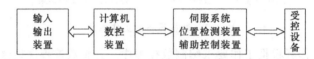

图1.2　数控设备基本组成框图

（1）输入输出装置

输入输出装置主要用于零件数控程序的编译、存储、打印和显示等。简单的输入输出装置有键盘和发光二极管显示器。一般的输入输出装置除了人机对话编程键盘和阴极射线管（Cathode Ray Tube，CRT）外，还包括纸带、磁带或磁盘输入机、穿孔机等。高级的输入输出装置还包括自动编程机或计算机辅助设计/计算机辅助制造（Computer Aided Design / Computer Aided Manufacturing，CAD/CAM）系统。

（2）计算机数控装置

计算机数控装置是数控设备的核心。经过数控程序输入到计算机数控装置后，进行编译、运算和逻辑处理后，输出各种控制指令和信号。

（3）伺服系统、位置检测装置、辅助控制装置

伺服系统由伺服驱动电路和伺服驱动装置组成，并与设备的执行部件和机械传动部件组成数控设备的进给系统。它根据计算机数控装置发来的速度和位移指令，控制执行部件的进给速度、方向和位移。

闭环系统中通过位置检测装置测量执行部件或中间传动件的进给位置，并把测量信息反馈，与指令位置进行比较，将其误差转换、放大后控制执行部件的进给运动。

辅助控制装置是介于计算机数控装置和受控设备的机械、液压部件之间的强电控制装置，其主要作用是反馈受控设备的某些状态给计算机数控装置进行处理，接受计算机数控装置输出的主运动变速、换刀、辅助装置的动作等信号，经必要的逻辑判断、功率放大后直接驱动相应的器件与机械部件，完成数控指令所规定的辅助动作。

（4）受控设备

受控设备是被控制的对象，是数控设备的主体，一般都需要对它进行位移、角度和各种开关量的控制。不同的数控设备，其受控设备也不同。数控机床的受控设备包括主运动部

件、进给运动执行部件和支承部件，还有冷却、润滑、夹紧等辅助装置。加工中心（Machining Center，MC）的受控设备还有存放刀具的刀库、交换刀具机械手等部件。

1.2.2　数控设备的分类

数控设备的种类很多，各行业都有自己的数控设备分类方法。在机床行业，数控机床通常从以下不同角度进行分类。

（1）按工艺用途分类

按其工艺用途可以划分为以下 4 大类。

1）金属切削类

指采用车、铣、镗、钻、铰、磨、刨等各种切削工艺的数控机床。它又可分为以下 2 类。

①普通数控机床。它一般指在加工工艺过程中的一个工序上实现数字控制的自动化机床，有数控车、铣、钻、镗及磨床等。普通数控机床在自动化程度上还不够完善，刀具的更换与零件的装夹仍需人工来完成。

②加工中心。加工中心（MC）是带有刀库和自动换刀装置的数控机床。在加工中心上，可使零件一次装夹后，实现多道工序的集中连续加工。加工中心的类型很多，一般分为立式加工中心、卧式加工中心和车削加工中心等。加工中心由于减少了多次安装造成的误差，所以提高了零件各加工面的位置精度，近年来发展迅速。

2）金属成形类

此类指采用挤、压、冲、拉等成形工艺的数控机床，常用的有数控弯管机、数控压力机、数控冲剪机、数控折弯机、数控旋压机等。

3）特种加工类

此类主要有数控电火花线切割机、数控电火花成形机、数控激光与火焰切割机等。

4）测量、绘图类

主要有数控绘图机、数控坐标测量机、数控对刀仪等。

（2）按控制运动的方式分类

①点位控制数控机床　这类数控机床有数控钻床、数控坐标镗床、数控冲床等。

②点位直线控制数控机床　这类机床有数控车床和数控铣床等。

③轮廓控制数控机床　这类机床有数控车床、铣床、磨床和加工中心等。

（3）按伺服系统的控制方式分类

1）开环数控机床

开环数控机床采用开环进给伺服系统，图 1.3 所示为典型的开环数控机床结构框图。这类控制中，没有位置检测元件，CNC 装置输出的指令脉冲经驱动电路的功率较大，驱动步进电机转动，再经传动机构带动工作台移动。

图 1.3　开环数控机床结构框图

开环数控机床的结构较简单、成本较低、调试维修方便，但由于受步进电机的步距精度和传动机构的传动精度的影响，难以实现高精度的位置控制，进给速度也受步进电机工作频率的限制。一般适用于中、小型经济型数控机床。

2）半闭环控制数控机床

将位置检测元件安装在驱动电机的端部或传动丝杠端部，间接测量执行部件的实际位置或位移，则称为半闭环控制数控机床，其结构框图如图 1.4 所示。这类控制可获得比开环数控机床更高的精度，调试比较方便，因而得到广泛应用。

图 1.4 半闭环控制数控机床结构框图

3）闭环控制数控机床

这类数控机床是将位置检测元件直接安装机床执行部件（如工作台）上，用以检测机床执行部件的实际位置，并与 CNC 装置的指令位置进行比较，用差值进行控制，其结构框图如图 1.5 所示。

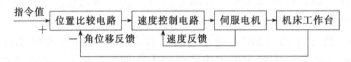

图 1.5 闭环控制数控机床结构框图

闭环控制数控机床由于采用了位置控制和速度控制两个回路，把机床工作台纳入了控制环节，可以清除包括传动误差在内的有关误差，因而定位精度高，速度更快。但由于系统复杂，调试和维修较困难，成本高，一般适用于精度要求高的数控机床，如数控精密镗铣床。

此外，按所用数控系统的档次通常把数控机床分为低档、中档、高档 3 类数控机床。中档、高档数控机床一般称为全功能数控或标准型数控。

1.3 数控技术的发展状况

1.3.1 数控设备的发展历史

（1）数控设备的产生

随着社会生产和科学技术的不断发展，机械产品的结构越来越合理，其性能、精度和效率日趋提高，因此对加工机械产品的生产设备提出了三高（高性能、高精度和高自动化）的要求。

在机械产品中，单件和小批量产品占到 70%～80%。由于这类产品的生产批量小、品种多，一般都采用通用机床加工。当产品改型时，加工所用的机床与工艺装备均需作相应的变换和调整，而且通用机床的自动化程度不高，基本上由人工操作，难于提高生产效率和保证产品质量。

大批大量生产的产品，如汽车、摩托车、家用电器等零件，为了解决高产优质的问题，多采用专用机床、组合机床、专用自动化机床以及专用自动生产线和自动化车间进行生产。但是应用这些专用生产设备，生产周期长，产品改型不易，因而使新产品的开发周期增长，生产设备使用的柔性很差。

现代机械产品的一些关键零部件，如在机床，造船、航天、航空等国防领域的产品零件，往往都精密复杂，加工批量小，改型频繁，显然不能在专用机床或组合机床上加工。而借助靠模和仿形机床，或者借助划线和样板用手工操作的方法来加工，加工精度和生产效率受到很大的限制。特别对空间的复杂曲线曲面，在普通机床上根本无法实现。

为了解决上述问题，一种新型的数字程序控制机床应运而生，1952 年美国帕森公司（Parsons Co.）公司与麻省理工学院（MIT）合作研制了第一台三坐标立式数控铣床。该机床的研制成功是机械制造行业中的一次技术革命，使机械制造业的发展进入了一个新的阶段。此后，数控机床相继快速发展，为单件、小批量生产，特别是复杂型面零件提供了自动化加工手段。

（2）数控设备的发展

在第一台数控机床问世后，随着微电子技术的迅猛发展，数控系统也在不断地更新换代，先后经历了电子管（1952 年）、晶体管和印刷电路板（1960 年）、小规模集成电路（1965 年）、小型计算机（1970 年）、微处理器或微型计算机（1974 年）和基于 PC-NC 的智能数控系统（20 世纪 90 年代后）6 代数控系统。

前 3 代数控系统是属于采用专用控制计算机的硬逻辑（硬线）数控系统，简称 NC（Numerical Control），目前已被淘汰。

第 4 代数控系统采用小型计算机取代专用控制计算机，数控的许多功能由软件来实现，不仅在经济上更为合算，而且提高了系统的可靠性和功能特色，故这种数控系统又称为软线数控，即计算机数控（Computer Numerical Control，CNC）。1974 年采用以微处理器为核心的数控系统，形成第 5 代微型机数控（Micro-computer Numerical Control，MNC）。

由于 CNC 数控系统生产厂家自行设计其硬件和软件，这种封闭式的专用系统具有不同的软硬件模块、不同的编程语言、五花八门的人机界面、多种实时操作系统、非标准化接口等，这些不仅给用户带来了使用上和维修上的复杂性，还给车间物流层的集成带来了很大困难。因此现在发展了基于 PC-NC 的第 6 代数控系统，它充分利用现有 PC 机的软硬件资源，规范设计新一代数控。第 6 代数控的优势在于：

① 元器件集成度高、可靠性好；

② 技术进步快、升级换代容易；

③ 提供了开放式的基础，可供利用的软、硬件资源极为丰富。

在数控系统不断更新换代的同时，数控机床的品种得以不断地发展。自 1952 年世界上出现第一台三坐标数控机床以来，先后研制成功了数控转塔式冲床、数控转塔钻床，1958 年美国 K&T 公司研制出带自动换刀装置的 MC。随着 CNC 技术、信息技术、网络技术以及系统工程学的发展，在 20 世纪 60 年代末期出现了直接数字控制系统（Direct Numerical Control，DNC），70 年代出现了柔性制造单元（Flexible Manufacturing Cell，FMC）和柔性制造系统（Flexible Manufacturing System，FMS）。20 世纪 90 年代后，出现了计算机集成制造系统（Computer Integrated Manufacturing System，CIMS）。从以上说明，数控机床已经成为组成现代化机械制造生产系统，是实现整个生产过程自动化的基本数控设备。

我国数控机床的研制始于 1958 年。到 20 世纪 60 年代末 70 年代初，已经研制出一些晶体管式的数控系统，并用于生产，如数控线切割机床、数控铣床等。但数控机床的品种和数量都很少，稳定性和可靠性也比较差，只在一些复杂的、特殊的零件加工中使用。这是我国数控机床发展的初级阶段。

自改革开放以来，通过技术引进、科学攻关和技术改造，我国的数控机床及技术有了较大进步，逐步形成了产业。"六五"期间国家支持引进数控技术产品；"七五"期间国家支持组织"科技攻关"及实施"数控机床引进消化吸收一条龙"项目，在消化吸收的基础上诞生了一批数控产品；"八五"期间国家又组织近百个单位进行以发展自主版权为目标的"数控技术攻关"，从而为数控技术产业化建立了基础。目前，我国数控机床生产企业有 200 家左右，品种满足率达 80%，并在有些企业实施了 FMS 和 CIMS 工程，表明数控机床进入了实用阶段。

在数控机床全面发展的同时，数控技术在其他数控设备中得以迅速发展，如数控激光与火焰切割机、数控压力机、数控弯管机、数控绘图机、数控冲剪机、数控坐标测量机、数控雕刻机等，也得到了广泛的应用。

1.3.2 数控技术的发展趋势

（1）直接数字控制系统

DNC 是由一台计算机直接管理和控制一群数控机床进行零件加工或装配的计算机群控系统，如图 1.6 所示。

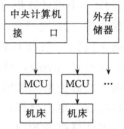

在 DNC 系统中，原来由计算机数控装置完成的插补运算功能全部或部分由中央计算机完成，各台数控机床只需配置一个简单的机床控制器（Machine Control Unit，MCU）用于数据传递、驱动控制和手动操作。为综合考虑运算速度和硬件成本，可将插补分为粗插补与精插补，中央计算机完成粗插补，MCU 或接口电路完成精插补。

图 1.6 直接数字控制系统

DNC 系统具有生产管理、作业调度、工况显示监控和刀具寿命管理等功能，其发展趋势是由一台中央计算机与多台 NC 或 CNC 机床组成分布式，实现分级控制管理，而不是分时控制方式。DNC 系统的灵活性较大，适应性强，可靠性也较高，但其一次性投资比较大。

（2）柔性制造单元与柔性制造系统

1）柔性制造单元

FMC 是以中心控制计算机、若干台 MC 为主体，再配上自动交换工件装置（Automated Work-piece Changer，AWC）的随行托盘（Pallet）或工业机器人以及自动检测与监控技术装备等组成的自动化加工系统。中心控制计算机负责作业调度、自动检测和工况自动监控等功能；工件装在 AWC（工作台）上，在中心控制计算机控制下传送到 MC 上进行加工；MC 接收中心控制计算机传送来的 NC 程序进行加工，并将工况数据送中心控制计算机处理，如工件尺寸自动检测和补偿、刀具损坏和寿命监控等。

图 1.7 所示为北京精密机床厂生产的 FMC-1 型柔性制造单元示意图。它由卧式加工中心、环形工作台、工件托盘及托盘交换装置等组成。环形工作台是一个独立的通用部件，与 MC 并不直接相连，装有工件的托盘在环形工作台的导轨上由环形链条驱动进行回转，每个托盘上有地址编码。当一个工件工序加工完后，托盘交换装置将工件连同托盘一起拖回至环形工作台的空位；然后，按指令将下一个装有待加工工件的托盘转到交换位置，由托盘交换

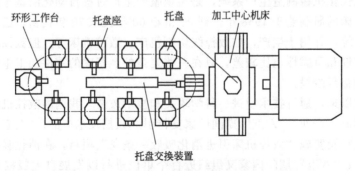

环形工作台　托盘座　托盘　加工中心机床

托盘交换装置

图 1.7 FMC-1 型柔性制造单元

装置送到 MC 工作台上，安装后以待加工。已加工好的工件连同托盘转到装卸工位，由人工卸下后，再装上待加工的工件。

在 FMC 中，工件一次装夹后可在 MC 上自动加工，使得加工的柔性（可编程性）、加工精度和生产效率更高。而且，FMC 自成体系，占地面积小，成本低，功能完善，加工适应范围广，故有廉价小型柔性制造系统之称，可将 FMC 作为组成 FMS 的基础。

2）柔性制造系统

FMS 最原始的定义是由 Kearney & Trecker 给出的：FMS 是一组数控机床，它们能够随机地加工一组有不同加工顺序及加工循环的零件，实行自动运送材料及计算机控制，以便动态地平衡资源的应用，从而使系统能自动地适应零件生产混合的变化及生产量的变化。简言之，FMS 是由多台数控机床连接成的可调加工系统。一般认为，FMS 由加工、物质流、信息流三个子系统组成，每一个子系统还可以有分系统。

图 1.8 所示为一种 FMS 的结构框图。它主要由两部分组成：一是由数控机床群制造单元、工具夹具站、无人输送台车以及存储毛坯、半成品或成品的自动化仓库等传递物质的设备，称为物质流；二是由工厂主计算机和中央管理计算机、物流控制计算机及其相互之间的信息传输网络所组成的信息流（图中这种信息的联系用箭头表示）。各部分的功能叙述如下。

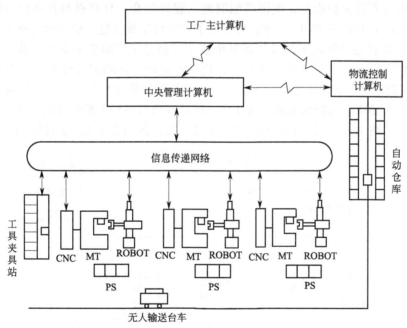

图 1.8　柔性制造系统（FMS）结构框图

① 工厂主计算机。主要用来管理生产计划、材料和外购件在库的管理、CAD、拥护订货计划和合同的管理等，并以此对下一级的中央管理计算机和物流控制计算机进行控制。

② 中央管理计算机。主要对整个系统进行监控，对每一台 CNC 系统和机床（Machine Tool，MT）的加工数据实行控制；对每一台工业机器人（ROBOT）的指令数据进行控制；对工具、夹具和 ROBOT 实行集中管理和控制等。

③ 物流控制计算机。主要完成对自动化仓库、无人输送台车以及加工条件等的集中管理和控制。

④ 信息传输网络。它通常是一种联络各台 CNC 系统和数控机床与中央管理计算机的电缆或光缆网络。

⑤ 数控机床群制造单元。它由 CNC 系统、MT 和 ROBOT 等组成，完成 FMS 对产品零件的加工任务，是系统中的核心单元。

⑥ 工具夹具站和随行工作台站　工具夹具站是工具和夹具的集中管理点。随行工作台站（Parallel Station，PS）用来存放等待加工的或已加工好的工件。

⑦ 无人输送台车。它是联络各台机床和自动化仓库之间的输送工具，即完成零件的搬运和出入库等工作，它由物流控制计算机统一管理。

⑧ 自动化仓库。它是将加工用的毛坯、零件、半成品或成品进行自动存储和自动调用的仓库，它受物流控制计算机的控制。

FMS 的生产批量为 10～1000 件，其中 300 件以下的最多，年产量约在 2000～30000 件；加工对象很广，品种为 5～300 种，一般为 30 种以下；生产行业主要集中在汽车、飞机、机床以及某些家用电器行业。由于 FMS 减少了零部件的存放、运输以及等待时间，使机床的利用率提高到 70%～90%，加工质量稳定，有较强的生产适应性，可使生产周期缩短 50%，生产率提高 50% 以上。

（3）计算机集成制造系统

计算机集成制造（Computer Integrated Manufacturing，CIM）的概念是由美国 Harrington 博士于 1973 年首先提出的，美国机械制造工程师学会、计算机与自动化系统专业学会（CASA/SME）于 1985 年和 1993 年先后发表了计算机集成制造企业的结构模型。

计算机集成制造系统是采用现代计算机技术将制造工厂的全部生产活动进行有机的集成，以实现更高效益、更高柔性的现代智能化生产系统。从功能角度看，一个制造企业的 CIMS 包含经营管理、工程设计、产品制造、质量保证和物资保障五个功能系统，另外还要有一个能有效连接这些功能系统的支撑环境，即计算机网络和数据库系统，从而构成企业的信息集成系统。图 1.9 所示为 CIMS 的基本组成框图，各功能系统简要说明如下。

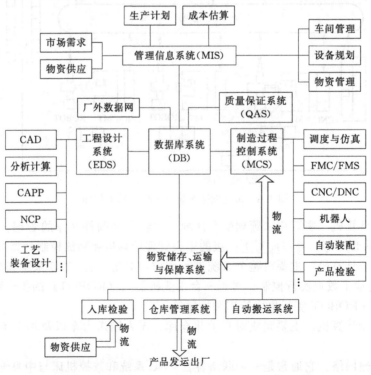

图 1.9　计算机集成制造系统（CIMS）基本组成框图

1）管理信息系统

管理信息系统（Management Information System，MIS）是 CIMS 的上层管理系统，它需要根据需求信息作出生产决策、确定生产计划、估算产品成本和生产效益，还要作出物料、能源、设备和人员的计划安排，以保证生产的正常进行。它一般是以制造资源计划（Manufacturing Resource Planning，MRP）为核心软件建立起来的。

2）工程设计系统

工程设计系统（Engineering Design System，EDS）或者称为计算机辅助工程（Computer Aided Engineering，CAE）系统，负责所有工程设计工作，主要组成如下。

① CAD 系统　主要完成计算机辅助产品设计工作，包括各种产品设计专家系统的开发。

② 分析与计算　包括产品设计中各种通用和专用的分析计算功能子系统，如有限元分析、优化设计、各种通用和专用的数学模型（如轴承计算、齿轮计算等）。

③ 计算机辅助工艺过程设计（Computer Aided Process Planning，CAPP）系统　它包括零件的冷热加工、加工设备选择、毛坯及工时的确定、产品的装配工艺设计等。

④ 工装设计　指计算机辅助工、夹、模具设计等子系统。

⑤ 数控编程（Numerical Control Programming，NCP）系统　它也称为狭义的 CAM 系统，主要根据 CAD 系统和 CAPP 系统的输出信息，采用计算机辅助自动编制 NC 程序。

3）制造过程控制系统

制造过程控制系统（Manufacturing Control System，MCS）主要完成车间生产设备和过程的控制与管理，包括 CNC、FMC、FMS 等设备或系统的制造过程与管理，涉及加工制造的各个环节，以及系统与设备间的信息管理和物流管理。

4）质量保证系统

质量保证系统（Quality Assure System，QAS）是一个保证产品质量的全企业范围内的系统，包括从产品设计，原材料的入库检验，制造过程中生产设备、加工工具、加工方法和工作人员能力的选择与确定，以及监视生产和运输过程中一切可能影响产品质量的操作。

5）物资储存、运输与保障系统

这是保证全企业物资的供应系统，包括入库检验（原材料、外购配套元器件，自产零部件与产品等检验）、仓库管理和自动搬运等子系统，均在 MIS 的管理和控制下。

6）数据库系统

数据库（Data Base，DB）系统包含各分系统的地区数据库和公用的中央数据库的分布式数据库管理系统。工程设计系统的工程数据库可设计为地区数据库，而 MIS 控制的各分系统公用数据库则集中存储于中央数据库中，各类数据库可在分布式数据库管理系统的控制和管理下进行调用和存取。

7）网络系统

它是连接 CIMS 各功能分系统的计算机通信网络系统，在采用的通信协议下完成各分系统间信息与数据的通信与交换。

目前，CIMS 技术还处于发展阶段，但它的重要战略意义已得到广泛的重视。美国把 CIMS 看作 21 世纪的科技方向，欧共体将它列为信息技术研究三大重大项目之一；我国于 1986 年制订了国家科技研究发展计划（即"863"计划），将 CIMS 确定为自动化研究领域的主题之一。可看出，数控机床是 CIMS 不可缺少的基本工作单元，高级自动化技术也为数控技术开辟了广阔的应用领域。

习 题 1

1.1 数控设备的工作原理是什么？数控技术有哪些特点？

1.2 数控设备由哪几部分组成？各部分的基本功能是什么？

1.3 何谓点位控制数控机床，点位直线控制数控机床，轮廓控制数控机床？

1.4 数控机床伺服系统的控制方式有哪些？各有何特点？

1.5 何谓 DNC？有何特点？

1.6 何谓 FMS？由哪些部分组成？各有何功能？

1.7 CIMS 包括哪些功能系统？发展 CIMS 有何意义？

1.8 试解释下列符号的意义：

    (1) MIS   (2) CAPP   (3) MCS   (4) QAS

    (5) NCP   (6) FMC   (7) MC   (8) PS

第2章 数控加工及其程序编制

2.1 数控加工基础

2.1.1 数控加工的基本概念

（1）数控加工的定义

数控加工是指在数控机床上进行自动加工零件的一种工艺方法。数控机床加工零件时，将编制好的零件加工数控程序，输入到数控装置中，再由数控装置控制机床主运动的变速、启停、进给运动的方向、速度和位移大小，以及其他诸如刀具选择交换、工件夹紧松开和冷却润滑的启、停等动作，使刀具与工件及其他辅助装置严格地按照数控程序规定的顺序、路程和参数进行工作，从而加工出形状、尺寸与精度符合要求的零件。数控加工流程如图 2.1 所示。

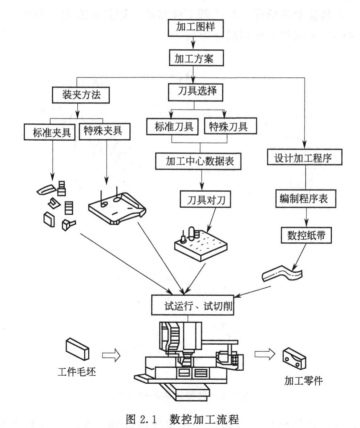

图 2.1 数控加工流程

一般来说，数控加工主要包括以下方面的内容：

① 选择并确定零件的数控加工内容；

② 对零件图进行数控加工的工艺分析；

③ 设计数控加工的工艺；

④ 编写数控加工程序单（数控编程时，需对零件图形进行数学处理；自动编程时，需进行零件 CAD、刀具路径的产生和后置处理）；

⑤ 制作程序介质（如数控纸带等）；

⑥ 数控程序的校验与修改；

⑦ 首件试加工与现场处理；

⑧ 数控加工工艺技术文件的定型与归档。

（2）数控机床的坐标系统

1）数控机床的坐标轴和运动方向

对数控机床的坐标轴和运动方向作出统一的规定，可以简化程序编制的工作和保证记录数据的互换性，还可以保证数控机床的运行、操作及程序编制的一致性。按照等效于 ISO 841 的我国标准 JB 3051—82 规定：如图 2.2 所示，数控机床直线运动的坐标轴 X、Y、Z（也称为线性轴），规定为右手笛卡尔坐标系。X、Y、Z 的正方向是使工件尺寸增加的方向，即增大工件和刀具距离的方向。通常以平行于主轴的轴线为 Z 轴（即 Z 坐标运动由传递切削动力的主轴所规定），而 X 轴是水平的，并平行于工件的装卡面，最后 Y 轴就可按右手笛卡尔坐标系来确定。三个旋转轴 A、B、C 相应的表示其轴线平行于 X、Y、Z 的旋转运动，A、B、C 的正向相应地为在 X、Y、Z 坐标正方向向上按右旋螺纹前进的方向。上述规定是工件固定、刀具移动的情况。反之若工件移动，则其正方向分别用 X'、Y'、Z' 表示。通常以刀具移动时的正方向作为编程的正方向。

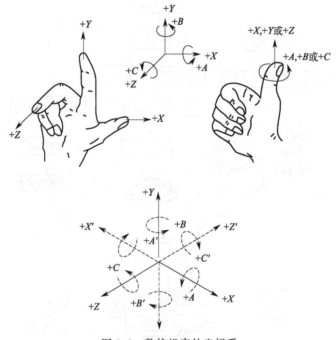

图 2.2　数控机床的坐标系

除了上述坐标外，还可使用附加坐标。在主要线性轴（X，Y，Z）之外，另有平行于它的依次有次要线性轴（U，V，W）、第三线性轴（P，Q，R）。在主要旋转轴（A，B，C）存在的同时，还可有平行于或不平行于 A、B 的两个特殊轴（D，E）。

数控机床各轴的标示根据右手定则。当右手拇指指向正 X 轴方向，食指指向正 Y 轴方向时，中指则指向正 Z 轴方向。图 2.3 所示为立式数控机床的坐标系，图 2.4 所示为卧式数控机床的坐标系。

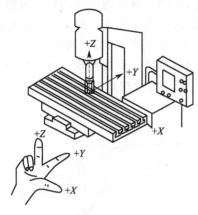 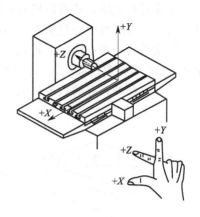

　　　　图 2.3　立式数控机床坐标系　　　　　　　　　图 2.4　卧式数控机床坐标系

　　2）绝对坐标系统与相对坐标系统

　　① 绝对坐标系统。它是指工作台位移是从固定的基准点开始计算的，例如，假设程序规定工作台沿 X 坐标方向移动，其移动距离为离固定基准点 100mm，那么不管工作台在接到命令前处于什么位置，它接到命令后总是移动到程序规定的位置处停下。

　　② 相对坐标系统。它是指工作台的位移是从工作台现有位置开始计算的。在这里，对一个坐标轴虽然也有一个起始的基准点，但是它仅在工作台第一次移动时才有意义，以后的移动都是以工作台前一次的终点为起始的基准点。例如，设第一段程序规定工作台沿 X 坐标方向移动，其移动距离是离起始点 100mm，那么工作台就移动到 100mm 处停下，下一段程序规定在 X 方向再移动 50mm，那么工作台到达的位置离原起始点就是 150mm 了。

　　数控机床有的是绝对坐标系统，有的是相对坐标系统，也有的两种都有，可以任意选用。编程时应注意到不同的坐标系统，其输入要求也不同。

　　（3）两坐标和多坐标加工

　　在数控机床中，要进行位移量控制的部件较多，故要建立坐标系，以便分别进行控制。

　　目前大多数采用直角坐标系。一台数控机床，所谓的坐标系是指有几个运动采用了数字控制。图 2.5(a) 是一台数控车床，X 和 Z 方向的运动采用了数字控制，所以是一台两坐标数控车床；图 2.5(b) 所示的铣床是 X、Y、Z 三个方向的运动都能进行数控，则它就是一台三坐标的数控铣床。有些机床的运动部件较多，在同一坐标轴方向上会有两个或更多的运动是数控的，所以还有四坐标、五坐标数控机床等。

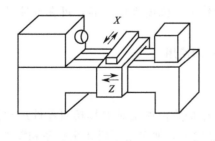 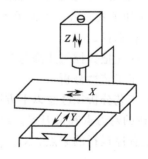

　　(a) 两坐标数控车床　　　　　　　　　　　　(b) 三坐标数控车床

图 2.5　两坐标数控机床与三坐标数控机床

应当指出，数控机床的坐标数不要与"两坐标加工"、"三坐标加工"相混淆。图 2.5(b)是一台三坐标数控铣床，若控制机只能控制任意两坐标联动，则只能实现两坐标数控加工，如图 2.6 所示；有时对于一些简单立体型面，也可采用这种机床加工，即某两个坐标联动，另一坐标周期进给，将立体型面转化为平面轮廓加工，此即所谓两坐标联动的三坐标机床加工，也叫"2.5 坐标数控加工"。若控制机能控制三个坐标联动，则能实现三坐标数控加工，如图 2.7 所示。此外，有的数控机床还能实现四坐标、五坐标数控加工等。

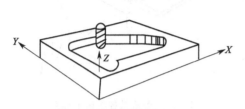
图 2.6　两坐标轮廓加工

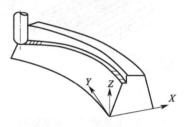
图 2.7　三坐标曲面加工

2.1.2　数控加工的工艺设计

工艺设计是对工件进行数控加工的前期工艺准备工作，它必须在程序编制工作以前完成。

（1）数控工艺设计的主要内容

数控加工的工艺设计主要包括如下内容：

① 选择并确定零件的数控加工内容；

② 对零件图纸进行数控加工工艺性分析；

③ 数控加工的工艺路线设计；

④ 数控加工的工序设计；

⑤ 数控加工专用技术文件的编写。

数控加工工艺设计的原则和内容在许多方面与普通机床加工工艺基本相似，下面主要针对数控加工的不同点进行简要说明。

（2）选择并确定零件的数控加工内容

当选择并决定对某个零件进行数控加工后，还必须选择零件数控加工的内容，以决定零件的哪些表面需要进行数控加工，一般可考虑以下方面：

① 普通机床无法加工的内容应作为数控加工优先选择的内容；

② 普通机床难加工、质量也难以保证的内容应作为数控加工重点选择的内容；

③ 普通机床加工效率低，工人手工操作劳动强度大的内容，可在数控机床尚存在富余能力的基础上进行选择。

此外，还要防止把数控机床降为普通机床使用。

（3）数控加工工艺性分析

数控加工的工艺分析须注意以下方面。

① 选择合适的对刀点和换刀点。对刀点是数控加工时刀具相对零件运动的起点，又称起刀点，也就是程序运行的起点。对刀点选定后，便确定了机床坐标系和零件坐标系之间的相互位置关系。

刀具在机床上的位置是由刀位点的位置来表示的。不同的刀具，刀位点不同。对平头立铣刀、端铣刀类刀具，刀位点为它们的底面中心；对钻头，刀位点为钻尖；对球头铣刀，则为球心；对车刀、镗刀类刀具，刀位点为其刀尖。在对刀时，刀位点应与对刀点一致。

对刀点选择的原则，主要是考虑对刀点在机床上对刀方便、便于观察和检测，编程时便于数学处理和有利于简化编程。对刀点可选在零件或夹具上。为提高零件的加工精度，减少对刀误差，对刀点应尽量选在零件的设计基准或工艺基准上。如以孔定位的零件，应将孔的中心作为对刀点。

对数控车床、镗铣床、加工中心等多刀加工数控机床，在加工过程中需要进行换刀，故编程时应考虑不同工序之间的换刀位置。为避免换刀时刀具与工件及夹具发生干涉，换刀点应设在工件的外部。

② 审查与分析工艺基准的可靠性。数控加工工艺特别强调定位加工，尤其是正反两面都采用数控加工的零件，其工艺基准的统一是十分必要的，否则很难保证两次安装加工后两个面上的轮廓位置及尺寸协调。如果零件上没有合适的基准，可以考虑在零件上增加工艺凸台或工艺孔，在加工完成后再将其去除。

③ 选择合适的零件安装方式。数控机床加工时，应尽量使零件能够一次安装，完成零件所有待加工面的加工。要合理选择定位基准和夹紧方式，以减少误差环节。应尽量采用通用夹具或组合夹具，必要时才设计专用夹具。夹具设计的原理和方法与普通机床所用夹具的相同，但应使其结构简单，便于装卸，操作灵活。

（4）数控加工工艺路线设计

与普通机床加工工艺路线设计相比，数控加工工艺路线设计仅是对几道数控加工工序工艺过程的概括，而不是指从毛坯到成品的整个工艺过程。因此，数控加工工艺路线设计要与零件的整个工艺过程相协调，并注意以下问题。

1）工序的划分

在划分工序时，要根据数控加工的特点以及零件的结构与工艺性，机床的功能，零件数控加工内容的多少，安装次数及本单位生产组织状况等综合考虑。可按以一次安装加工作为一道工序，以同一把刀具加工的内容划分工序，以加工部位划分工序，以粗、精加工划分工序等方法进行工序的划分。

2）加工顺序的安排

加工顺序的安排应根据零件的结构和毛坯状况，以及定位与夹紧的需要来考虑，重点是保证工件的刚性不被破坏。如先进行内型内腔加工工序，后进行外形加工工序；在同一次安装中进行的多道工序，应先安排对工件刚性破坏较小的工序。

3）数控加工工序与普通工序的衔接

数控加工工序前后一般都穿插有其他普通工序，如衔接得不好，就容易产生矛盾。解决的最好办法是建立相互状态要求，如：要不要留加工余量，留多少；定位面与孔的精度要求及形位公差；对校形工序的技术要求；对毛坯的热处理要求等。这样做的目的是相互能满足要求，且质量目标及技术要求明确，交验验收时有依据。

（5）数控加工工序设计

数控加工工序设计的主要内容是进一步把本工序的加工内容、加工用量、工艺装备、定位夹紧方式及刀具运动轨迹都具体确定下来，为编制加工程序作好充分准备。在工序设计时应注意以下方面。

1）确定走刀路线和安排工步顺序

零件加工的走刀路线是刀具在整个加工工序中的运动轨迹，它不但包括了工步的内容，也反映出工步顺序，是编程的主要依据之一。因此，在确定走刀路线时最好画出一张工序简图,可以将已经拟定出的走刀路线画上去(包括切入、切出路线),这样可以方便编程。工步的安排一般可随走刀路线来进行。在确定走刀路线时,主要考虑以下几点。

① 对点位加工的数控机床,如钻、镗床,要考虑尽可能缩短走刀路线,以减少空程时间,提高加工效率。

② 为保证工件轮廓表面加工后的粗糙度要求,最终轮廓应安排最后一次走刀连续加工。

③ 刀具的进退刀路线须认真考虑,要尽量避免在轮廓处停刀或垂直切入切出工件,以免留下刀痕(切削力发生突然变化而造成弹性变形)。在车削和铣削零件时,应尽量避免如图 2.8(a) 所示的径向切入或切出,而应按如图 2.8(b) 所示的切向切入或切出,这样加工后的表面粗糙度较好。

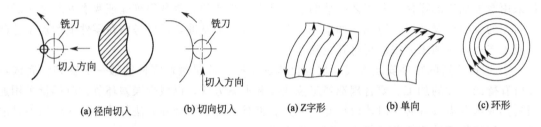

图 2.8　刀具的进刀路线　　　　　　　　图 2.9　轮廓加工的三种走刀方式

④ 铣削轮廓的加工路线要合理选择,可采用图 2.9 所示的三种方式进行。图 2.9(a) 为 Z 字形双方向走刀方式,图 2.9(b) 为单方向走刀方式,图 2.9(c) 为环形走刀方式。在铣削封闭的凹轮廓时,刀具的切入或切出不允许外延,最好选在两面的交界处;否则,会产生刀痕。为保证表面质量,最好选择图 2.10 中的 (b) 和 (c) 所示的走刀路线。

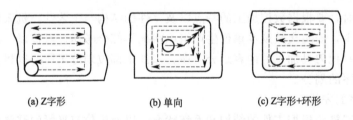

(a) Z字形　　　　　　　　(b) 单向　　　　　　　　(c) Z字形+环形

图 2.10　轮廓加工的走刀路线

⑤ 旋转体类零件一般采用数控车或数控磨床加工,由于车削零件的毛坯多为棒料或锻件,加工余量大且不均匀,因此合理制定粗加工时的加工路线,对于编程至关重要。

如图 2.11 所示为手柄,轮廓由三段圆弧组成,由于加工余量较大而且又不均匀,因此合理的方案是先用直线和斜线程序,车去图中虚线所示的加工余量,再用圆弧程序精加工成形。

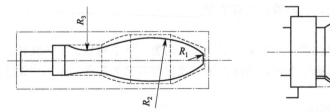

图 2.11　直线、斜线走刀路线

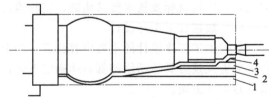

图 2.12　矩形走刀路线

图 2.12 所示的零件表面形状复杂,毛坯为棒料,加工时余量不均匀,其粗加工路线应

按图中 1~4 依次分段加工，然后再换精车刀一次成形，最后用螺纹车刀粗、精车螺纹。至于粗加工走刀的具体次数，应视每次的切削深度而定。

2）定位基准和夹紧方式的确定

在确定定位基准和夹紧方式时，应力求设计、工艺与编程计算的基准统一，减少装夹次数，尽量避免采用占机人工调整式方案。

3）夹具的选择

数控加工对夹具提出了两个基本要求：一是要保证夹具的坐标方向与机床的坐标方向相对固定；二是要能协调零件与机床坐标系的尺寸。此外，当零件加工批量小时，尽量采用组合夹具、可调式夹具以及其他通用夹具；成批生产时才考虑专用夹具；零件装卸要方便可靠。

4）刀具的选择

数控刀具的选择比较严格，有些刀具是专用的。选择刀具应考虑工件材质、加工轮廓类型、机床允许的切削用量以及刚性和刀具耐用度等。编程时，要规定刀具的结构和调整尺寸。对加工凹轮廓，端铣刀或球头铣刀的刀具半径须小于被加工面的最小曲率半径。对自动换刀的数控机床，在刀具装到机床上以前，要在机外预调装置（如对刀仪）中，按编程确定的参数，调整到规定的尺寸或测出精确的尺寸。在加工前，需将刀具有关尺寸输入到数控系统中。

（6）数控加工主要工艺文件的编写

数控加工工艺文件是数控加工工艺设计的主要内容之一。将工艺规程的内容填入一定格式的卡片中，用于生产准备、工艺管理和指导工人操作等的各种技术文件称之为工艺文件。其种类和形式多种多样，应根据产品图样与技术要求，生产纲领、生产条件和国内外同行业的工艺技术状况等来编制。工艺文件的详细程度差异较大，主要根据生产类型而定。在单件或小批生产中，一般只编制简单的工艺规程，采用机械加工工艺卡片。它是以工序为单位简要说明产品或零、部件的加工（或装配）过程的一种工艺文件，这种卡片格式见表 2.1。

表 2.1　机械加工工艺卡片

工厂	机械加工工艺卡片	产品名称及型号		零件名称			零件图号			
		材料	名称牌号	毛坯	种类尺寸		零件重量/kg	毛重净重		第　页共　页
			性能			每台件数		每批件数		

工序	装夹	工步	工序内容	同时加工零件数	切削用量				设备名称及编号	工艺装备名称及编号			技术等级	工时定额/min	
					切削深度/mm	切削速度/(m/min)	每分钟转数或往复次数	进给量/(mm/r)或(mm/双行程)		夹具	刀具	量具		单件	准备终结

更改内容	

编制		校　对		审　核		会　签	

在成批生产中多采用详细的工艺规程，规定产品或零、部件的制造工艺过程和操作方法，常见的工艺文件有下列几种。

1）机械加工工艺过程卡

如表 2.2 所示，这种卡片主要列出整个零件加工所经过的工艺路线，它是制订其它工艺文件的基础，也是生产技术准备、编制作业计划和组织生产的依据。由于它对各个工序的说明不够具体，故适用于生产管理，是工艺规程的总纲。它订在工艺规程的最前面，是在所有工序卡填写完后再编写。表中的"工序号"可逢五进位（0、5、10、…）。

表 2.2　机械加工工艺过程卡

工　厂	机械加工工艺过程卡						零件材料	
	零件名称						零件毛坯	
工序号	工　序　名　称	设　　备		刀　量　具		夹具名称		
		名　称	型　号	名　称	规　格			
更改内容								
编制		校　对		审　核		会　签		

2）机械加工工序卡

这种卡片是用来具体指导工人在普通机床上加工时进行操作的一种工艺文件，它是根据机械加工工艺过程卡中每道工序制订的，其格式如表 2.3 所示。

表 2.3　机械加工工序卡

工　厂	工　序　卡		工序名称	工序号
	零件名称			
设备名称		设备型号		硬度
零件材料		同时加工零件数		
（工序简图）				
序号	工　序　内　容	夹　具	刀　具	量　具
编制	校　对	审　核		会　签

卡片中部按加工位置绘制工序简图，该图可不按比例绘制，但各部分要大致适当，应清楚表明全部加工内容及要求（包括形状、位置、尺寸、公差、粗糙度等），并以加粗线表示加工表面。定位（支靠）、夹紧表面分别用"∨"、"↓"等符号表示。工序简图左下角

填写冷却润滑液。技术条件可用形位公差符号和框格表示，也可在工序简图右下角用文字注明。

"硬度"指本工序加工时的硬度，"序号"栏即为工步号，按顺序填写 1、2、3、…；表面粗糙度有不同要求时，须分别注出；较多相同者，用"其余▽"注于工序简图之右上方。

3）数控加工工序卡

这种卡片与机械加工工序卡有许多相似之处，所不同的是数控加工工序卡片上的工序简图应注明编程原点与对刀点，要进行编程简要说明（如所用控制机型号、程序介质、程序编号、镜像加工对称方式、刀具半径补偿等）及切削参数（即程序编入的主轴转速、进给速度等）的选定。

4）数控加工程序说明卡

仅用机械加工工艺卡片或机械加工工艺卡片、数控加工工序卡片、数控加工程序单和程序介质来进行数控实际加工，还有许多不足之处。由于操作者对程序的内容不清楚，对编程人员的意图不够理解，经常需要编程人员在现场进行口头解释、说明与指导，这对于程序仅使用几次就不用了的场合是可以的。但是，若程序是用于长期批量生产，或编程人员临时不在现场或调离，弄不好会造成质量事故或临时停产。故对于那些需要长期保存和使用的程序，制订数控加工程序说明卡就显得特别重要。

数控加工程序说明卡的主要内容包括：所用数控设备的型号及控制机型号；对刀点及允许的对刀误差；工件相对于机床的坐标方向及位置（用简图表达）；镜像加工使用的对称轴；所用刀具的规格、图号及其在程序中对应的刀具号（如 D03 或 L02 等），必须按实际刀具半径或长度加大或缩小补偿值的特殊要求（如：用同一个程序、同一把刀具作粗加工而利用加大刀具半径补偿值进行时），更换该刀具的程序段号等；整个程序加工内容的顺序安排；子程序的说明；其他需要做特殊说明的问题等。

5）数控加工走刀路线图

走刀路线主要反映加工过程中刀具的运动轨迹，其作用：一方面是方便编程人员编程；另一方面是帮助操作人员了解刀具的走刀轨迹（如从哪里下刀，在哪里抬刀，哪里是斜下刀等），以便确定夹紧位置和控制夹紧元件的高度。

在制订零件的机械加工工艺规程时，应根据该零件的生产类型、结构、零件技术要求、生产条件和企业或行业技术标准，选择上述有关的工艺文件。当零件选择数控加工时，则需要制定有关的数控加工专用技术文件，包括上述中的数控加工工序卡、数控加工程序说明卡和数控加工走刀路线图等，各具体格式由本单位的技术标准确定。

2.2　数控程序编制基础

2.2.1　程序编制的方法、内容与步骤

程序编制是指从零件图纸到编制零件加工程序和制作控制介质的全部过程。它可分为手工编程和自动编程两类。

手工编程时，整个程序的编制过程是由人工完成的。这就要求编程人员不仅要熟悉数控代码及编程规则，而且还必须具备机械加工工艺知识和数值计算能力，其编程内容和步骤如图 2.13 所示。对于点位加工和几何形状简单的零件加工，程序段较少，计算简单，用手工编程即可完成。但对复杂型面或程序量很大的零件，则采用手工编程相当困难，必须采用自动编程。有关数控自动编程技术的内容将在第 6 章作具体介绍。

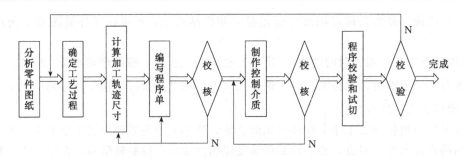

图 2.13　手工编程内容和步骤

2.2.2　程序编制的代码标准

数控机床的零件加工程序，可通过拨码盘、键盘、穿孔纸带、磁带及磁盘等介质输入到数控装置中。常用的标准穿孔纸带有五单位（五列孔，宽 17.5mm）和八单位（八列孔，宽 25.4mm）两种，前者所能记录的信息量较少，用于功能简单的简易数控机床（如数控线切割）；后者则广泛用于车削、铣削等多功能数控机床和加工中心。

目前广泛应用的八单位穿孔纸带的代码标准有两种：EIA（Electronic Industries Association，美国电子工业协会）标准和 ISO（International Standard Organization，国际标准化组织）标准。ISO 标准又被称为 ASCII（American Standard Code for Information Interchange，美国信息交换标准码）标准，如表 2.4 所示。

图 2.14 所示为八单位穿孔纸带，由代码表可知，纸带每行有八列，其中第三与第四列之间的连续小孔称为同步孔（又称中导孔），用来作为每行信号孔的定位基准，并产生同步信号。其余的列，有孔的表示"1"，无孔的则表示"0"，分别代表数字码、字母码和其他符号码。

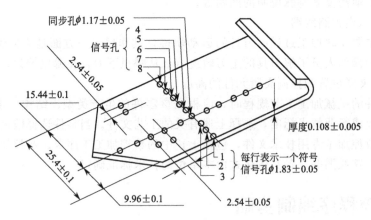

图 2.14　八单位穿孔纸带

EIA 使用较早，在北美洲广泛采用。ISO 代码标准，由于具有信息量大，可靠性高，与当今数控传输系统统一等优点，故目前许多国家的数控系统都采用 ISO 代码标准，我国现在规定新产品一律采用 ISO 代码标准。

2.2.3　NC 程序的结构

（1）程序的组成

一个完整的零件加工程序，由若干程序段组成，每个程序段又由若干个代码字组成，每个代码字则由文字（地址符）和数字（有些数字还带有符号）组成。字母、数字和符号统称

表 2.4　数控机床 ISO 代码

代码孔									代码符号	定义
8	7	6	5	4		3	2	1		
		○	○		•				0	数字 0
○		○	○		•			○	1	数字 1
○		○	○		•		○		2	数字 2
		○	○		•		○	○	3	数字 3
○		○	○		•	○			4	数字 4
		○	○		•	○		○	5	数字 5
		○	○		•	○	○		6	数字 6
○		○	○		•	○	○	○	7	数字 7
○		○	○	○	•				8	数字 8
		○	○	○	•			○	9	数字 9
	○				•			○	A	绕着 X 坐标的角度
	○				•		○		B	绕着 Y 坐标的角度
○	○				•		○	○	C	绕着 Z 坐标的角度
	○				•	○			D	特殊坐标的角度尺寸；或第三进给速度功能
○	○				•	○		○	E	特殊坐标的角度尺寸；或第二进给速度功能
○	○				•	○	○		F	进给速度功能
	○				•	○	○	○	G	准备功能
	○			○	•				H	永不指定（可作特殊用途）
○	○			○	•			○	I	沿 X 坐标圆弧起点对圆心值
○	○			○	•		○		J	沿 Y 坐标圆弧起点对圆心值
	○			○	•		○	○	K	沿 Z 坐标圆弧起点对圆心值
○	○			○	•	○			L	永不指定
	○			○	•	○		○	M	辅助功能
	○			○	•	○	○		N	序号
○	○			○	•	○	○	○	O	不用
	○		○		•				P	平行于 X 坐标的第三坐标
○	○		○		•			○	Q	平行于 Y 坐标的第三坐标
○	○		○		•		○		R	平行于 Z 坐标的第三坐标
	○		○		•		○	○	S	主轴速度功能
○	○		○		•	○			T	刀具功能
	○		○		•	○		○	U	平行于 X 坐标的第二坐标
	○		○		•	○	○		V	平行于 Y 坐标的第二坐标
○	○		○		•	○	○	○	W	平行于 Z 坐标的第二坐标
	○		○	○	•				X	X 坐标方向的主运动
○	○		○	○	•			○	Y	Y 坐标方向的主运动
○	○		○	○	•		○		Z	Z 坐标方向的主运动
		○		○	•	○	○		.	小数点①
		○		○	•		○	○	+	加/正
		○		○	•	○		○	—	减/负
○		○		○	•		○		*	星号/乘号
○		○		○	•	○	○	○	/	跳过任选程序段（省略/除）
○		○		○	•	○			,	逗号
○		○	○	○	•	○		○	=	等号
		○		○	•				(	左圆括号/控制暂停
○		○		○	•			○	)	右圆括号/控制恢复
		○			•	○			$	单元符号
		○	○	○	•		○		:	对准功能/选择（或计划）倒带停止
				○	•		○		MLo LF	程序段结束，新行或换行
○		○			•	○		○	%	程序开始
				○	•			○	HT	制表（或分隔符号）
○				○	•	○		○	CR	滑座返回（仅对打印机适用）
○	○	○	○	○	•	○	○	○	DEL	注销
○		○			•				SP	空格
○				○	•				BS	反绕（退格）
					•				NUL	空白纸带
○			○	○	•			○	EM	载体终了

① 表示补充的，不常用。

为字符。举例如下：

```
%
N01  G91  G00    X50    Y60   LF
N02  G01  X1000  Y5000  F150  S300  T12  M03  LF
…                      …
N10  G00  X-50   Y-60   M02   LF
EM
```

上例为一个完整的零件加工程序，它由 10 个程序段组成，每个程序段以序号"N"开头，用 LF 结束。M02 代表整个程序的结束。有些数控系统还规定，整个程序要求以符号"％"开头，以符号"EM"结尾。

每个程序段中有若干个代码字，如第二程序段有 9 个代码字，一个程序段表示一个完整的加工工步或动作。

一个程序的最大长度取决于数控系统中零件程序存储区的容量，如日本的 FANUC-7M 系统，零件主程序存储区最大容量为 4K 字节，也可以根据用户要求扩大存储区的容量。对一个程序段的字符数，某些数控系统规定了一定的数量，如规定字符数≤90 个。

（2）程序段格式

程序段格式是指一个程序段中字的排列书写方式和顺序，以及每个字和整个程序段的长度限制和规定。不同的数控系统往往有不同的程序段格式，格式不符规定，则数控系统不能接受。

常见的程序段格式有以下两类。

1）分隔符固定顺序式

这种格式是用分隔符"HT"（在 EIA 代码中用"TAB"）代替地址符，而且预先规定了所有可能出现的代码字的固定排列顺序，根据分隔符出现的顺序，就可判定其功能。不需要的字或与上一程序段相同功能的字可以不写，但其分隔符必须保留。前面举例中的程序写成分隔符固定顺序格式如下：

```
01 H91  H 00  H 50   H 60  H  H  H  H  L
     T      T     T      T   T  T  T  T  F
02      H 01  H 1000 H 5000 H 150 H 300 H 12 H 03 L
     T      T      T      T     T     T    T    T  F
…                      …
10 H    H 00  H -50  H -60  H  H  H  L
     T      T     T      T   T  T  T  F
```

我国数控线切割机床采用的"3B"或"4B"格式指令就是典型的分隔符固定顺序格式。其 3B 格式的一般表示为：BX BY BJ GZ，其具体意义如表 2.5 所示。

表 2.5　数控线切割机床的 3B 格式

B	X	B	Y	B	J	G	Z
分隔符号	X 坐标值	分隔符号	Y 坐标值	分隔符号	计数长度	计数方向	加工指令

分隔符固定顺序式格式不直观，编程不便，常用于功能不多的数控装置（数控系统）中。

2）地址符可变程序段格式

这种格式又称字-地址程序段格式，在前面程序的组成中介绍的举例就是这种格式。程序段中每个字都以地址符开始，其后跟符号和数字，代码字的排列顺序没有严格的要求，不需要的代码字以及与上段相同的续效字可以不写。这种格式的特点是：程序简单，可读性强，易于检查。因此现代数控机床广泛采用这种格式。

2.2.4　NC 程序的常用功能

一般程序段由下列功能字组成：

N＿＿　G＿＿　　　X＿＿ Y＿＿ Z＿＿　F＿＿　S＿＿　　T＿＿ M＿＿
程序号　准备功能　　坐标值　　　　　　进给速度 主轴速度　刀具　辅助功能

（1）准备功能

准备功能字 G 代码，用来规定刀具和工件的相对运动轨迹（即指令插补功能）、机床坐标系、坐标平面、刀具补偿、坐标偏置等多种加工操作。我国机械工业部根据 ISO 标准制定了 JB 3208—83 标准，规定 G 代码由字母 G 及其后面的两位数字组成，从 G00 到 G99 共有 100 种代码，如表 2.6 所示。

表 2.6　G 功能代码

代码 (1)	模态代码组别 (2)	功能 (3)	代码 (1)	模态代码组别 (2)	功能 (3)
G00	a	点定位	G50	(d)	刀具偏置 0/－
G01	a	直线插补	G51	(d)	刀具偏置＋/0
G02	a	顺时针圆弧插补	G52	(d)	刀具偏置－/0
G03	a	逆时针圆弧插补	G53	f	直线偏移,注销
G04		暂停	G54	f	直线偏移 X
G05		不指定	G55	f	直线偏移 Y
G06	a	抛物线插补	G56	f	直线偏移 Z
G07		不指定	G57	f	直线偏移 XY
G08		加速	G58	f	直线偏移 XZ
G09		减速	G59	f	直线偏移 YZ
G10～G16		不指定	G60	h	准确定位 1(精)
G17	c	XY 平面选择	G61	h	准确定位 2(中)
G18	c	ZX 平面选择	G62	h	快速定位(粗)
G19	c	YZ 平面选择	G63		攻螺纹
G20～G32		不指定	G64～G67		不指定
G33	a	螺纹切削,等螺距	G68	(d)	刀具偏移,内角
G34	a	螺纹切削,增螺距	G69	(d)	刀具偏移,外角
G35	a	螺纹切削,减螺距	G70～G79		不指定
G36～G39		永不指定	G80	e	固定循环注销
G40	d	刀具补偿/偏置注销	G81～G89	e	固定循环
G41	d	刀具左补偿	G90	j	绝对尺寸
G42	d	刀具右补偿	G91	j	增量尺寸
G43	(d)	刀具正偏置	G92		预置寄存
G44	(d)	刀具负偏置	G93	k	时间倒数,进给率
G45	(d)	刀具偏置＋/＋	G94	k	每分钟进给
G46	(d)	刀具偏置＋/－	G95	k	主轴每转进给
G47	(d)	刀具偏置－/－	G96	i	恒线速度
G48	(d)	刀具偏置－/＋	G97	i	每分钟转数(主轴)
G49	(d)	刀具偏置 0/＋	G98～G99		不指定

G 代码分模态代码和非模态代码。表 2.6 中序号（2）中的 a、c、d、e、h、k、i 各字母所对应的为模态代码（又称续效代码）。它表示在程序中一经被应用（如 a 组的 G01），直到出现同组（a 组）的任一 G 代码（如 G02）时才失效。否则该指令继续有效。模态代码可以在其后的程序段中省略不写。非模态代码只在本程序中有效。表中"不指定"代码，指在

未指定新的定义之前，由数控系统设计者根据需要定义新的功能。

（2）坐标功能

坐标功能字（又称尺寸字）用来设定机床各坐标的位移量。它一般使用 X、Y、Z、U、V、W、P、Q、R、A、B、C、D、E 等地址符为首，在地址符后紧跟"＋"（正）或"－"（负）及一串数字，该数字一般以系统脉冲当量（指数控系统能实现的最小位移量，即数控装置每发出一个脉冲信号，机床工作台的移动量，一般为 0.0001～0.01mm）为单位，不使用小数点。一个程序段中有多个尺寸字时，一般按上述地址符顺序排列。

（3）进给功能

该功能字用来指定刀具相对工件运动的速度。其单位一般为 mm/min。当进给速度与主轴转速有关时，如车螺纹、攻螺纹等，使用的单位为 mm/r。进给功能字以地址符"F"为首，其后跟一串数字代码，可通过直接法或代码法指定进给速度。

在数控加工中常用到以下几种与进给速度有关的术语：

① 切削进给速度（mm/min）：指定刀具切削时的移动速度，如 F100 表示切削速度为 100mm/min。

② 同步进给速度：即主轴每转一圈时的进给轴的进给量，单位为 mm/r。

③ 快速进给速度：机床的最高移动速度，用 G00 指令快速，通过参数设定。

④ 进给倍率：操作面板上设置了进给倍率开关，使用倍率开关不用修改零件加工程序就改变进给速度。

（4）主轴功能

该功能字用来指定主轴速度，单位为 r/min，它以地址符"S"为首，后跟一串数字，可通过直接法或代码法指定进给速度。

主轴功能包括以下几方面。

① 指定主轴旋转速：例如 S1500 表示主轴转速指定为 1500r/min。

② 设置恒定线速度：该功能主要用于车削和磨削加工中，使工件端面质量提高。

③ 主轴准停：该功能使主轴在径向某一位置准确停止。

（5）刀具功能

当系统具有换刀功能时，刀具功能字用以选择替换的刀具。它以地址符"T"为首，其后一般跟二位数字或四位数字，代表刀具的编号。

以上 F 功能、T 功能、S 功能均为模态代码。

（6）辅助功能

辅助功能字 M 代码主要用于数控机床的开关量控制，如主轴的正、反转，切削液开、关，工件的夹紧、松开，程序结束等。M 代码从 M00～M99 共 100 种。我国标准 JB 3208—83 的有关规定见表 2.7。表中"＃"号表示若选作特殊用途，必须在程序说明中注明；"＊"号表示对该具体情况起作用。下面介绍几种常用的 M 代码功能。

① M00 程序停止。执行 M00 后，机床所有动作均被切断，以便进行手动操作。重新按动程序启动按钮后，再继续执行后面的程序段

② M01 选择停止。与执行 M00 相同，不同的是只有按下机床控制面板上"任选停止"开关时，该指令才有效，否则机床继续执行后面的程序。该指令常用于抽查工件的关键尺寸。

③ M02 程序结束。执行该指令后，表示程序内所存指令均已完成，因而切断机床所有动作，机床复位，但程序结束后，不返回到程序开头的位置。

④ M30 纸带结束。执行该指令后，除完成 M02 的内容外，还自动返回到程序开头的位置，为加工下一个工件做好准备。

表 2.7　M 功能代码

代　码	功能与程序段运动同时开始	功能在程序段运动完后开始	功　能	代　码	功能与程序段运动同时开始	功能在程序段运动完后开始	功　能
(1)	(2)	(3)	(4)	(1)	(2)	(3)	(4)
M00		*	程序停止	M36	*		进给范围 1
M01		*	计划停止	M37	*		进给范围 2
M02		*	程序结束	M38	*		主轴速度范围 1
M03	*		主轴顺时针方向	M39	*		主轴速度范围 2
M04	*		主轴逆时针方向	M40～M45	#	#	不指定或齿轮换挡
M05		*	主轴停止	M46～M47	#	#	不指定
M06	#	#	换刀	M48		*	注销 M49
M07	*		2 号切削液开	M49	*		进给率修正旁路
M08	*		1 号切削液开	M50	*		3 号切削液开
M09		*	切削液关	M51	*		4 号切削液开
M10	#	#	夹紧	M52～M54	#	#	不指定
M11	#	#	松开	M55	*		刀具直线位移,位置 1
M12	#	#	不指定	M56	*		刀具直线位移,位置 2
M13	*		主轴顺时针方向切削液开	M57～M59	#	#	不指定
M14	*		主轴逆时针方向切削液开	M60		*	更换工件
M15	*		正运动	M61	*		工件直线位移,位置 1
M16	*		负运动	M62	*		工件直线位移,位置 2
M17～M18	#	#	不指定	M63～M70	#	#	不指定
M19		*	主轴定向停止	M71	*		工件角度移位位置 1
M20～M29	#	#	永不指定	M72	*		工件角度移位位置 2
M30		*	纸带结束	M73～M89	#	#	不指定
M31	#	#	互锁旁路	M90～M99	#	#	永不指定
M32～M35	#	#	不指定				

2.3　数控车削程序编制

2.3.1　数控车削编程基础

（1）数控车削编程特点

① 在一个程序段中，根据图样上标注的尺寸，可以采用绝对值编程、增量值编程或二者混合编程，绝对坐标指令用 X、Z 表示，增量坐标指令用 U、W 表示。

② 由于被加工零件的径向尺寸在图样上和测量时都是以直径值表示，所以用绝对值编程时，X 以直径值表示；用增量值编程时，以径向实际位移量的二倍值表示，并附上方向符号（正向可以省略）。

③ 为提高工件的径向尺寸精度，X 向的脉冲当量取 Z 向的一半。

④ 由于车削加工常用棒料或锻料作为毛坯，加工余量较大，所以为简化编程，数控装置常具备不同形式的固定循环，可进行多次重复循环切削。

⑤ 编程时，常认为车刀刀尖是一个点，而实际上为了提高刀具寿命和工件表面质量，车刀刀尖常磨成一个半径不大的圆弧，因此为提高加工精度，当编制圆头刀程序时，需要对刀具半径进行补偿。数控车床一般都具有刀具半径自动补偿功能（G41，G42），这时可直接按工件

轮廓尺寸编程。对不具备刀具半径自动补偿功能的数控车床，编程时需先计算补偿量。

（2）车削数控系统常用功能

数控车削系统除了前面介绍的准备功能、辅助功能等外，还有下面一些功能有所不同。该节以 FANUC-0T 车削系统为例。

① F 功能。用来指定进给速度，由地址 F 和其后面的数字组成。

在含有 G99 程序段后面，再遇到 F 指令时，则认为 F 所指定的进给速度单位为 mm/r。系统开机状态为 G99，只有输入 G98 指令后，G99 才被取消。而 G98 为每分钟进给，单位为 mm/min。

② T 功能。该指令用来控制数控系统进行选刀和换刀。用地址 T 和其后的数字来指定刀具号和刀具补偿号。车床上刀具号和刀具补偿号有两种形式，即 T1＋1 或 T2＋2，具体格式和含义如下：

$$\underset{\text{刀具号}}{\text{T 0}}\ \underset{\text{刀补号}}{\text{0}} \qquad \underset{\text{刀具号}}{\text{T 00}}\ \underset{\text{刀补号}}{\text{00}}$$

在 FANUC-6T 系统中，这两种形式均可采用，通常采用 T2＋2 形式，例如 T0101 表示采用 1 号刀具和 1 号刀补。

③ S 功能。用来指定主轴转速或速度，用地址 S 和其后的数字组成。

G96 是接通恒线速度控制的指令，当 G96 执行后，S 后面的数值为切削速度。例如：G96 S100 表示切削速度 100m/min。

G97 是取消 G96 的指令。执行 G97 后，S 后面的数值表示主轴每分钟转数。例如：G97 s800 表示主轴最高转速为 800r/min，系统开机状态为 G97 指令。

G50 除有坐标系设定功能外，还有主轴最高转速设定功能。例如：G50 S2000 表示主轴转速最高为 2000r/min。用恒线速度控制加工端面锥度和圆弧时，由于 X 坐标值不断变化，当刀具逐渐接近工件的旋转中心时，主轴转速会越来越高，工件有从卡盘飞出的危险，所以为防止事故发生，有时必须限定主轴最高转速。

2.3.2　数控车削常用指令

（1）基本指令

1）快速点定位指令（G00）

该指令使刀架以机床厂设定的最快速度按点位控制方式从刀架当前点快速移动至目标点。该指令没有运动轨迹的要求，也不需规定进给速度。

指令格式：G00　X__ Z__，或 G00　U__ W__

指令中的坐标值为目标点的坐标，其中 X（U）坐标以直径值输入。当某一轴上相对位置不变时，可以省略该轴的坐标值。在一个程序段中，绝对坐标指令和增量坐标指令也可混用，如：G00　X__ W__，或 G00　U__ Z__。

【例 2.1】　快速进刀（G00）编程，如图 2.15 所示。

程序：G00　X50.0　Z6.0　或 G00　U－70.0　W－84.0

执行该段程序，刀具便快速由当前位置按实际刀具路径移动至指令终点位置。

2）直线插补指令（G01）

该指令用于使刀架以给定的进给速度从当前点直线或斜线移动至目标点，即可使刀架沿 X 轴方向或 Z 轴方向作直线运动，也可以两轴联动方式在 X、Z 轴内作任意斜率的直线运动。

指令格式：G01　X__ Z__ F__，或 G01　U__ W__ F__

如进给速度 F 值已在前段程序中给定且不需改变,本段程序也可不写出;若某一轴没有进给,则指令中可省略该轴指令。

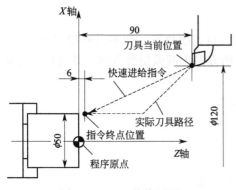

图 2.15　G00 指令运用

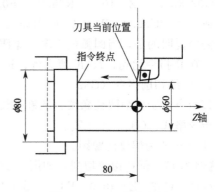

图 2.16　G01 指令运用

【例 2.2】　外圆柱切削编程,如图 2.16 所示。

程序:G01　X60.0　Z−80.0　F0.4

或 G01　U0.0　W−80.0　F0.4

或 G01　X60.0　W−80.0　F0.4

或 G01　U0.0　Z−80.0　F0.4　(混合)

或 G01　W−80.0　F0.4

或 G01　Z−80.0　F0.4

3) 圆弧插补指令(G02、G03)

该指令用于刀架作圆弧运动以切出圆弧轮廓。G02 为刀架沿顺时针方向作圆弧插补,而 G03 则为沿逆时针方向的圆弧插补。

指令格式:G02 X__ Z__ I__ K__ F__,或 G02 X__ Z__ R__ F__

　　　　　G03 X__ Z__ I__ K__ F__,或 G03 X__ Z__ R__ F__

上述指令中,X 和 Z 是圆弧的终点坐标,用增量坐标 U、W 也可以,圆弧的起点是当前点;I 和 K 分别是圆心坐标相对于起点坐标在 X 方向和 Z 方向的坐标差,也可以用圆弧半径 R 确定,R 值通常是指小于180°的圆弧半径。

【例 2.3】　顺时针圆弧插补,如图 2.17 所示。

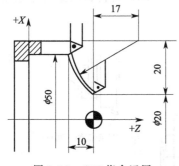

图 2.17　G02 指令运用

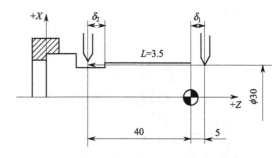

图 2.18　G32 指令运用

用(I、K)指令:

G02　X50.0　Z−10.0　I20.　K17.　F0.4　(圆心相对于起点)

或 G02　U30.0　W—10.0　I20.　K17.　F0.4

用（R）指令：

G02 X50.0　Z—10.0　R26.25　F0.4

或 G02　U30.0　W—10.0　R26.25　F0.4

需要说明的是，当圆弧位于多个象限时，该指令可连续执行，如果同时指定了 I、K 和 R 值，则 R 指令优先，I、K 值无效；进给速度 F 的方向为圆弧切线方向，即线速度方向。

4）螺纹切削指令（G32）

该指令用于切削圆柱螺纹、圆锥螺纹和端面螺纹。

指令格式：G32　X__　Z__　F__

其中 F 值为螺纹的螺距。

【例2.4】　圆柱螺纹切削，如图2.18所示。

程序：G32　Z—40.0　F3.5　或 G32　W—45　F3.5

图中的 δ_1 和 δ_2 分别表示由于伺服系统的滞后所造成在螺纹切入和切出时所形成的不完全螺纹部分。在这两个区域内，螺距是不均匀的，因此在决定螺纹长度时必须加以考虑，一般应根据有关手册来计算 δ_1 和 δ_2，也可利用下式进行估算：

$$\delta_1 = nL \times 3.605/1800$$

$$\delta_2 = nL/1800$$

上两式中，n 为主轴转速（r/min），L 为螺距导程（mm）。该式为简化算法，计算时假定螺纹公差为 0.01mm。

在切削螺纹之前最好通过 CNC 屏幕演示切削过程，以便取得较好工艺参数。另外，在切削螺纹过程中，不得改变主轴转速，否则将切出不规则螺纹。

5）暂停指令（G04）

该指令可使刀具作短时间（n 秒钟）的停顿，以进行进给光整加工。主要用于车削环槽、不通孔和自动加工螺纹等场合，如图2.19所示。

指令格式：G04　P__

指令中 P 后的数值表示暂停时间。

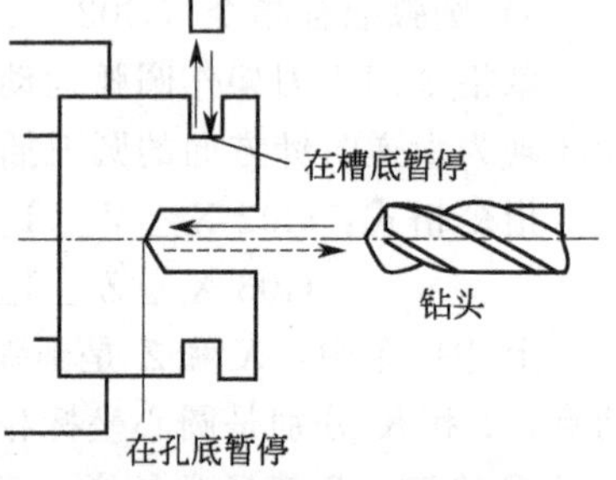

图 2.19　暂停指令 G04

6）自动回原点指令（G28）

该指令使刀具由当前位置自动返回机床原点或经某一中间位置再返回到机床原点，如图2.20所示。

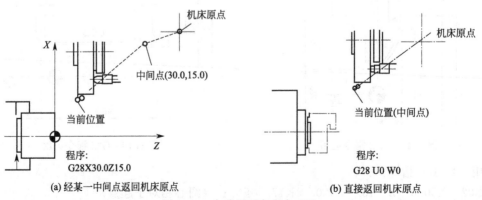

(a) 经某一中间点返回机床原点

程序：
G28X30.0Z15.0

(b) 直接返回机床原点

程序：
G28 U0 W0

图 2.20　自动回原点指令 G28

指令格式：G28　X(U)＿　Z(W)＿　T00

指令中的坐标为中间点坐标，其中 X 坐标必须按直径给定。直接返回机床原点时，只需将当前位置设定为中间点即可。刀具复位指令 T00 必须写在 G28 指令的同一程序段或该程序段之前。刀具以快速方式返回机床原点。

7）工件坐标系设定指令（G50）

该指令用以设定刀具出发点（刀尖点）相对于工件原点的位置，即设定一个工件坐标系，有的数控系统用 G92 指令。该指令是一个非运动指令，只起预置寄存作用，一般作为第一条指令放在整个程序的前面。

指令格式：G50　X＿　Z＿

指令中的坐标即为刀具出发点在工件坐标系下的坐标值。

【例 2.5】　工件坐标系设定，如图 2.21 所示。

程序：G50 X200　Z150

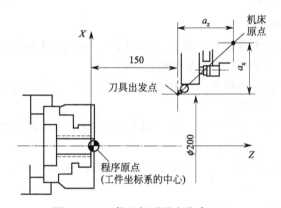

图 2.21　工件坐标系设定指令 G50

工件坐标系是编程者设定的坐标系，其原点即为程序原点。用该指令设定工件坐标系之后，刀具的出发点到程序原点之间的距离就是一个确定的绝对坐标值了。刀具出发点的坐标应以参考刀具（外圆车刀或端面精加工车刀）的刀尖位置来设定，该点的设置应保证换刀时刀具刀库与工件夹具之间没有干涉。在加工之前，通常应测量出机床原点与刀具出发点之间的距离 (a_x, a_z)，以及其他刀具与参考刀具刀尖位置之间的距离。

（2）刀具半径补偿

目前数控车床都具备刀具半径自动补偿功能。编程时只需按工件的实际轮廓尺寸编程即可，不必考虑刀具的刀尖圆弧半径的大小；加工时由数控系统将刀尖圆弧半径加以补偿，便可加工出所要求的工件。

1）刀尖圆弧半径的概念

任何一把刀具，不论制造或刃磨得如何锋利，在其刀尖部分都存在一个刀尖圆弧，它的半径值是个难于准确测量的值，如图 2.22 所示。

编程时，若以假想刀尖位置为切削点，则编程很简单。但任何刀具都存在刀尖圆弧，当车削圆柱面的外径、内径或端面时，刀尖圆弧的大小并不起作用；但当车倒角、锥面、圆弧或曲面时，就将影响加工精度。图 2.23 表示了以假想刀尖位置编程时过切削及欠切削现象。

编程时若以刀尖圆弧中心编程，可避免过切和欠切现象，但计算刀位点比较麻烦，并且如果刀尖圆弧半径值发生变化，还需改动程序。

数控系统的刀具半径补偿功能正是为解决这个问题所设定的。它允许编程者以假想刀尖位置编程，然后给出刀尖圆弧半径，由系统自动计算补偿值，生成刀具路径，完成对工件的管理加工。

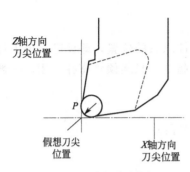

图 2.22　刀尖圆弧半径

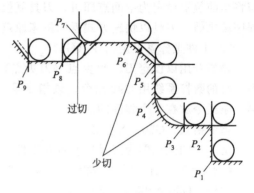

图 2.23　过切削及欠切削

2）刀具半径补偿的实施

① G40——解除刀具半径指令　该指令用于解除各个刀具半径补偿功能，应写在程序开始的第一个程序段或需要取消刀具半径的程序段。

② G41——刀具半径左补偿指令　在刀具运动过程中，当刀具按运动方向在工件左侧时，用该指令进行刀具半径补偿。

③ G42——刀具半径右补偿指令　在刀具运动过程中，当刀具按运动方向在工件右侧时，用该指令进行刀具半径补偿。

图 2.24 表示了根据刀具与工件的相对位置及刀具的运动方向如何选用 G41 或 G42 指令。

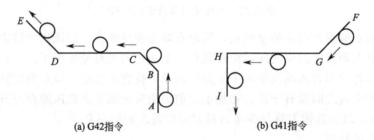

(a) G42指令　　　　　　　　(b) G41指令

图 2.24　刀具半径补偿指令

（3）固定循环功能指令

在数控车床上对外圆柱、内圆柱、端面、螺纹等表面进行粗加工时，刀具往往要多次反复地执行相同的动作，直至将工件切削到所要求的尺寸。于是在一个程序中可能会出现很多基本相同的程序段，造成程序冗长。为了简化编程工件，数控系统可以用一个程序段来设置刀具作反复切削，这就是循环功能。

固定循环功能包括单一固定循环和复合固定循环功能。

1）单一固定循环指令

单一固定循环指令常有以下几种指令。

外径、内径切削循环指令 G90。可完成外径、内径及锥面粗加工的固定循环。

a. 切削圆柱面。指令格式为：

G90　X(U)__　Z(W)__(F__)

如图 2.25 所示，刀具从循环起点开始按矩形循环，最后又回到循环起点。图中虚线表示按快速运动，实线表示按 F 指定的工作进给速度运动。X 和 Z 表示圆柱面切削终点坐标值，U、W 为圆柱面切削终点相对循环起点的增量值。其加工顺序按 1、2、3、4 进行。

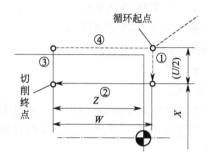

图 2.25　G90 指令切削圆柱面循环动作

【例 2.6】　用 G90 指令编程，工件和加工过程如图 2.26 所示，程序如下：

G50	X150.0　Z200.0　M08	
G00	X94.0 Z10.0 T0101 M03 Z2.0	循环起点
G90	X80.0　Z−49.8　F0.25	循环①
	X70.0	循环②
	X60.4	循环③
G00	X150.0　Z200.0　T0000	取消 G90
M02		

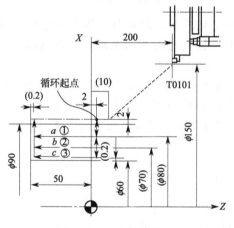

图 2.26　G90 指令编程

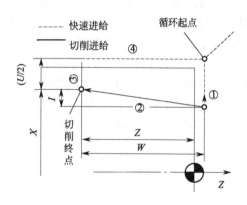

图 2.27　G90 切削锥面

b. 切削锥面。指令格式：

G90 X(U)＿ Z(W)＿ I＿(F＿)

如图 2.27 所示，X(U)、Z(W) 的意义同前。I 值为锥面大、小径的半径差，其符号的确定方法是：锥面起点坐标大于终点坐标时为正，反之为负。

2) 复合固定循环指令

它应用在切除非一次加工即能加工到规定尺寸的场合，主要在粗车和多次切螺纹的情况下使用，如用棒料毛坯车削阶梯相差较大的轴，或切削铸、锻件的毛坯余量时，都有一些多次重复进行的动作。利用复合固定循环功能，只要编出最终加工路线，给出每次切除的余量深度或循环次数，机床即可自动地重复切削直到工件加工完为止。它主要有以下几种。

① 外径、内径粗车循环指令 G71。该指令将工件切削到精加工之前的尺寸，精加工前工件形状及粗加工的刀具路径由系统根据精加工尺寸自动设定。

指令格式：G71 P$\underline{ns}$ Q$\underline{nf}$ UΔU WΔW DΔd(F__ S__ T__)

其中：ns——循环程序中第一个程序的顺序号；

nf——循环程序中最后一个程序的顺序号；

ΔU——X 轴方向的精车余量（直径值）；

ΔW——Z 轴方向精车余量；

Δd——粗加工每次切深。

如图 2.28 所示为 G71 粗车外径的加工路线。图中 C 是粗车循环的起点，A 是毛坯外径与端面轮廓的交点。当此指令用于工件内径轮廓时，G71 就自动成为内径粗车循环，此时径向精车余量 ΔU 应指定为负值。

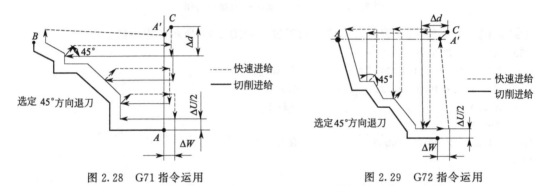

图 2.28 G71 指令运用 　　　　图 2.29 G72 指令运用

② 端面粗车循环指令 G72。它适用于圆柱棒料毛坯端面方向粗车，其功能与 G71 基本相同，不同之处是 G72 只完成端面方向粗车，刀具路径按径向方向循环，其刀具循环路径如图 2.29 所示，指令格式和其地址含义与 G71 的相同。

③ 闭合车削循环指令 G73。它适用于毛坯轮廓形状与零件轮廓形状基本接近时的粗车。例如，一些锻件、铸件的粗车，此时采用 G73 指令进行粗加工将大大节省工时，提高切削效率。其功能与 G71、G72 基本相同，所不同的是刀具路径按工件精加工轮廓进行循环，其走刀路线如图 2.30 所示。

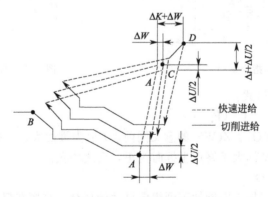

图 2.30 G73 指令运用

指令格式：G73 P$\underline{ns}$ Q$\underline{nf}$ IΔi KΔK UΔU WΔW DΔd(F__ S__ T__)

其中：Δi——粗切时径向切除的余量（半径值）；

　　　　ΔK——粗切时轴向切除的余量；

　　　　ΔU——X 轴方向精加工留量；

　　　　ΔW——Z 轴方向精加工留量；

　　　　Δd——粗切循环次数，其余地址含义与 G71 的相同。

④ 精加工循环指令 G70。用于执行 G71、G72、G73 粗加工循环指令后的精加工循环。

指令格式：G70　Pns Qnf

指令中的 ns、nf 与前几个指令的含义相同。在 G70 状态下，ns 至 nf 程序中指定的 F、S、T 有效；当 ns 至 nf 程序中不指定 F、S、T 时，则粗车循环中指定的 F、S、T 有效。

【例 2.7】　用 G70、G71 指令编程，如图 2.31 所示，程序如下：

N01　G50 X200.0 Z220.0；（坐标系设定）
N02　G00 X160.0 Z180.0 M03 S800；
N03　G71 P04 Q10 U4.0 W2.0 D7.0 F0.30 S500；（粗车循环）
N04　G00 X40.0 S800；
N05　G01 W−40.0 F0.15；
N06　　　　X60.0 W−30.0；
N07　　　　　　W−20.0；
N08　　　　X100.0 W−10.0；
N09　　　　　　　　W−20.0；
N10　　　　X140.0 W−20.0；
N11　　　G70 P04 Q10；
　　　　　　　（精车循环）
N12　G00 X200.0 Z220.0；
N13　M05；
N14　M02；（程序结束）

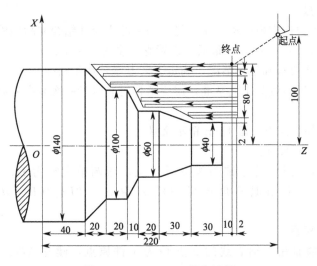

图 2.31　G70、G71 指令运用

上述程序从 N03 开始，进入 G71 固定循环。该程序段中的内容，并没有直接给出刀具下一步的运动路线，而是指示控制系统如何计算循环过程中的运动路线，其中 U4.0 和 W2.0 表示粗加工的最后一刀应留出的精加工余量，D7.0 表示粗加工的切削深度。每一刀都完成一个矩形循环，直到按工件小头尺寸已不能再进行完整的循环为止。接着执行 N11 精加工固定程序段，P04 和 Q10 表示精加工的轮廓尺寸按 P04 至 Q10 程序段的运动指令确定。刀具顺工件轮廓完成终加工后返回到（X160.0，Z180.0）这一点。

2.3.3　数控车削加工实例

（1）车削正锥零件

【例 2.8】 已知毛坯为 $\phi30\mathrm{mm}$ 的棒料，材料为 45 钢，试数控车削成如图 2.32(a) 所示的正锥。

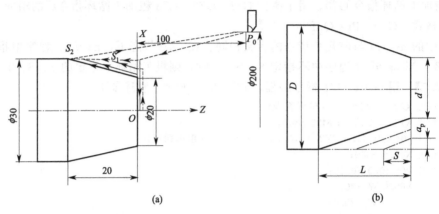

图 2.32　车削正锥零件

1）选择数控机床

根据零件图样要求，可选用 MJ-50 型数控卧式车床。

2）选择刀具

根据加工要求，选用两把刀具，T01 为 90°粗车刀，T02 为 90°精车刀。同时把这两把刀安装在自动换刀刀架上，且都对好刀，把它们的刀偏值输入相应的刀具参数中。

3）确定切削用量

切削用量的具体数值应根据该机床性能，相关的手册并结合实际经验确定。设定分三次走刀，前两次背吃刀量 $a_\mathrm{p}=2\mathrm{mm}$，最后一次背吃刀量为 $a_\mathrm{p}=1\mathrm{mm}$。

4）根据零件图样要求和毛坯情况，确定工艺方案及加工路线

对短轴类零件，轴心线为工艺基准，用三爪自定心卡盘一次装夹完成粗精加工。

其工步顺序如下。

① 粗车端面及外圆锥面，留 1mm 精车余量。

② 精车外圆锥面到尺寸。

③ 按图 2.32(b) 所示的车锥路线进行加工，若圆锥大径为 D，小径为 d，锥长为 L，背吃刀量为 a_p，由相似三角形可得终刀距 $S=2La_\mathrm{p}/(D-d)$，则 $S_1=8\mathrm{mm}$，$S_2=16\mathrm{mm}$。

5）确定工件坐标系

确定以工件右端面在与轴心线的交点 O 为工件原点，建立 XOZ 工件坐标系，如图 2.32(a) 所示。

6）编写程序

按该机床规定的指令代码和程序段格式，把加工零件的全部工艺过程编写成程序清单。该工件的加工程序如下：

```
N01  G50 X200.0 Z100.0;          设置工件坐标系
N02  M03 S800 M06 T0101;         取 1 号 90°偏刀，准备粗车
N03  G00 X32.0 Z0;               快速趋近工件
```

N04	G01 X0 F0.3;	粗车端面
N05	Z2.0;	轴向退刀
N06	G00 X26.0;	径向快速退刀至第一次粗走刀处
N07	G01 Z0 F0.4;	走刀至第一次粗车正锥处
N08	X30.0 Z−8.0;	第一次粗车正锥 S_1
N09	G00 Z0;	第一次粗车正锥 S_1 后快速退回
N10	G01 X22.0 F0.4;	走刀至第二次粗车正锥处
N11	G01 X30.0 Z−16.0;	第二次粗车正锥 S_2
N12	G00 X200 Z100.0 T0100;	第二次粗车正锥 S_2 后快速退回至换刀点处
N13	M06 T0202;	取 2 号 90°偏刀，准备精车
N14	G00 X30 Z0;	快速走刀至（X30,Z0）处
N15	G01 X20.0 F0.4;	精车端面至零件右锥角处
N16	X30.0 Z−20.0;	精车锥面至零件尺寸
N17	G00 X200.0 Z100.0 T0200 M05;	快速退刀至起刀点处
N18	M02;	程序结束

（2）车削复合轴零件

【例 2.9】　在 CK7815 型数控车床上，试对图 2.33（a）所示的复合轴零件进行车削精加工。图中的 φ85mm 外圆柱面不加工，材料为 45 钢。

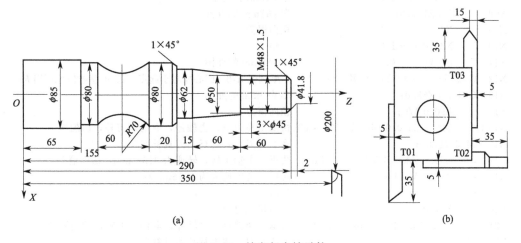

图 2.33　精车复合轴零件

1）根据零件图纸要求，按先主后次的加工原则，确定加工工艺方案

① 先从右至左切削外轮廓面　其路线为：倒角→切削螺纹的实际外圆→切削锥度部分→车削 φ62mm 外圆→倒角→车削 φ80mm 外圆→切削圆弧部分→车 φ80mm 外圆。

② 切 φ3mm×45mm 的槽。

③ 车 M48×1.5 的螺纹。

2）选择刀具并绘制刀具布置图

根据加工要求需选用三把刀具，其刀具布置如图 2.33（b）所示。T01 号刀车外圆，T02 刀切槽，T03 号刀车螺纹。对刀时，用对刀显微镜以 T01 号刀为基准刀，测量其他两把刀相对于基准刀的偏差值，并把它们的刀偏值输入相应刀具的刀偏单元中。

为避免换刀时刀具与机床、工件及夹具发生碰撞现象，要正确选择换刀点。本例换刀点选为 A（X200,Z350）点。

3）选择切削用量

其切削用量如表 2.8 所示。

表 2.8　例 2.9 所用车削用量

切削表面	切削用量	
	主轴转速 $S/r \cdot min^{-1}$	进给速度 $f/mm \cdot r^{-1}$
车外圆	630	0.15
切　槽	315	0.16
车螺纹	200	1.50

4）编制数控精车程序

该机床可以采用绝对值和增量值混合编程，绝对值用 X、Z 地址，增量值用 U、W 地址，采用小数点编程，其加工程序如下：

N01 G50 X200.0 Z350.0；	设置工件坐标系
N02　M03 S630 T0101 M08；	主轴正转，转速为 630r/min，选 1 号刀，切削液开
N03　G00 X41.8 Z292.0；	快进至（X41.8 Z292）点
N04　G01 X47.8 Z289.0 F0.15；	倒角，进给速度为 0.15mm/r
N05　　U0 W−59.0；	车 ϕ47.8mm 螺纹大径
N06　　X50.0 W0；	径向退刀
N07　　X62.0 W−60.0；	车 60mm 长的锥
N08　　U0 Z155.0；	车 ϕ62mm 的外圆
N09　　X78.0 W0；	径向退刀
N10　　X80.0 W−1.0；	倒角
N11　　U0 W−19.0；	车 ϕ80mm 的外圆
N12　G02 U0 W−60.0 I63.25 K−30.0；	车顺圆弧 R70（圆心相对于起点，I、K 参数值也可用 R70 代）
N13　G01 U0 Z65.0；	车 ϕ80mm 的外圆
N14　　X90.0 W0；	径向退刀
N15 G00 X200.0 Z350.0 M05 T0100 M09；	快退至换刀点，主轴停，取消其刀补，切削液关
N16　M06 T0202；	换 2 号刀，并进行其刀具补偿
N17　G00 X51.0 Z230.0 M03 S315 M08；	快进，主轴正转，转速为 315r/min，切削液开
N18　G01 X45.0 W0 F0.16；	切槽，进给速度为 0.16mm/r
N19　G04 X5.0；	延时 5s
N20　G00 X51.0；	径向快速退刀
N21　X200.0 Z350.0 M05 T0200 M09；	快退至换刀点，主轴停，取消其刀补，切削液关
N22　M06 T0303；	换 3 号刀，并进行其刀具补偿
N23　G00 X52.0 Z296.0 M03 S200 M08；	快进，主轴正转，转速为 200r/min，切削液开
N24　G92 X47.2 Z231.5 F1.5；	螺纹切削循环，进给速度为 1.5mm/r
N25　　X46.6；	
N26　　X46.2；	
N27　　X45.8；	
N28　G00 X200.0 Z350.0 T0300 M09；	快速返回起刀点，取消其刀补，切削液关
N29　M05；	主轴停止
N30　M02；	程序结束

2.4　数控铣削与加工中心程序编制

2.4.1　数控铣削与加工中心编程特点

（1）数控铣削编程特点

① 铣削是机械加工中最常见的方法之一，数控铣削一般为轮廓铣削，可以加工各类平面、台阶、沟槽、成形表面、曲面等，也可进行钻孔、铰孔和镗孔。加工的尺寸公差等级一

般为 IT9～IT7，表面粗糙度值为 $Ra3.2～0.4\mu m$。

② 数控铣床的数控装置具有多种插补方式，一般都具有直线插补和圆弧插补，有的还具有抛物线插补、极坐标插补和螺旋线插补等多种插补功能。编程时可充分地合理选择这些功能，以提高数控铣床的加工精度和效率。

③ 程序编制时要充分利用数控铣床齐全的功能，如刀具长度补偿、刀具半径补偿和固定循环、对称加工等功能。

④ 由直线、圆弧组成的平面轮廓铣削的数学处理比较简单。非圆曲线、空间曲线和曲面的轮廓铣削加工，一般要采用计算机辅助自动编程。

（2）加工中心编程特点

① 首先应进行合理的工艺分析和工艺设计。由于零件加工的工序内容以及使用的刀具种类和数量多，甚至在一次装夹后，要完成粗加工、半精加工及精加工，周密合理地安排各工序加工的顺序，能为程序编制提供有利条件。

② 根据加工批量等情况，确定采用自动换刀或手动换刀。一般对于加工批量在 10 件以上，而刀具更换又比较频繁时，以采用自动换刀为宜。但当加工批量很小而使用的刀具种类又不多时，把自动换刀安排到程序中，反而会增加机床调整时间。

③ 为提高机床利用率，尽量采用刀具机外预调，并将测量尺寸填写到刀具卡片中，以便操作者在运行程序前确定刀具补偿参数。

④ 尽量把不同工序内容的程序，分别安排到不同的子程序中。当零件加工工序内容较多时，为便于程序的调试，一般将各工步内容分别安排到不同的子程序中，主程序主要完成换刀及子程序的调用。这种安排便于按每一工步独立地调试程序，也便于加工顺序的调整。

⑤ 除换刀程序外，加工中心的编程方法与数控铣床基本相同。

2.4.2　数控铣削与加工中心系统的特殊功能指令

（1）工件坐标系设定指令

1）工件坐标系预置寄存指令 G92

在采用绝对坐标指令编程时，必须先建立一坐标系，用来确定绝对坐标系原点（又称为编程原点）设在距对刀点的什么位置，从而确定工件坐标系与机床坐标系之间的位置逻辑关系，这可用 G92 实现，如图 2.34 所示。

格式：G92 X $\underline{a}$ Y $\underline{b}$ Z $\underline{c}$

其中，a、b、c 为对刀点在所设定的工件坐标系中的坐标值。

图 2.34 中，则为：

G92 X150.0 Y300.0 Z200.0

注意：G92 为一个非运动指令，它只有在绝对坐标编程时才有意义，只是设定工件坐标系原点，设定的坐标系在机床重开机时消失。

2）工件坐标系选择指令 G54～G59

数控铣床除了可用 G92 指令建立工件坐标系以外，还可以用 G54～G59 指令来设定 6 个工件坐标系。该指令不像 G92 指令那样，需要在程序段中给出对刀点在工件坐标系中的坐标值，而是在数控程序执行前，测量出工件坐标系原点相对于机床坐标系原点在 X、Y、Z 各轴方向的偏置值，然后将其输入到数控系统的工件坐标系偏置值寄存器中。系统在执行数控程序时，则从寄存器中读取该偏置值，在设定好的工件坐标系中按照数控指令坐标值运动。

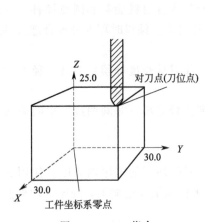

图 2.34　G92 指令

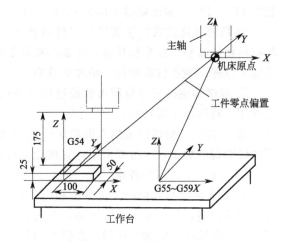

图 2.35　工件坐标系选择指令

在图 2.35 中，用 G54 设定工件坐标系的程序段如下：

N5 G90 G54 G00 X100.0 Y50.0 Z200.0

其中，G54 为设定工件坐标系，其原点与机床坐标系原点的偏置值已输入到数控系统的寄存器中，其后执行 G00 X100.0 Y50.0 Z200.0 时，刀具就快速移动到 G54 所设定的工件坐标系中 X100.0 Y50.0 Z200.0 位置上。

(2) 刀具补偿

利用数控系统的刀具补偿功能，包括刀具半径及长度补偿，使编程时不需要考虑刀具的实际尺寸，而按照零件的轮廓计算坐标数据，有效简化了数控加工程序的编制。在实际加工前，将刀具的实际尺寸输入到数控系统的刀具补偿值寄存器中。在程序执行过程中，数控系统根据加工程序调用这些补偿值并自动计算实际的刀具中心运动轨迹，控制刀具完成零件的加工。当刀具半径或长度发生变化时，无需修改加工程序，只需修改刀具补偿值寄存器中的补偿值即可。

需要注意的是，绝大部分的数控系统的刀具半径补偿只能在一个坐标平面中进行，刀具长度补偿只能在刀具的长度方向（Z 坐标方向）进行，在四、五坐标联动加工时，刀具半径补偿和刀具长度补偿是无效的。

1) 刀具半径补偿

铣削加工的刀具半径补偿分为刀具半径左补偿（G41）和刀具半径右补偿（G42），一般使用非零的 D 代码确定刀具半径补偿值寄存器号，用 G40 取消刀具半径补偿。刀具补偿有一个建立、执行及撤消的过程，有一定的规律性和格式要求。

① 刀具半径补偿的建立。如图 2.36 所示，刀具从位于工件轮廓外的开始点 S 以切削进给速度向工件运动并到达切入点 O，程序数据给出的是开始点 S 和工件轮廓上切入点 O 的坐标，而刀具实际是运动到距切入点一个刀具半径的点 A，即到达正确的切削位置，建立刀具半径补偿。刀具半径补偿的运动指令使用 G00 或 G01 与 G41 或 G42 的组合，并指定刀具半径补偿值寄存器号。程序如下：

N1 G00 G90 X−20 Y−20　（刀具运动到开始点 S）

N2 G17 G01 G41 X0 Y0 D01 F200　（在 A 点切入工件，建立刀具左补偿，刀具半径补偿值存储在 01 号寄存器中）

或：

N2 G17 G01 G42 X0 Y0 D01 F200　（在 E 点建立刀具右补偿）

② 刀具半径补偿的执行。除非用 G40 取消，否则，一旦刀具半径补偿建立后就一直有效，刀具始终保持正确的刀具中心运动轨迹。程序如下：

N3 X0 Y50　　（$A \rightarrow B$）
N4 X50 Y50　（$B \rightarrow C$）
N5 X50 Y0　　（$C \rightarrow D$）
N6 X0 Y0　　（$D \rightarrow E$）

或

N3 X50 Y0　　（$E \rightarrow D$）
N4 X50 Y50　（$D \rightarrow C$）
N5 X0 Y50　　（$C \rightarrow B$）
N6 X0 Y0　　（$B \rightarrow A$）

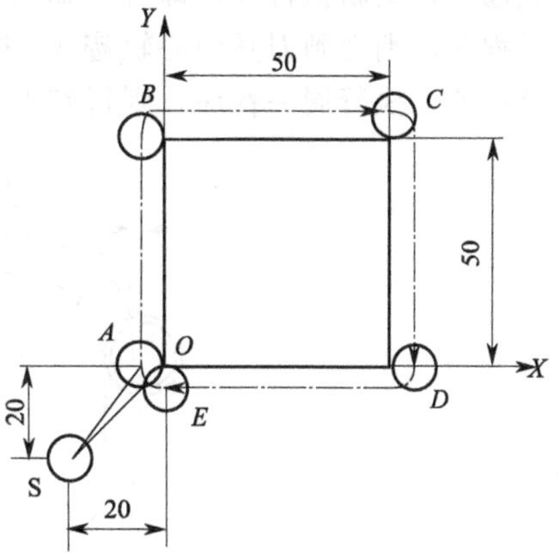

③ 刀具半径补偿的撤消。当工件轮廓加工完成，要从切出点 E 或 A 回到开始点 S，这时就要取消刀具半径补偿，恢复到未补偿的状态，程序如下：

N7 G01 G40 X−10 Y−10

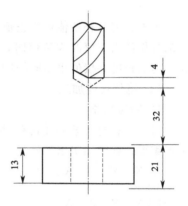

图 2.36　刀具半径补偿的建立、执行与撤消

需要说明的是，G41 或 G42 必须与 G40 成对使用，否则程序不能正确执行。

2）刀具长度补偿

在数控立式铣镗床上，当刀具磨损或更换刀具使 Z 向刀尖不在原初始加工的程编位置时，必须在 Z 向进给中，通过伸长（见图 2.37）或缩短 1 个偏置值 e 的办法来补偿其尺寸的变化，以保证加工深度仍然达到原设计位置。刀具长度补偿也有刀具长度补偿的建立、执行和撤消三个过程，与刀具半径补偿的相类似。

刀具长度补偿由准备功能 G43、G44、G49 以及 H 代码指定。用 G43、G44 指令指定偏置方向，其中 G43 为正向偏置，G44 为负向偏置。G49 指令指定补偿撤消，H 代码指令指示偏置存储器中存偏置量的地址。无论是绝对或增量指令的情况，G43 是执行将 H 代码指定的已存入偏置存储器中的偏置值加到主轴运动指令终点坐标值上去，而 G44 则相反，是从主轴运动指令终点坐标值中减去偏置值。G43、G44 是模态 G 代码。

用 H 后跟两位数指定偏置号，在每个偏置号所对应的偏置存储区中，通过键盘或纸带预先设置相应刀具的长度补偿值。对应偏置号 00 即 H00 的偏置值通常不设置，取为 0，相当于刀具长度补偿撤消指令 G49。

在图 2.37 中，所画刀具实线为刀具实际位置，虚线为刀具编程位置，则刀具长度补偿控制程序如下：

设定 H01＝−4.0（偏置值）
N1　G91　G00　G43　Z−32.0　H01；实际 Z 向将进给−32.0＋（−4.0）＝−36.0
N2　G01　Z−21.0　F1000；Z 向将从−36.0 位置进给到−57.0 位置。
N3　G00　G49　Z53.0；Z 向将退回到 53.0＋4.0，返回初始位置。

3）刀具补偿的运用

当数控加工程序编制好后，可以灵活地利用刀具补偿值来适应加工中出现的各种情况。一般情况下，刀具补偿值是刀具的实际尺寸，如铣刀的半径，铣刀的长度。如果需要在工件的轮廓方向或高度方向留余量，就可以在现有的刀具补偿值基础上加上余量作为新的刀具补

图 2.37　刀具长度补偿

偿值输入，重新执行程序即可。如图 2.38 所示，若将刀具半径加上 2mm 作为刀具补偿值，执行程序，则得到刀具中心轨迹 1，即可在零件轮廓方向上留 2mm 的余量。如果再输入刀具半径值，执行同一程序，则得到刀具中心轨迹 2，即将所留的 2mm 余量去除。

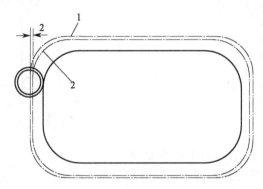

图 2.38　刀具补偿在加工余量上的运用

另外，刀具补偿值可为正值，也可为负值，可以灵活使用。如当刀具半径补偿值寄存器中的补偿值由正值改为负值时，即可将刀具补偿由左补偿变为右补偿，或右补偿变为左补偿。刀具长度补偿值也是同样的道理。

（3）镜像功能加工

1）镜像功能

当工件相对于某一轴具有对称形状时，可以利用镜像功能和子程序，只对工件的一部分进行编程，就能加工出工件的对称部分，这就是镜像功能。其指令格式为：

G24 X__ Y__ Z__ A__
M98 P__
G25 X__ Y__ Z__ A__

在上面的指令格式中，G24——建立镜像；G25——取消镜像；X、Y、Z、A——镜像位置；M98——调用子程序，P——后跟调用子程序的序号。

2）镜像功能加工实例

【例 2.10】　如图 2.39 所示轮廓零件，设刀具起点距工件上表面 10mm，切削深度为 2mm，使用镜像功能指令加工（采用华中数控系统），数控加工操作见前所述，其参考数控程序如下。

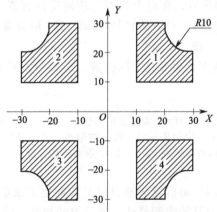

图 2.39　镜像功能加工零件

％1001	主程序	％100	子程序号为100
N05 G92 X0 Y0 Z10	通过起刀点建立工件坐标系	♯101＝6	刀具直径为12mm
N10 G17 G91 M03 S800	XY平面,增量值编程,启动主轴	N100 G41 G00 X10 Y7 D101	刀具半径左补偿
N15 M98 P100	调用子程序％100,加工 1	N105 Y3	
N20 G24 X0	Y 轴镜像,镜像位置为 X＝0	N110 Z－10	快速下刀至工件上表面
N25 M98 P100	调用子程序％100,加工 2	N115 G01 Z－2 F100	进给至工件厚度
N30 G24 X0 Y0	X 轴、Y 轴镜像,镜像位置为(0,0)	N120 Y20	
N35 M98 P100	调用子程序％100,加工 3	N125 X10	
N40 G25 X0	取消 Y 轴镜像	N130 G03 X10 Y－10 I10 J0	逆圆插补,圆心相对于圆弧起点
N45 G24 Y0	X 轴镜像,镜像位置为 Y＝0	N135 G01 Y－10	
N50 M98 P100	调用子程序％100,加工 4	N140 X－23	
N55 G25 Y0	取消 X 轴镜像	N145 G00 Z12	快速抬刀至工件上表面
N60 M05 M30	主轴停转,程序结束	N150 X－7 Y－10	快速回起刀点
		N155 M99	子程序返回

（4）缩放功能加工

1）缩放功能

当加工轮廓相对于缩放中心具有缩放形状时,可以利用缩放功能和子程序,对加工轮廓进行缩放,这就是缩放功能。其指令格式为：

G51 X__ Y__ Z__ A__

M98 P__

G50

在上面的指令格式中,G51——建立缩放,X、Y、Z——缩放中心的坐标值,A——缩放倍数；G50——取消缩放。

2）缩放功能加工实例

【例 2.11】 如图 2.40 所示轮廓零件,已知三角形 ABC 的顶点为 A (10,30),B (90,30),C (50,110),三角形 A'B'C' 是缩放后的图形,其缩放中心为 D (50,50),缩放倍数为 0.5 倍。设刀具起点距工件上表面 10mm,使用缩放功能指令加工（采用华中数控系统）,数控加工操作见前所述,其参考数控程序如下。

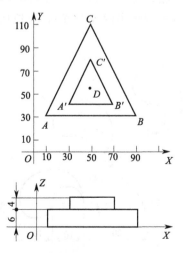

图 2.40　缩放功能加工零件

%1002	主程序	%200	三角形ABC的加工子程序号为200
#101=2	刀具长度补偿值为2mm	#102=6	刀具半径为6mm
N05 G92 X50 Y50 Z10	通过起刀点建立工件坐标系	N200 G42 G00 X−44 Y−20 D102	刀具半径右补偿，快速移动到XOY平面的加工起点
N10 G17 G91 M03 S800	XY平面，增量值编程，启动主轴	N205 Z[−#51]	Z轴快速向下移动局部变量#51的值
N15 G43 G00 Z−6 D101 F300	刀具长度正补偿，快速定位至距工件上表面4mm处	N210 G01 X84 F300	加工A→B或A′→B′
N20 #51=14	给局部变量#51赋14的值	N215 X−40 Y80	加工B→C或B′→C′
N25 M98 P200	调用子程序%200，加工三角形ABC	N220 X−44 Y−88	加工C→加工始点或C′→加工始点
N30 #51=8	重新给局部变量#51赋8的值	N225 Z[#51]	提刀
N35 G51 X50 Y50 P0.5	缩放中心D(50,50)，缩放倍数0.5	N230 G40 G00 X44Y20	取消刀具半径补偿，返回工件中心
N40 M98 P200	调用子程序%200，加工三角形A′B′C′	N235 M99	子程序返回
N45 G50	取消缩放		
N50G49 Z6	取消刀具长度补偿		
N55 M05 M30	主轴停转，程序结束		

（5）旋转功能加工

1）旋转功能

当加工轮廓相对于旋转中心为某一旋转角度时，可以利用旋转功能对工件轮廓进行旋转，加工出工件的旋转部分，这就是旋转功能。其指令格式为：

G17（或G18、G19）G68 X__ Y__ A__

M98 P__

G69

在上面的指令格式中，G68——建立旋转，X、Y——为由G17、G18或G19定义的旋转中心坐标值，A——旋转角度；G69——取消旋转。

在有刀具补偿的情况下，先进行坐标旋转，后进行刀具补偿；在有缩放功能的情况下，先进行缩放，后进行旋转功能。

2）旋转功能加工实例

【例2.12】 如图2.41所示轮廓零件，设刀具起点距工件上表面30mm，切削深度为5mm，使用旋转功能指令加工（采用华中数控系统），数控加工操作见前所述，其参考数控程序如下。

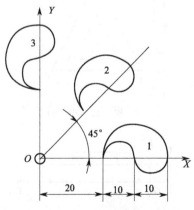

图2.41 旋转功能加工零件

%1003	主程序	%300	轮廓 1 的子程序号为 300
#101＝2	刀具长度正补偿为 3mm	#102＝6	刀具直径为 12mm
N05 G92 X0 Y0 Z30	通过起刀点建立工件坐标系	N300 G41 G01 X20 Y−5 D102 F300	刀具半径左补偿
N10 G90 G17 M03 S800	绝对值编程,XY 平面,启动主轴	N305 Y0	到轮廓 1 的起点
N15 G43 Z−5 D101	刀具长度正补偿	N310 G02 X40 I10	顺圆插补,圆心相对于圆弧起点
N20 M98 P300	调用子程序%300,加工 1	N315 X30 I−5	
N25 G68 X0 Y0 P45	旋转 45°	N320 G03 X20 I−5	逆圆插补,圆心相对于圆弧起点
N30 M98 P300	调用子程序%300,加工 2	N325 G00 Y−6	快速向下移出 6mm
N35 G68 X0 Y0 P90	旋转 90°	N330 G40 X0 Y0	取消刀具半径补偿,回起刀点
N40 M98 P300	调用子程序%300,加工 3	N335 M99	子程序返回
N45 G69	取消旋转		
N50 G49 Z30	取消刀具长度补偿,抬刀至工件上表面 30mm 处		
N65 M05 M30	主轴停转,程序结束		

（6）换刀程序的编制

不同的加工中心，其换刀程序是不同的，通常选刀和换刀分开进行。换刀完毕启动主轴后，方可执行后面的程序段。选刀可与机床加工重合起来，即利用切削时间进行选刀。多数加工中心都规定了换刀点位置。主轴只有运动到这个位置，机械手或刀库才能执行换刀动作。一般立式加工中心规定的换刀点位置在机床 Z 轴零点处，卧式加工中心规定在机床 Y 轴零点处。

编制换刀程序一般有两种方法：

方法一：…
　　　　N10 G91 G28 Z0 T02
　　　　N11 M06
　　　　…

即一把刀具加工结束，主轴返回机床原点后准停，然后刀库旋转，将需要更换的刀具停在换刀位置，接着进行换刀，再开始加工。选刀和换刀先后进行，机床有一定的等待时间。其中 G28 为返回参考点。

方法二：…
　　　　N10 G01 X—Y—Z—T02
　　　　…
　　　　N17 G91 G28 Z0 M06
　　　　N18 G01 X—Y—Z—T03
　　　　…

这种方法的找刀时间和机床的切削时间重合，当主轴返回换刀点后立刻换刀，因此整个换刀过程所用的时间比第一种要短一些。在单机作业时，可以不考虑这两种换刀方法的区别，而在柔性生产线上则有实际的作用。

（7）固定循环指令

加工中心配备的固定循环功能主要用于孔的加工，包括钻孔、扩孔、锪孔、铰孔、镗孔、攻螺纹等，使用一个程序段就可以完成一个孔加工的全部动作，继续加工时，如果只是改变孔的位置而不需改变孔的加工动作，则程序中所有的模态代码的数据可以不必重写，因此可以大大简化程序。有的加工中心还具有键槽、椭圆、方槽加工等固定循环。

1) 固定循环的动作

孔加工固定循环通常由以下六个动作组成。

动作 1——X 轴和 Y 轴定位，使刀具快速定位到孔加工位置。

动作 2——快进到 R 点，使刀具自初始点快速进给到 R 点。

动作 3——孔加工，以切削进给方式执行孔的加工。

动作 4——在孔底的动作，包括暂停、主轴准停、刀具移动等动作。

动作 5——返回到 R 点，继续孔的加工而又可以安全移动刀具时选择退刀至 R 点。

动作 6——快速返回到初始点，孔加工完成后一般退刀至初始点。

如图 2.42 所示，图中用虚线表示快速进给，用实线表示切削进给。

① 初始平面：它是为安全下刀而规定的一个平面。初始平面到零件表面的距离可以任意设定在一个安全的高度上，当使用同一把刀具加工若干孔时，只有孔间存在障碍需要跳跃或全部孔加工完毕时，才使用 G98 指令使刀具返回到初始平面的初始点。

② R 点平面：它又称 R 参考平面，这个平面是刀具下刀时由快速进给转为切削进给的高度平面，距工件表面的距离主要考虑工件表面尺寸的变化，一般可取 2～5mm。使用 G99 指令时，刀具将返回到该平面上的 R 点。

③ 孔底平面：加工盲孔时孔底平面就是孔底的 Z 向高度，加工通孔时一般刀具还要伸出工件底平面一段距离，主要是保证全部孔深都加工到尺寸，钻削加工时还应考虑钻头钻尖对孔深的影响。

孔加工循环与平面选择指令（G17、G18、G19）无关，即不管选择了哪个平面，孔加工都是在 XY 平面上定位并在 Z 轴方向上钻孔。

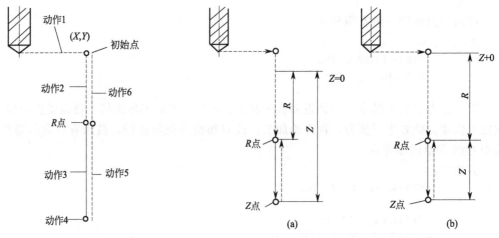

图 2.42　固定循环的动作　　　　　图 2.43　G90 和 G91 的坐标计算

2) 固定循环的代码及格式

① 数据形式。固定循环指令中地址 R 与地址 Z 的数据指定与 G90 或 G91 的方式选择有关，如图 2.43 所示。选择 G90 方式时，R 与 Z 一律取其终点坐标值；选择 G91 方式时，R 则指从初始点到 R 点的距离，Z 是指从 R 点到孔底平面上 Z 点的距离。

② 返回点平面 G98、G99。它们确定刀具在返回时到达的平面。如果指定了 G98，则自该程序段开始，刀具返回到初始平面；如果指定了 G99，则返回到 R 点平面。在实际加工时，主要根据孔和孔之间移动时是否有障碍物来确定。

③ 固定循环指令的 G 代码。这里介绍 FANUC 0M-C 数控系统的固定循环功能，

如表 2.9 所示。

表 2.9　FANUC 0M-C 数控系统的固定循环

G 代码	孔加工动作 （−Z 方向）	在孔底的动作	刀具返回方式 （+Z 方向）	用　　途
G73	间歇进给	无	快速	高速往复排屑钻深孔
G74	切削进给	暂停→主轴正转	切削进给	攻左旋螺纹
G76	切削进给	主轴定向停止→刀具移动	快速	精镗孔
G80	无	无	无	取消固定循环
G81	切削进给	无	快速	钻孔
G82	切削进给	暂停	快速	锪孔、镗阶梯孔
G83	间歇进给	无	快速	往复排屑钻深孔
G84	切削进给	暂停→主轴反转	切削进给	攻右旋螺纹
G85	切削进给	无	切削进给	精镗孔
G86	切削进给	主轴停止	快速	镗孔
G87	切削进给	主轴停止	快速	反镗孔
G88	切削进给	暂停→主轴停止	手动操作	镗孔
G89	切削进给	暂停	切削进给	精镗阶梯孔

④ 固定循环的格式

G73～G89 X__ Y__ Z__ R__ Q__ P__ F__ K__

其中：

X__ Y__：指定要加工孔的位置，输入形式与 G90 或 G91 的选择有关。

Z__：指定孔底平面位置（与 G90 或 G91 的选择有关）。

R__：指定 R 点平面位置（与 G90 或 G91 的选择有关）。

Q__：在 G73 或 G83 方式中用来指定每次的加工深度，在 G76 或 G87 方式中用来指定刀具的径向移动量。Q 值一律采用增量值而与 G90 或 G91 的选择无关。

P__：用来指定刀具在孔底的暂停时间，单位为秒。

F__：指定孔加工的切削进给速度。这个指令是模态的，即取消了固定循环，还在其后的加工中仍然有效。

K__：指定孔加工的重复次数，忽略此参数时系统默认为 K1。当指定 K0 时，则只存储孔加工数据而不执行加工动作。如果选择 G90 方式，刀具在原来的孔位重复加工；如果选择 G91 方式，则用一个程序段就可实现分布在一条直线上的若干个等距孔的加工。K 指令为非模态码，仅在本程序段中有效。

孔加工方式的指令以及 Z、R、Q、P、F 等指令都是模态的，因此只要在开始时指定了这些指令，在后面连续的加工中不必重新指定，仅需要修改变化的数据。

取消孔加工固定循环用 G80。对于加工一般的孔，可以使用 G81 代码，刀具动作比较简单。在孔中心上方定位后，快速靠近工件表面，然后以切削进给速度加工孔，到达要求的深度时，主轴不停，快速退刀，停留的位置由 G98、G99 指定，如图 2.44 所示。当使用不同的刀具，就可以进行钻孔、扩孔、铰孔、锪孔等加工。

G81 的指令格式为：G81 X__ Y__ Z__ R__ F__

3）固定循环编程实例

【例 2.13】　如图 2.45 所示零件，在 100mm×100mm×30mm 零件中心位置沿 φ76mm 的圆上均匀分布 9 个 φ10mm 的通孔，利用固定循环功能编制其钻孔加工程序。

对该零件编制加工程序的步骤如下。

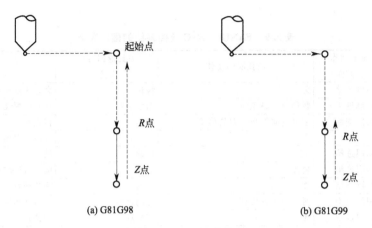

图 2.44 G81 钻孔循环

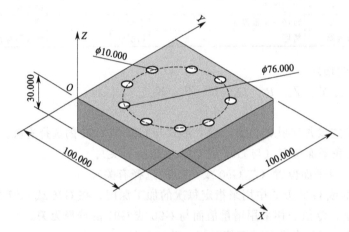

图 2.45 固定循环编程零件

① 为方便加工时对刀，设置编程坐标系如图中所示，取零件上表面为 Z 向零点。

② 计算孔中心坐标。经计算可得各孔中心 X、Y 坐标为：孔 1（88,50），孔 2（79.109,74.425），孔 3（56.598,87.422），孔 4（31,82.909），孔 5（14.291,62.996），孔 6（14.291,37.003），孔 7（31,17.091），孔 8（56.598,12.577），孔 9（79.109,25.574）。

③ 设计加工路线。按 1→2→⋯→9 的顺序依次钻孔，快进 R 点距离零件上表面 5mm，考虑钻头钻尖的影响，为保证能将孔完整地加工出来，钻孔深度为 35mm。

④ 编写程序单。根据加工路线和坐标数据，选择 G81 钻孔固定循环指令逐条编写加工程序，如下表所示。

程 序 段	说 明
N1 G20	设定米制单位
N2 G0 G90 G54 X88. Y50. S300 M3	刀具快速定位到孔 1，主轴正转
N3 G43 H1 Z50. M8	建立刀具长度补偿，切削液开
N4 G99 G81 Z−35. R5. F50.	钻孔 1，返回到 R5 点
N5 X79.109 Y74.425	钻孔 2，返回到 R5 点
N6 X56.598 Y87.422	钻孔 3，返回到 R5 点
N7 X31. Y82.909	钻孔 4，返回到 R5 点
N8 X14.291 Y62.996	钻孔 5，返回到 R5 点
N9 Y37.003	钻孔 6，返回到 R5 点

程　序　段	说　　　明
N10 X31. Y17. 091	钻孔 7,返回到 R5 点
N11 X56. 598 Y12. 577	钻孔 8,返回到 R5 点
N12 X79. 109 Y25. 574	钻孔 9,返回到 R5 点
N13 G80 G0 G49 Z50.	取消固定循环和刀具长度补偿,快速返回至初始平面 Z50 处
N14 M5	主轴停止
N15 M9	切削液关
N16 M30	程序结束

2.4.3　数控铣削与加工中心加工实例

（1）平面轮廓零件的数控铣削编程实例

如图 2.46 所示，为平面轮廓零件，加工参考程序（采用华中数控系统）如下：

① 加工 ϕ20mm 孔的程序（手工安装好 ϕ20mm 钻头）

```
%1337
N0010 G92X5Y5 Z5；设置对刀点
N0020 G91；相对坐标编程
N0030 G17 G00 X40 Y30；在 XOY 平面内加工
N0040 G98 G81 X40 Y30 Z－5 R15 F150；钻孔循环
N0050 G00 X5 Y5 Z5；
N0060 M05；
N0070 M02 ；
```

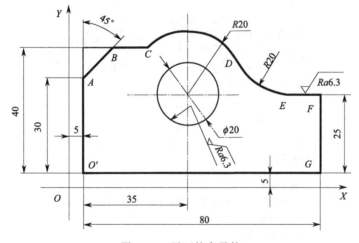

图 2.46　平面轮廓零件

② 铣轮廓的程序（手工安装好 ϕ5mm 立铣刀，不考虑刀具长度补偿）

```
%1338
N0010 G92 X5 Y5 Z5
N0020 G90 G41 G00 X－20 Y－10 Z－5 D01
N0030 G01 X5 Y－10 F150
N0040 G01 Y35 F150
N0050 G91
N0060 G01 X10 Y10 F150
N0070 G01 X11. 8 Y0
N0080 G02 X30. 5 Y－5 R20
N0090 G03 X17. 3 Y－10 R20
```

N0100 G01 X10.4 Y0
N0110 G03 X0 Y-25
N0120 G01 X-90 Y0
N0130 G90 G00 X5 Y5 Z5
N0140 G40
N0150 M05
N0160 M30

（2）加工中心加工实例

1）加工准备工作

① 加工零件图，如图 2.47 所示。

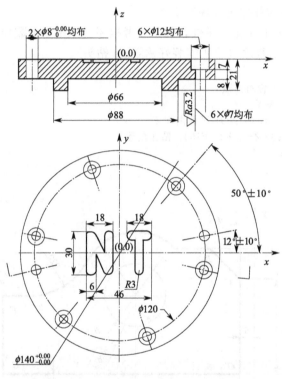

技术要求：

1. 字宽 6mm，R3 圆弧过渡，字深 2mm，Ra3.2mm；

2. 锐边倒角 1×45°；

3. 材料：铸铁。

图 2.47　加工中心加工实例零件图

② 量具：3～30mm 内测百分尺（0.01mm），0～150mm 带表游标卡尺 0.01mm，百分表及磁性表座，0～150mm 钢板尺。

③ 夹具：ϕ200mm 三爪定心卡盘、压板、螺栓及垫板等。

④ 辅助工具：10in（1in＝0.0254m）扳手、卡盘扳手、手用台虎钳及万用百分表架等。

⑤ 工件毛坯：按图半精加工，外径 ϕ140mm，留精加工余量 2mm，采用普通机床 C620 或 C6136 加工外圆 ϕ140、ϕ88，内圆 ϕ66 及平面、端面。

⑥ 采用 XH714 立式铣削加工中心加工。

2）工艺分析

① 确定工件坐标系：从图 2.47 确定，以 ϕ140、ϕ120 中心为坐标零点，确定 X、Y、Z

三轴，建立工件坐标系，对刀点 XY 平面坐标为 X0、Y0。

② 加工方案：采用工件一次装夹，自动换刀完成全部以下内容的加工。

a. $\phi140$ 采用外圆铣削，用 $\phi12$ 螺旋立铣刀铣削加工。

b. NT 刻字铣削，采用 $\phi6$ 键槽铣刀铣削加工。

c. $6\times\phi12$、$6\times\phi7$、$2\times\phi8$ 孔加工时，先打中心孔，采用 A2 中心钻钻中心孔。

d. $6\times\phi7$、$6\times\phi12$ 为同一中心孔，$\phi8$ 底孔采用 $\phi7$ 钻头钻孔。

e. $6\times\phi12$ 均布孔深 7mm，采用 $\phi12$ 键槽铣刀锪孔。

f. $\phi8$ 采用铰刀（机用）铰孔。

3) 数值计算

根据零件图计算各坐标如下。

① $\phi140$ 外圆铣削：以 (0,0) 点，半径为 70mm 逆圆插补，刀具半径补偿 6mm。

② 以半径为 60mm 进行孔系加工，以 $\phi8/12°$ 孔为基准孔，打出各孔中心孔，有关角度为：$AP=12°$，$AP=50°$，$AP=110°$，$AP=170°$，$AP=192°$，$AP=230°$，$AP=290°$，$AP=350°$。

③ 刻字坐标计算：刀具为 $\phi6$，半径为 3，取刀具中心轨迹，其中：

a. N 字坐标点：X−20，Y−12；X−20，Y12；X−8，Y−12；X−8，Y12。

b. T 字坐标点：X20，Y12；X18，Y12；X14，Y−12。

4) 编制数控加工工艺文件

包括机械加工工艺过程卡、毛坯工序卡、机械加工工序卡、热处理工序卡及表面处理工序卡、数控加工工序卡、数控加工程序说明卡和数控加工走刀路线图、钳工工序卡、特种检验工序卡、洗涤、防锈、油封工序卡和检验工序卡等内容，其格式如表 2.3 所示。

5) 程序编制

本零件属盘类简单零件，采用手工编程，自动换刀，一次装夹完成整个零件加工，编制的参考程序及说明如下（说明的部分在编辑程序时不输入）。

① 主程序

程序名　GJ.wpd　　　其中 wpd 为主程序扩展名

N102 T6 M6 换刀指令（$\phi12$ 立铣刀）

N104 L221 换刀子程序

N106 ；GOTOF（见下说明）

N108 G90G40G54

N110 G1 Z−350 F1000　快移至对刀点，设安全高度

N112 G1G41 T6 D1 X90 Y90 F1500　至起刀点，刀具左偏置

N114 M3 S600　　　主轴运转

N116 Z−382　　　下刀

N118 G1 Z−397 F500　Z 向进刀

N120 X0 Y70 F100　切入工件

N122 G3 I0 J−70　加工 $\phi140$ 外圆

N124 G1 X−20　沿切线切出

N126 G1 Z−350 F1000　提刀

N128 G40　取消刀具补偿

N130 G1 X0 Y0 F1500　回工件坐标系零点

N132 M5　　　主轴停

N134 T4 M6　换刀指令（$\phi12$ 立铣刀）

N136 L221　　　换刀子程序

N138 G1 Z−350 F1500

N140 M3 S600　　　主轴运转

N142 G1 X−20 Y−20 F500　刻字开始，对刀

N144 G1 Z−395 F200　下刀

N146 Z−397 F50　Z 向进刀切入 2mm

N148 Y12 F60

N150 X−8 Y−12

N152 Y12　　　N 字刻字完成

N154 Z−385 F1600　提刀

N156 X8 Y12　　　T 字对刀

N158 G1 Z−395 F200　下刀

N160 Z−397 F50　进刀切入 2mm

N162 X20 F200

N164 X14

N166 Y−12　　　T 字刻字完成

N168 Z−350 F1500　提刀

N170 X0 Y0

N172 M5　　　主轴停

N174 T10 M6   换刀（A2 中心钻）

N176 L221   换刀子程序

N178 G90 G54 G40

N180 G111 X0 Y0   钻孔

N182 M3 S500   主轴运转

N184 G1 Z－300 F1000   下刀

N186 G90 RP＝60 AP＝12   第 1 个孔，半径 60mm，12°角

N188 G1 Z－370.7 F500   下刀至安全高度

N190 L901   打中心孔子程序

N192 AP＝50   第 2 孔，φ12，6×φ7 孔第 1 孔

N194 L901

N196 AP＝50   第 3 孔，110°

N198 L901

N200 AP＝170   第 4 孔，170°

N202 L901

N204 AP＝192   第 5 孔，φ8 第 2 孔

N206 L901

N208 AP＝230   第 6 孔

N210 L901

N212 AP＝290   第 7 孔

N214 L901

N216 AP＝350   第 8 孔

N218 L901

N220 G40   取消刀具补偿

N222 G1 Z－300 F1000   提刀

N224 X0 Y0

N226 M5   主轴停

N228 ；PP：

N230 T9 M6   换刀指令（φ7 麻花钻）

N232 L221   换刀子程序

N234 G90 G54 G40

N236 G111 X0 Y0

N238 M3 S600

N240 G1 Z－200 F1000   下刀

N242 G90 RP＝60 AP＝12   第 1 个孔，半径 60mm，12°

N244 G1 Z－300 F500   至安全高度

N246 L902   钻孔子程序

N248 AP＝50   第 2 孔

N250 L902

N252 AP＝110   第 3 孔

N254 L902

N256 AP＝170   第 4 孔

N258 L902

N260 AP＝192   第 5 孔

N262 L902

N264 AP＝230   第 6 孔

N266 L902

N648 AP＝290   第 7 孔

N270 L902

N272 AP＝350   第 8 孔

N274 L902

N276 G40

N278 G1 Z－300 F1000   提刀

N280 G0 X0 Y0

N282 M5   主轴停

N284 T7 M6   换刀指令（φ12 键铣刀）

N286 L221   换刀子程序

N288 G90 G54 G40

N290 G11 X0 Y0

N292 M3 S500   主轴运转

N294 G1 Z－350 F1000

N296 G90 RP＝60 AP＝50   第 1 孔，φ6×φ7 孔，角度 50°

N298 G1 Z－370 F500   安全高度

N300 L903   铰孔子程序

N302 AP＝110

N304 L903

N306 AP＝170

N308 L903

N310 AP＝230

N312 L903

N314 AP＝290

N316 L903

N318 AP＝350

N320 L903

N322 G40

N324 G1 Z－300 F1000   提刀

N326 X0 Y0

N328 M5

N330 T5 M6   换刀指令（φ8 铰刀）

N332 L221   换刀子程序

N334 G90 G54 G40

N336 G111 X0 Y0

N338 M03 S600

N340 G1 Z－200 F1000   下刀

N342 G90 RP＝60 AP＝12   第 1 孔

N344 G1 Z－300 F150   安全高度

N346 L904   铰孔子程序

N348 AP＝192   第 2 孔

N350 L904

N352 G40

N354 G1 Z－200 F1000   提刀

N356 X0 Y0

N358 M5   主轴停

N360 G500   零点取消

N362 M2   程序结束

② 换刀子程序

L221   换刀子程序名

G01 Z－129.20 F4000   主轴准停位置（不允许修改）

SPOS＝284.139	主轴准停位置（不允许修改）
M28	刀库进入
M11	刀具放松
G01 Z0 F2000	主轴回零
M32	刀库转动寻找换刀位（PLC 处理）
G4 F.5	暂停 0.5s
G01 Z－129.20 F4000	下降至准停位置
M10	刀具夹紧
M29	刀库退出
G4 F2.5	暂停 2.5s
M17	子程序返回

③ 钻中心孔子程序

L901	钻中心孔子程序名
G91 G1 Z－5 F100	相对坐标编程
Z－8 F50	钻孔
Z13 F1000	提刀
G90	绝对坐标
M17	

④ $\phi 7$ 钻孔子程序

L902	$\phi 7$ 钻孔子程序名
G91 G1 Z－18 F200	
Z－20 F50	钻孔
Z38 F1000	提刀
G90	
M17	

⑤ $\phi 12$ 键铣锪孔子程序

L903	$\phi 12$ 键铣锪孔子程序名
G91 G1 Z－18 F200	
Z－7 F50	锪孔　孔深 7mm
Z25 F1000	提刀
G90	
M17	

⑥ $\phi 8$ 铰刀铰孔子程序

L904	$\phi 8$ 铰刀铰孔子程序名
G91 G1 Z－18 F200	
Z－20 F50	铰孔
Z38 F1000	提刀
G90	
M17	

以上程序的说明：

① 跳程序起点：GOTOF 往下跳，GOTOB 往上跳。

② 执行的程序前无分号（;），前有分号（;）的程序已封闭不执行。

③ L221 子程序为换刀子程序，不允许修改。

④ MPF 扩展名为主程序；SPF 扩展名为子程序。

习　题　2

2.1　何谓数控加工？数控加工主要包括哪些内容？

2.2　数控加工对刀点选择有哪些原则？如何选择换刀点？

2.3　程序编制有哪几种方法？各适用于何种情况？

2.4　NC 程序的常用功能有哪些？各有何作用？

2.5　数控车削编程有何特点？刀具半径补偿功能有何作用？

2.6　NC 程序的常用功能有哪些？各有何作用？

2.7　程序编制有哪几种方法？各适用于何种情况？

2.8　数控车削编程有哪些特点？固定循环功能有何作用？

2.9　如图 2.48 所示的零件，其毛坯为 45 钢的棒料，试编制其精车的数控程序。

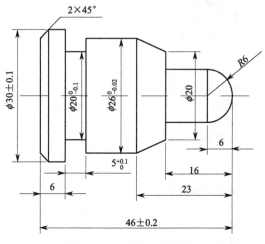

图 2.48　习题 2.9 的零件

2.10　如图 2.49 所示的零件，其毛坯为 ϕ32mm 的棒料，材料为 45 钢，试进行数控加工工艺分析，编制其数控车削程序，并进行数控车削加工。

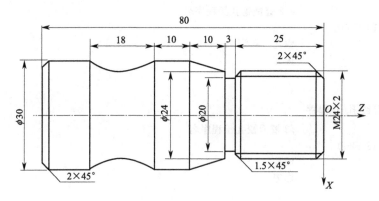

图 2.49　习题 2.10 的零件

2.11　工件坐标系设定指令有哪些？各如何设定？

2.12　样板零件如图 2.50 所示，其内孔和平面已加工，厚 10mm。编程坐标系如图中所示，O 点为坐标系原点和对刀点，起刀点和终刀点为 P_0（$-65，-95$），刀具从 P_1 点切入工件，然后沿图示方向进给加工，最后回到 P_0 点。切削用量：主轴转速为 500r/min，进给速度为 120mm/min。各基点坐标的计算，根据解析几何知识求解，结果如图所示。试编制该样板零件周边的铣削加工程序。

2.13　某空压机吸气阀盖头零件如图 2.51 所示，材料为灰口铸铁，其加工部位是 ϕ100H8 尺寸及 4×M6 螺孔，在配有相应数控系统的立式加工中心上加工，试进行数控加工工艺分析，编制其数控程序。

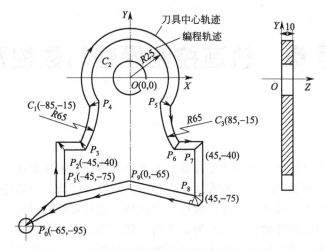

图 2.50　习题 2.12 样板零件

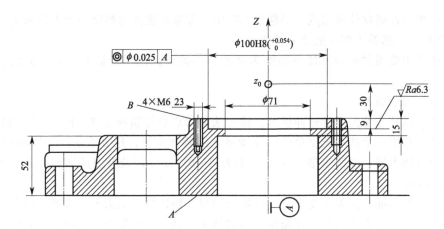

图 2.51　习题 2.13 的空压机吸气阀盖头零件

第 3 章 轨迹控制原理与数控系统

3.1 概述

零件数控程序经过译码、刀具补偿计算和其他预处理后,紧接着就是插补和位控,其中插补是数控系统的主要任务之一。数控加工程序中,一般都已知运动轨迹的起点坐标、终点坐标和轨迹的曲线方程。另外,还要根据机床参数和工艺要求给出刀具半径或刀具长度、主轴转速和进给速度等。插补的任务就是根据进给速度的要求,计算出每一段零件轮廓起点与终点之间所插入中间点的坐标值,机床伺服系统根据此坐标值控制各坐标轴协调运动,走出预定轨迹。

插补可用硬件或软件来完成。早期的 NC 中,都采用硬件的数字逻辑电路来完成插补工作。在 CNC 中,插补工作一般由软件完成。

数控技术中常用的插补算法可归纳为两类:一类是脉冲增量插补,另一类是数据采样插补。

(1) 脉冲增量插补

脉冲增量插补又称为基准脉冲插补。该方法的特点是每插补运算一次,最多给每一轴进给一个脉冲,产生一个基本长度单位的移动量,即脉冲当量,用 δ 表示。不同的数控机床,其脉冲当量可能不同,经济型数控机床一般为 $\delta = 0.01\text{mm}$,较精密的数控机床一般为 $\delta = 1\mu\text{m}$ 或 $0.1\mu\text{m}$。

采用此方法的插补误差不得大于一个脉冲当量,输出脉冲最大速度取决于执行一次运算所需的时间。虽然该方法插补程序简单,但进给率受到一定的限制,所以用于进给速度要求不很高的数控系统或开环数控系统中。

(2) 数据采样插补

数据采样插补又称为数字增量插补或时间标量插补。其特点是其位置伺服通过计算机及测量装置构成闭环,在每个插补运算周期输出的不是单个脉冲,而是数字量。计算机定时对反馈回路采样,得到采样数据与插补程序所产生的指令数据相比较后,输出误差信号给驱动伺服电机。

数据采样插补方法所产生的最大速度不受计算机最大运算速度的限制,但插补程序比较复杂,适用于半闭环和闭环数控系统中。

另外还有一种软件和硬件相结合的插补方法,把插补功能分别分配给软件和硬件插补器。前者完成粗插补,即把轨迹分为大的段;而硬件插补器完成精插补,进一步密化数据点。这种软件和硬件相结合的插补方法,响应速度快,分辨率比较高。

3.2 脉冲增量插补

脉冲增量插补是通过向各个坐标轴分配进给脉冲,控制机床坐标轴作相互协调的运动,从而加工出一定形状零件轮廓的方法。常用的有逐点比较插补法和数字积分法。

3.2.1　逐点比较法

逐点比较法又称为代数运算法或醉步法。它的基本原理是：每走一步都要将加工点的瞬时坐标与规定的图形轨迹相比较，判断一下偏差，然后决定下一步的走向。这种方法的特点是：运算直观，插补误差小于一个脉冲当量，输出脉冲均匀，而且输出脉冲的速度变化小，调节方便，因此，在两坐标联动的数控机床中应用较为广泛。

在逐点比较法中，每进给一步都需要四个节拍：偏差判别；坐标进给，根据偏差情况，决定进给方向；偏差计算，每走一步都要计算新的偏差值，作为下一步偏差判别的依据；终点判断，每走一步都要判断是否到终点，若到终点，则停止插补，否则，继续插补。现以直线插补和圆弧插补为例说明逐点比较法的工作原理。

（1）直线插补

1）插补原理

如图 3.1 所示，第 I 象限直线 $\overline{OE}$ 的起点为坐标原点，终点为 $E(x_e, y_e)$，加工动点为 P_i (x_i, y_i)，则直线的方程为

$$\frac{y_i}{x_i} = \frac{y_e}{x_e} \tag{3.1}$$

即

$$x_e y_i - y_e x_i = 0 \tag{3.2}$$

若动点 $P_i(x_i, y_i)$ 在直线 $\overline{OE}$ 上方，则有

$$\frac{y_i}{x_i} > \frac{y_e}{x_e} \tag{3.3}$$

即

$$x_e y_i - y_e x_i > 0$$

若动点 $P_i(x_i, y_i)$ 在直线 $\overline{OE}$ 下方，则有

$$\frac{y_i}{x_i} < \frac{y_e}{x_e} \tag{3.4}$$

即

$$x_e y_i - y_e x_i < 0 \tag{3.5}$$

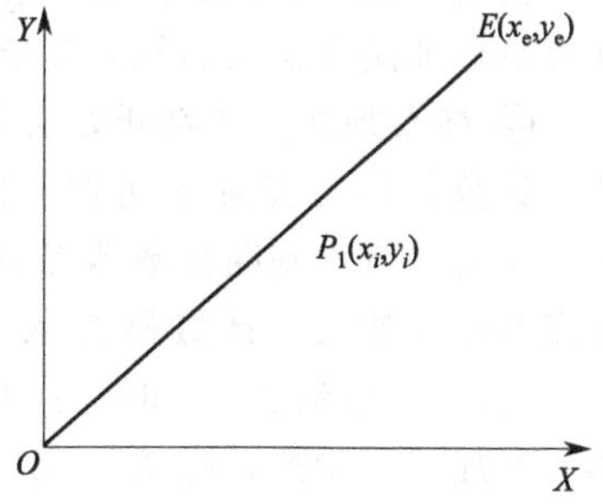

图 3.1　逐点比较法直线插补

由此可取偏差判别函数 F_i 为

$$F_i = x_e y_i - y_e x_i \tag{3.6}$$

① 偏差判别，由 F_i 的数值可以判别动点 P_i 与直线的相对位置。

当 $F_i = 0$，动点 $P_i(x_i, y_i)$ 正好在直线上；

当 $F_i > 0$，动点 $P_i(x_i, y_i)$ 在直线上方；

当 $F_i < 0$，动点 $P_i(x_i, y_i)$ 在直线下方。

② 坐标进给。从图 3.1 可知，对于起点在原点，终点为 $E(x_e, y_e)$ 的第 I 象限直线，当动点 $P_i(x_i, y_i)$ 在直线上方（$F_i > 0$）时，应该向 +X 方向发一脉冲（走一步）；当动点 $P_i(x_i, y_i)$ 在直线的下方（$F_i < 0$）时，应该向 +Y 方向走一步，以减少偏差；当动点 P_i (x_i, y_i) 在直线上（$F_i = 0$）时，既可向 +X 方向走一步，又可向 +Y 方向走一步，但通常将 $F_i = 0$ 与 $F_i > 0$ 归于一类，即 $F_i \geqslant 0$。

③ 偏差计算。每走一步，都要计算新的偏差函数值，由 $F_i = x_e y_i - y_e x_i$，得

$$F_{i+1} = x_e y_{i+1} - y_e x_{i+1} \tag{3.7}$$

则在计算新的偏差函数 F_{i+1} 值时，要进行乘法和减法运算，这对具体电路实现起来不

太方便，会增加硬件的复杂程度。为了简化运算，通常采用迭代法，即采用"递推法"。每走一步后，新偏差函数值采用前一点的偏差函数值递推出来。

当 $F_i \geqslant 0$ 时，向 $+X$ 方向走一步，即加工动点从 $P_i(x_i, y_i)$ 点走到新动点为 $P_{i+1}(x_{i+1}, y_{i+1})$，$x_{i+1}=x_i+1$，$y_{i+1}=y_i$，则新偏差函数为

$$F_{i+1} = x_e y_{i+1} - y_e x_{i+1} = x_e y_i - y_e(x_i+1) = x_e y_i - y_e x_i - y_e = F_i - y_e$$

即

$$F_{i+1} = F_i - y_e \tag{3.8}$$

当 $F_i < 0$ 时，向 $+Y$ 方向走一步，新动点坐标为 $P_{i+1}(x_{i+1}, y_{i+1})$，$x_{i+1}=x_i$，$y_{i+1}=y_i+1$，则新偏差函数为

$$F_{i+1} = x_e y_{i+1} - y_e x_{i+1} = x_e(y_i+1) - y_e x_i = x_e y_i - y_e x_i + x_e = F_i + x_e$$

即

$$F_{i+1} = F_i + x_e \tag{3.9}$$

由此可知，新加工点的偏差 F_{i+1} 完全可以用前加工点的偏差 F_i 递推出来，偏差 F_{i+1} 的计算只作加法和减法运算，没有乘法运算，计算简单。

④ 终点判断。其判断方法有如下三种：第一种方法是总步长法，设置一个终点判断计数，计数器存入 X 和 Y 方向要走的总步数 Σ，即 $\Sigma = |x_e - x_0| + |y_e - y_0|$，当 X 或 Y 方向走一步时，终点判断计数器 Σ 减 1，减到零时，停止插补。第二种方法是投影法，设置一个终点判断计数 Σ，计数器存入 $|x_e - x_0|$、$|y_e - y_0|$ 较大者，当该方向进给一步时，进行 $\Sigma - 1$ 运算，直到 $\Sigma = 0$ 时，停止插补。第三种方法是终点坐标法，设置 Σx、Σy 两个计数器，在加工开始前，在 Σx、Σy 计数器中分别存入 $|x_e - x_0|$、$|y_e - y_0|$。X 或 Y 坐标方向进给一步时，就在相应的计数器中减 1，直至两个计数器中的数都减为零时，停止插补。

2）直线插补实例

【例 3.1】 设加工第 Ⅰ 象限直线 $\overline{OA}$，起点坐标为 $O(0,0)$，终点坐标为 $A(6,4)$，试进行插补运算并画出走步轨迹图。

用第一种方法进行终点判断，则 $\Sigma = 6 + 4 = 10$，其插补运算过程见表 3.1，插补走步轨迹如图 3.2 所示。

表 3.1　逐点比较法直线插补运算过程

序　号	偏差判别	坐标进给	偏差计算	终点判别
起点			$F_0 = 0$	$\Sigma = 10$
1	$F_0 = 0$	$+\Delta x$	$F_1 = F_0 - y_e = -4$	$\Sigma = 10 - 1 = 9$
2	$F_1 = -4 < 0$	$+\Delta y$	$F_2 = F_1 + x_e = +2$	$\Sigma = 9 - 1 = 8$
3	$F_2 = +2 > 0$	$+\Delta x$	$F_3 = F_2 - y_e = -2$	$\Sigma = 8 - 1 = 7$
4	$F_3 = -2 < 0$	$+\Delta y$	$F_4 = F_3 + x_e = +4$	$\Sigma = 7 - 1 = 6$
5	$F_4 = +4 > 0$	$+\Delta x$	$F_5 = F_4 - y_e = 0$	$\Sigma = 6 - 1 = 5$
6	$F_5 = 0$	$+\Delta x$	$F_6 = F_5 - y_e = -4$	$\Sigma = 5 - 1 = 4$
7	$F_6 = -4 < 0$	$+\Delta y$	$F_7 = F_6 + x_e = +2$	$\Sigma = 4 - 1 = 3$
8	$F_7 = +2 > 0$	$+\Delta x$	$F_8 = F_7 - y_e = -2$	$\Sigma = 3 - 1 = 2$
9	$F_8 = -2 < 0$	$+\Delta y$	$F_9 = F_8 + x_e = +4$	$\Sigma = 2 - 1 = 1$
10	$F_9 = +4 > 0$	$+\Delta x$	$F_{10} = F_9 - y_e = 0$	$\Sigma = 1 - 1 = 0$

3）象限处理与插补软件流程

上面讨论的是第 Ⅰ 象限的直线插补，其他象限的插补方法和第 Ⅰ 象限的插补方法类似。为适用于 4 个象限的直线插补，在偏差计算时，无论哪个象限直线，都用其坐标的绝对值计算，终点判别也用终点坐标的绝对值作为计数初值。4 个象限的进给方向如图 3.3 所示，插

补偏差计算公式与进给方向列于表 3.2，插补软件流程如图 3.4 所示。

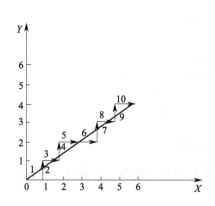

图 3.2 逐点比较法直线插补走步轨迹

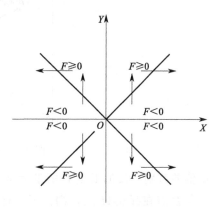

图 3.3 直线插补 4 个象限的进给方向

表 3.2 逐点比较法直线插补公式与进给方向

象 限	$F_i \geqslant 0$		$F_i < 0$	
	坐标进给	偏差计算	坐标进给	偏差计算
Ⅰ	$+\Delta x$		$+\Delta y$	
Ⅱ	$-\Delta x$	$F_{i+1}=F_i-y_e$	$+\Delta y$	$F_{i+1}=F_i+x_e$
Ⅲ	$-\Delta x$		$-\Delta y$	
Ⅳ	$+\Delta x$		$-\Delta y$	

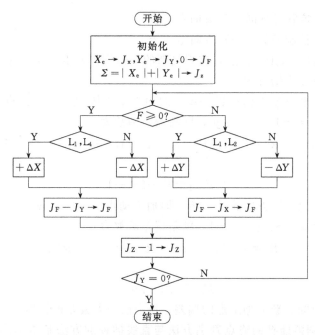

图 3.4 逐点比较法直线插补软件流程

（2）圆弧插补

1）插补原理

如图 3.5 所示，设第 Ⅰ 象限逆圆弧 AB 的圆心为坐标原点，圆弧的起点为 $A(x_0, y_0)$，终点为 $B(x_e, y_e)$，已知圆弧的半径为 R。

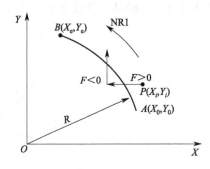

图 3.5　逐点比较法圆弧插补

① 偏差判别　设加工点 P 的坐标是 (x_i, y_i)，则 P 点相对圆弧 AB 有三种位置：

a. 当 P 点在圆弧 AB 上，则：$x_i^2 + y_i^2 - R^2 = 0$；

b. 当 P 点在圆弧外侧时，则：$x_i^2 + y_i^2 - R^2 > 0$；

c. 当 P 点在圆弧内侧时，则：$x_i^2 + y_i^2 - R^2 < 0$。

因此，用 F 表示 P 点的偏差值，并定义为

$$F = x_i^2 + y_i^2 - R^2 \tag{3.10}$$

则 $F = 0$ 时，P 点在圆弧 AB 上；

$F > 0$ 时，P 点在圆弧 AB 外侧；

$F < 0$ 时，P 点在圆弧 AB 内侧。

② 坐标进给

a. 当 $F \geqslant 0$ 时，控制刀具向 $-X$ 方向走一步；

b. 当 $F < 0$ 时，控制刀具向 $+Y$ 方向走一步。

③ 偏差计算　刀具每走一步后，将刀具新的坐标值代入 $F_i = x_i^2 + y_i^2 - R^2$ 中，求出新的 F_{i+1} 值，以确定下一步进给方向。

a. 当 $F \geqslant 0$ 时，沿 $-X$ 方向前进一步，即加工动点从 $P_i(x_i, y_i)$ 点走到新动点为 $P_{i+1}(x_{i+1}, y_{i+1})$，$x_{i+1} = x_i - 1$，$y_{i+1} = y_i$，则新偏差函数为

$$F_{i+1} = x_{i+1}^2 + y_{i+1}^2 - R^2 = (x_i - 1)^2 + y_i^2 - R^2 = x_i^2 + y_i^2 - R^2 - 2x_i + 1 = F_i - 2x_i + 1$$

即

$$F_{i+1} = F_i - 2x_i + 1 \tag{3.11}$$

b. 当 $F < 0$ 时，沿 $+Y$ 方向前进一步，即加工动点从 $P_i(x_i, y_i)$ 点走到新动点为 $P_{i+1}(x_{i+1}, y_{i+1})$，$x_{i+1} = x_i$，$y_{i+1} = y_i + 1$，则新偏差函数为

$$F_{i+1} = x_{i+1}^2 + y_{i+1}^2 - R^2 = x_i^2 + (y_i + 1)^2 - R^2 = x_i^2 + y_i^2 - R^2 + 2y_i + 1 = F_i + 2y_i + 1$$

即

$$F_{i+1} = F_i + 2y_i + 1 \tag{3.12}$$

由以上的推导可知，新的加工点的偏差，可由前一点偏差推算出。

④ 终点判别　圆弧插补的终点判别方法与直线插补的方法基本相同，可将 X、Y 轴走步数总和存入一个计数器，即

$$\Sigma = |x_e - x_0| + |y_e - y_0| \tag{3.13}$$

无论 X 轴还是 Y 轴，每进一步，计数器减 1，当 $\Sigma = 0$ 时，发出停止信号，插补结束。

2）圆弧插补实例

【例 3.2】　设加工第一象限逆圆 AB，已知起点 $A(4, 0)$，终点 $B(0, 4)$。试进行插补计算

并画出走步轨迹。

计算过程如表 3.3 所示，根据表 3.3 作出的走步轨迹如图 3.6 所示。

表 3.3　逐点比较法圆弧插补计算过程

序号	偏差判别	坐标进给	偏差计算	终点判别
起点		$x_0=4, y_0=0$	$F_0=0$	$\Sigma=4+4=8$
1	$F_0=0$	$-X, x_1=4-1=3, y_1=0$	$F_1=F_0-2x_0+1=0-2\times4+1=-7$	$\Sigma=8-1=7$
2	$F_1=-7<0$	$+Y, x_2=3, y_2=y_1+1=1$	$F_2=F_1+2y_1+1=-7+2\times0+1=-6$	$\Sigma=7-1=6$
3	$F_2=-6<0$	$+Y, x_3=3, y_3=2$	$F_3=F_2+2y_2+1=-3$	$\Sigma=6-1=5$
4	$F_3=-3<0$	$+Y, x_4=3, y_4=3$	$F_4=F_3+2y_3+1=2$	$\Sigma=5-1=4$
5	$F_4=2>0$	$-X, x_5=2, y_5=3$	$F_5=F_4-2y_4+1=-3$	$\Sigma=4-1=3$
6	$F_5=-3<0$	$+Y, x_6=2, y_6=4$	$F_6=F_5+2y_5+1=4$	$\Sigma=3-1=2$
7	$F_6=4>0$	$-X, x_7=1, y_7=4$	$F_7=F_6-2x_6+1=1$	$\Sigma=2-1=1$
8	$F_7=1>0$	$-X, x_8=0, y_8=4$	$F_8=F_7-2x_7+1=0$	$\Sigma=1-1=0$

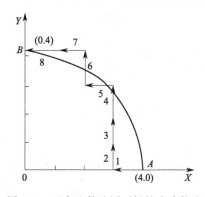

图 3.6　逐点比较法圆弧插补走步轨迹

3）象限处理与插补软件流程

上面讨论的是第Ⅰ象限的逆圆弧插补，实际上圆弧所处的象限不同、逆顺不同，则进给方向和插补偏差计算公式也不相同。4 个象限的进给方向如图 3.7 所示，共有八种情况，按照第一象限逆圆插补偏差计算公式的推导方法，可得出其他七种情况的圆弧插补偏差计算公式。由图 3.7 可知，NR1/SR2/NR3/SR4 等加工，其进给对坐标轴来说是对称的 [见图 3.7(a)]。若将 NR1 的进给 X 反向，就得出 SR2 的加工；又如将 NR1 的进给 Y 反向，则得出 SR4 的加工，且这些加工所用的插补计算公式都相同，因而可将它们归纳成一种类型，即Ⅰ型（NR1 类）。另一种类型是对 SR1/NR2/SR3/NR4 的加工 [见图 3.7(b)]，也能利用相同的插补计算公式，归为Ⅱ型（SR1 类）。综合以上的分析，可将圆弧插补计算公式与进给方向列成表 3.4（表中 x、y 为绝对值）。设圆弧起点为 $A(x_A, y_A)$，终点为 $B(x_e, y_e)$，其插补软件流程如图 3.8 所示。

表 3.4　逐点比较法圆弧插补公式与进给方向

加工类型		$F_i \geqslant 0$			$F_i < 0$		
		进给	偏差计算	坐标计算	进给	偏差计算	坐标计算
Ⅰ型 （NR1 类）	NR1	$-\Delta x$	$F_{i+1}=F_i-2x_i+1$	$x_{i+1}=x_i-1$ $y_{i+1}=y_i$	$+\Delta y$	$F_{i+1}=F_i+2y_i+1$	$X_{i+1}=x_i$ $Y_{i+1}=y_i+1$
	SR2	$+\Delta x$			$+\Delta y$		
	NR3	$+\Delta x$			$-\Delta y$		
	SR4	$-\Delta x$			$-\Delta y$		
Ⅱ型 （SR1 类）	SR1	$-\Delta y$	$F_{i+1}=F_i-2y_i+1$	$x_{i+1}=x_i$ $y_{i+1}=y_i-1$	$+\Delta x$	$F_{i+1}=F_i+2x_i+1$	$X_{i+1}=x_i+1$ $Y_{i+1}=y_i$
	NR2	$-\Delta y$			$-\Delta x$		
	SR3	$+\Delta y$			$-\Delta x$		
	NR4	$+\Delta y$			$+\Delta x$		

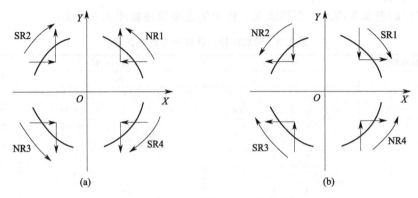

图 3.7　逐点比较法圆弧插补 4 个象限的进给方向

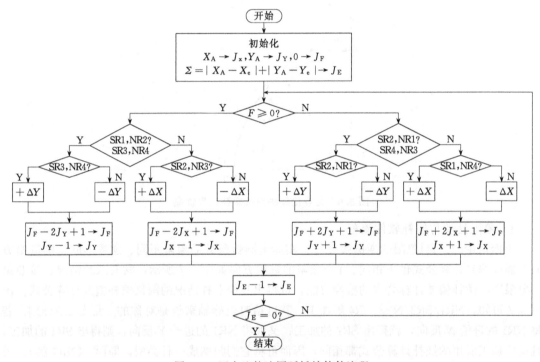

图 3.8　逐点比较法圆弧插补软件流程

3.2.2　数字积分法

数字积分法又称数字微分分析（Digital Differential Analyzer，DDA）法，是在数字积分器的基础上建立起来的一种插补法。数字积分法具有运算速度快、脉冲分配均匀、易实现坐标联动等优点，应用较广泛。其缺点是速度调节不便，插补精度需采取一定措施才能满足要求。但采用软件插补时，计算机有较强的功能和灵活性，可克服此缺点。

如图 3.9 所示，设有一函数 $y = f(t)$，求此函数在 $t_0 \sim t_n$ 区间的积分，即求函数曲线与横坐标 t 在区间 (t_0, t_n) 所围成的面积。此面积可近似地视为曲线下许多小矩形面积之和，即：

$$S = \int_{t_0}^{t_n} y_i \, \mathrm{d}t = \sum_{i=1}^{n} y_{i-1} \Delta t \tag{3.14}$$

式中，y_i 为 $t = t_i$ 时 $f(t)$ 的值。

上式表明求积分的过程可以用累加的方法来近似 。若 Δt 取基本单位时间"1"（相当于一个脉冲周期的时间），则上式简化为：

$$S = \sum_{i=0}^{n} y_i \tag{3.15}$$

设置一个累加器，而且令累加器的容量为一个单位面积。用此累加器来实现这种累加运算，则累加过程中超过一个单位面积时必然产生溢出，累加过程中所产生的溢出脉冲总数就是要求的面积近似值，或者说就是要求的积分近似值。

图 3.10 为实现这种累加运算的数字积分器框图。它由函数值寄存器、与门、累加器及计数器等部分组成，其工作原理为每来一个 Δt 脉冲，与门打开一次，将函数值寄存器中的函数值送往累加器相加一次。当累加和超过累加器的容量时，便向计数器发出溢出脉冲，计数器累计此溢出脉冲，累加结束后，计数器的计数值就是面积积分近似值。

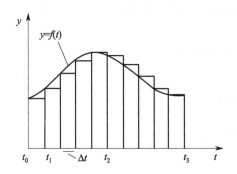

图 3.9　函数 $y=f(t)$ 的积分

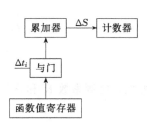

图 3.10　数字积分器框图

（1）DDA 法直线插补

1）直线插补原理

设在平面中有一直线 $\overline{OA}$，其起点为坐标原点，终点为 $A(x_e, y_e)$，直线方程为

$$y = \frac{y_e}{x_e} x \tag{3.16}$$

对时间 t 的参量方程为

$$\begin{cases} x = K x_e t \\ y = K y_e t \end{cases} \tag{3.17}$$

式中，K 为比例系数。

其微分形式为

$$\begin{cases} \mathrm{d}x = K x_e \mathrm{d}t \\ \mathrm{d}y = K y_e \mathrm{d}t \end{cases} \tag{3.18}$$

其积分形式为

$$\begin{cases} x = \int \mathrm{d}x = K \int x_e \mathrm{d}t \\ y = \int \mathrm{d}y = K \int y_e \mathrm{d}t \end{cases} \tag{3.19}$$

其累加和的近似形式为

$$\begin{cases} x = \sum_{i=1}^{n} Kx_e \Delta t \\ y = \sum_{i=1}^{n} Ky_e \Delta t \end{cases} \tag{3.20}$$

式中，$\Delta t = 1$ 时，写成近似微分形式为

$$\begin{cases} \Delta x = Kx_e \Delta t \\ \Delta y = Ky_e \Delta t \end{cases} \tag{3.21}$$

动点从原点出发走向终点的过程，可以看做是各坐标轴每隔一个单位时间 Δt，分别以增量 Kx_e 及 Ky_e 同时对两个累加器累加的过程。当累加器超过一个坐标单位（脉冲当量）时产生溢出，溢出脉冲驱动伺服系统进给一个脉冲当量，从而走出给定直线。

若经过 m 次累加后，X 和 Y 分别到达终点 (x_e, y_e)，即下式成立：

$$\begin{cases} x = \sum_{i=1}^{m} Kx_e = Kx_e m = x_e \\ y = \sum_{i=1}^{m} Ky_e = Ky_e m = y_e \end{cases} \tag{3.22}$$

由此可见，比例系数 K 和累加次数 m 之间有如下关系：

$$Km = 1 \tag{3.23}$$

即

$$m = 1/K \tag{3.24}$$

K 的数值与累加器的容量有关。累加器的容量应大于各坐标轴的最大坐标值，一般二者的位数相同，以保证每次累加最多只溢出一个脉冲。设累加器有 n 位，取

$$K = 1/2^n \tag{3.25}$$

则累加次数 m 为

$$m = 1/K = 2^n \tag{3.26}$$

上述关系表明，若累加器的位数为 n，则整个插补过程要进行 2^n 次累加才到达直线的终点。

因为 $K = 1/2^n$，n 为寄存器的位数，对于存放于寄存器中的二进制数来说，Kx_e（或 Ky_e）与 $x_e(y_e)$ 是相同的，只是认为前者小数点在最高位之前，而认为后者的小数点在最低位之后。所以，可以用 x_e 直接对 X 轴累加器累加，用 y_e 直接对 Y 轴的累加器累加。

图 3.11 为 DDA 直线插补运算框图。它由两个数字积分器组成，每个坐标轴的积分器由累加器和被积函数寄存器组成。被积函数寄存器 J_{Vx}、J_{Vy} 存放终点坐标值，每隔一个时间间隔 Δt，将被积函数的值在各自的累加器中累加，X 轴累加器 J_{Rx}、Y 轴累加器 J_{Ry} 溢出的脉冲分别驱动 X 轴、Y 轴走步。

当累加器和寄存器的位数长而加工较短的直线时，就会出现累加很多次才能溢出一个脉冲的情况，这样进给速度就会很慢，影响生产率。为此，可在插补累加之前时将 x_e，y_e 同时放大 2^i 倍以提高进给速度。一般将 X 轴及 Y 轴被积函数寄存器同时左移，直到其中之一的最高位为 1 为止。此过程称为左移规格化，这实际是放大了 K 值。从直线参数方程可知，K 值变大后方程式仍成立，只是加快了插补速度。但这时到达终点的累加次数不再为 2^n，

不能用此来判断终点。

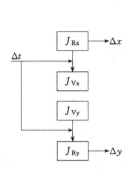

图 3.11 DDA 直线插补运算框图

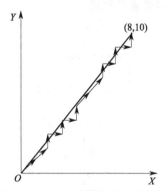

图 3.12 DDA 直线插补走步轨迹

通常情况下，DDA 法的终点判别，可设一个判终计数器 J_Σ，其初值为 0，每当累加器溢出一个脉冲，J_Σ 加 1，当 J_Σ 为 2^n 时，加工结束。

2）直线插补实例

【例 3.3】 设有一直线 $\overline{OA}$，起点为原点 O，终点 A 坐标为（8，10），试用数字积分法进行插补计算并画出走步轨迹图。

选累加器和寄存器的位数为 4 位，判终计数器 $J_\Sigma = 2^4 = 16$。为加快插补速度，累加器的初值置为累加器容量的一半值，插补计算过程如表 3.5 所示，走步轨迹如图 3.12 所示。

表 3.5 DDA 法直线插补计算过程

累加次数	X 轴数字积分器			Y 轴数字积分器			判终计数器 J_Σ
	X 被积函数寄存器 J_{Vx}	X 累加器 J_{Rx}	X 累加器溢出脉冲	Y 被积函数寄存器 J_{Vy}	Y 累加器 J_{Ry}	Y 累加器溢出脉冲	
0	8	8	0	10	8	0	0
1	8	16−16＝0	1	10	18−16＝2	1	1
2	8	8	0	10	12	0	2
3	8	16−16＝0	1	10	22−16＝6	1	3
4	8	8	0	10	16−16＝0	1	4
5	8	16−16＝0	1	10	10	0	5
6	8	8	0	10	20−16＝4	1	6
7	8	16−16＝0	1	10	14	0	7
8	8	8	0	10	24−16＝8	1	8
9	8	16−16＝0	1	10	18−16＝2	1	9
10	8	8	0	10	12	0	10
11	8	16−16＝0	1	10	22−16＝6	1	11
12	8	8	0	10	16−16＝0	1	12
13	8	16−16＝0	1	10	10	0	13
14	8	8	0	10	20−16＝4	1	14
15	8	16−16＝0	1	10	14	0	15
16	8	8	0	10	24−16＝8	1	16

3）插补软件流程

用与逐点比较法相同的处理方法，把符号与数据分开，取数据的绝对值作被积函数，而符号作进给方向控制信号处理，便可对所有不同象限的直线进行插补。须注意，DDA 法直线插补时，X 和 Y 两坐标可同时产生溢出脉冲，即同时进给，其插补软件流程如图 3.13 所示。

（2）DDA 法圆弧插补

1）圆弧插补原理

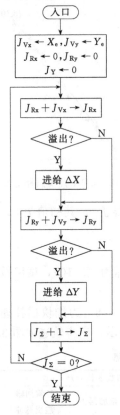

图 3.13　DDA 法直线插补软件流程

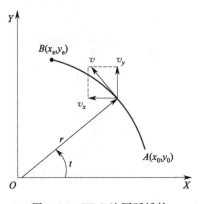

图 3.14　DDA 法圆弧插补

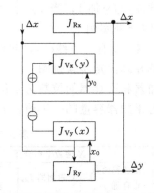

图 3.15　DDA 法圆弧插补运算框图

以第一象限逆圆弧为例，如图 3.14 所示，设圆弧 AB 的圆心在坐标原点，起点为 $A(x_0, y_0)$，终点为 $B(x_e, y_e)$，半径为 R。圆的参量方程可表示为

$$\begin{cases} x = R\cos t \\ y = R\sin t \end{cases} \tag{3.27}$$

对 t 微分得 x、y 方向上的速度分量为

$$\begin{cases} v_x = \dfrac{\mathrm{d}x}{\mathrm{d}t} = -R\sin t = -y \\ v_y = \dfrac{\mathrm{d}y}{\mathrm{d}t} = R\cos t = x \end{cases} \tag{3.28}$$

微分形式：

$$\begin{cases} \mathrm{d}x = -y\mathrm{d}t \\ \mathrm{d}y = x\mathrm{d}t \end{cases} \tag{3.29}$$

用累加和来近似积分得

$$\begin{cases} x = \displaystyle\sum_{i=1}^{n} -y\Delta t \\ y = \displaystyle\sum_{i=1}^{n} x\Delta t \end{cases} \tag{3.30}$$

上述表明圆弧插补时，X 轴的被积函数值为动点 Y 坐标瞬时值的累加，Y 轴的被积函数值为动点 X 坐标瞬时值的累加。图 3.15 为第一象限逆圆弧 DDA 圆弧插补运算框图，与直线插补比较，圆弧插补有如下不同。

① 直线插补时为常数累加，被积函数值 $x_e(y_e)$ 不变；而圆弧插补时为变量累加，被积函数值 $X(Y)$，必须由累加器的溢出来修改。

② 与直线插补时相反，圆弧插补时 X 被积函数寄存器 J_{Vx} 中存 Y 值，初值存入 Y 的起点坐标 y_0；而 Y 被积函数寄存器 J_{Vy} 中存 X 值，初值存入 X 起点坐标 x_0。

③ 圆弧插补过程中，X 轴累加器 J_{Rx} 每溢出一个 Δx 脉冲，驱动 X 轴走一步，同时 J_{Vy} 中应减 "1"；Y 轴累加器 J_{Ry} 每溢出一个 Δy 脉冲，驱动 Y 轴走一步，同时 J_{Vx} 中应加 "1"。

与直线插补类似，被积函数值很小时，累加很多次才有一个脉冲溢出，插补效率很低，所以圆弧插补也需要左移规格化。因圆弧插补过程中被积函数要作修改，如果仍将其左移成最高位为 1，则在插补过程经过多次修改后，就有可能超过寄存器容量而产生溢出错误。因此圆弧左移规格化时，同时左移各被积函数初值直至其中至少一个的次高位为 1 为止。这里要特别注意，若被积函数左移了 n 位，相当于乘上 2^n，累加器有溢出脉冲时，被积函数修改就不再是加 1 或减 1，而是加 2^n。在程序设计时，另开辟 1 个数据区作为修改量寄存器，在左移规格化之前，存入 1，左移被积函数同时左移此寄存器，规格化后其值即为 2^n。修改坐标值即可用此寄存器的内容作为修改量。为改善插补质量，可将累加器初值都置为累加器容量的一半。

因为数字积分法圆弧插补两轴不一定同时到达终点，故可采用两个终点判别计数器 $J_{\Sigma x}$ 及 $J_{\Sigma x}$，分别取总步长 $|x_e-x_0|$、$|y_e-y_0|$ 为各轴终点判别值。当某一坐标计数器减为 0 时，则该轴停止进给；当两个计数器都减为 0 时，圆弧插补停止。

2）圆弧插补实例

【例 3.4】　设加工第一象限逆圆弧 AB，其圆心在原点，起点 A 坐标为 (6,0)，终点 B 的坐标为 (0,6)，累加器为三位，试用数字积分法插补计算，并画出走步轨迹图。

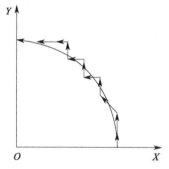

图 3.16　DDA 法圆弧插补走步轨迹

插补计算过程如表 3.6 所示。为加快插补，将两个累加器的初值置成容量的一半，走步轨迹如图 3.16 所示。

表 3.6　DDA 法圆弧插补计算过程

累加次数	X 轴数字积分器			Y 轴数字积分器		
	X 被积函数寄存器 J_{Vx}	X 累加器 J_{Rx}	X 累加器溢出脉冲	Y 被积函数寄存器 J_{Vy}	Y 累加器 J_{Ry}	Y 累加器溢出脉冲
0	0	4	0	6	4	0
1	0	4	0	6	10−8=2	1
2	1	5	0	6	8−8=0	1
3	2	7	0	6	6	0
4	2	9−8=1	1	6	12−8=4	1
5	3	4	0	5	9−8=1	1
6	4	8−8=0	1	5	6	0
7	4	4	0	5	10−8=2	1
8	5	9−8=1	1	4	6	0

续表

累加次数	X轴数字积分器			Y轴数字积分器		
	X被积函数寄存器 J_{Vx}	X累加器 J_{Rx}	X累加器溢出脉冲	Y被积函数寄存器 J_{Vy}	Y累加器 J_{Ry}	Y累加器溢出脉冲
9	5	6	0	3	$9-8=1$	1
10	6	$12-8=4$	1	3	4	0
11	6	$10-8=2$	1	2	6	0
12	6	$8-8=0$	1	1	7	0
13	6	6	0	0	7	0

3）插补软件流程

圆弧插补时，每溢出一个脉冲，都要对相应的坐标值进行修正，并计算该轴的终点判别值。图 3.17 为 DDA 法圆弧插补软件流程。

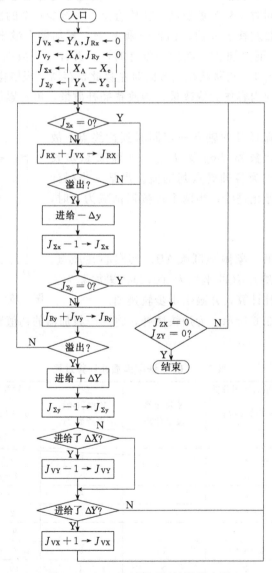

图 3.17　DDA 法圆弧插补软件流程

（3）DDA 法在不同象限的脉冲分配

不同象限的直线及顺、逆圆弧的 DDA 插补，迭代方式相同，即被积函数寄存器 J_V 与累加器 J_R 相加，存累加器 J_R 中，每溢出一个脉冲，在各坐标轴进给及对动点坐标值修正，但其进给方向及对动点坐标值 x、y 作 $+1$ 或 -1 修正的情况不同。表 3.7 为 DDA 法不同象限的脉冲分配与坐标修正。

表 3.7　DDA 法不同象限的脉冲分配与坐标修正

	L1	L2	L3	L4		SR1	SR2	SR3	SR4	NR1	NR2	NR3	NR4
$J_{Vx}(x_e)$					$J_{Vx}(y)$	-1	$+1$	-1	$+1$	$+1$	-1	$+1$	-1
$J_{Vy}(y_e)$					$J_{Vy}(x)$	$+1$	-1	$+1$	-1	-1	$+1$	-1	$+1$
Δx	$+$	$-$	$-$	$+$	Δx	$+$	$+$	$-$	$-$	$-$	$-$	$+$	$+$
Δy	$+$	$+$	$-$	$-$	Δy	$-$	$+$	$+$	$-$	$+$	$-$	$-$	$+$

3.3　数据采样插补

3.3.1　概述

（1）数据采样插补的基本原理

数据采样插补是根据编程的进给速度将零件轮廓曲线按时间分割为采样周期的直线段，然后将这些微小直线段对应的位置增量数据进行输出，以控制伺服系统实现坐标轴的进给。

数据采样插补一般分为粗、精插补两步完成。第一步是粗插补，它在给定的曲线起、终点之间插入若干个中间点，将曲线分割为若干个微小直线段，即用一系列直线段来逼近曲线。第二步是精插补，它是将粗插补中产生的微小直线段再进行数据点的密化工作，该步相当于对直线的脉冲增量插补。精插补可以由软件实现，也可以由硬件实现。

数据采样插补中的插补一般指粗插补，通常由软件实现，常用的有时间分割法、扩展 DDA 法和双 DDA 法。

（2）插补周期的选择

1）插补周期与插补运算时间的关系

根据完成某种插补算法所需的最大指令条数，可以大致确定插补运算所占用的 CPU 时间。通常插补周期 T 需大于 CPU 插补运算时间与执行其他实时任务（如精插补、显示和监控等）所需时间之和。一般插补周期约为 8～20ms。

2）插补周期与位置反馈采样的关系

采样周期太短，计算机来不及处理；采样周期长，会损失信息而影响伺服精度。插补周期与采样周期可以相等，也可以取采样周期的整数倍。各系统的采样周期不尽相同，一般取 10ms 左右。

3）插补周期与精度、速度的关系

在直线插补时，插补所形成的每段小直线与给定直线重合，不会造成轨迹误差。在圆弧插补时，用内接弦线或内外均差弦线来逼近圆弧，会造成轨迹误差。

采用内接弦线逼近圆弧时，如图 3.18 所示。设 δ 为在一

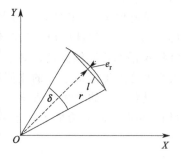

图 3.18　用弦线逼近圆弧

个插补周期 T 内逼近弦线 l 所对应的圆心角，r 为圆弧半径，则最大半径误差 e_r 为

$$e_r = r\left(1 - \cos\frac{\delta}{2}\right) \tag{3.31}$$

将上式的 $\cos\frac{\delta}{2}$ 用密级数展开，得

$$e_r = r\left\{1 - \left[1 - \frac{(\delta/2)^2}{2!} + \frac{(\delta/2)^4}{4!} - \cdots\right]\right\}$$

略去高阶分量，得

$$e_r = \frac{(\delta)^2}{8}r = \frac{(l/r)^2}{8}r = \frac{(TF/r)^2}{8}r = \frac{(TF)^2}{8r} \tag{3.32}$$

式中，F 为刀具移动速度。

在一台数控机床上，允许的插补误差是一定的，它应小于数控机床的一个脉冲当量。从式(3.31)可看出，较小的插补周期，可以在小半径圆弧插补时允许较大的进给速度。另外，在进给速度、圆弧半径一定的条件下，插补周期越短，逼近误差就越小。但插补周期的选择要受计算机运算速度的限制。插补周期一般是固定的，如 FANUC 数控系统的插补周期为8ms。插补周期确定之后，一定的圆弧半径，应有与之对应的最大进给速度限定，以保证逼近误差 e_r，不超过允许值。

下面主要介绍时间分割法和扩展 DDA 法。

3.3.2　时间分割法

（1）时间分割法直线插补

时间分割插补法是典型的数据采样插补方法。它首先根据加工指令中的进给速度 F，计算出每一插补周期的轮廓步长 l。即用插补周期为时间单位，将整个加工过程分割成许多个单位时间内的进给过程。以插补周期为时间单位，则单位时间内的移动路程等于速度，即轮廓步长 l 与轮廓速度 f 相等。插补计算的主要任务是算出下一插补点的坐标，从而算出轮廓速度 f 在各个坐标轴的分速度，即下一插补周期内各个坐标的进给量 Δx、Δy。控制 X、Y 坐标分别以 Δx、Δy 为速度协调进给，即可走出逼近直线段，到达下一插补点。在进给过程中，对实际位置进行采样，与插补计算的坐标值比较，得出位置误差，位置误差在后一采样周期内修正。采样周期可以等于插补周期，也可以小于插补周期，如插补周期的 1/2。

设指令进给速度为 F，其单位为 mm/min，插补周期 8ms，f 的单位为 μm/8ms，l 的单位为 μm，则有

$$l = f = \frac{F \times 1000 \times 8}{60 \times 1000} = \frac{2}{15}F \tag{3.33}$$

无论进行直线插补还是圆弧插补，都要必须先用上式计算出单位时间（插补周期）的进给量，然后才能进行插补点的计算。

设要加工 XOY 平面上的直线 OA，如图 3.19 所示。直线起点在坐标原点 O，终点为 A (x_e, y_e)。当刀具从 O 点移动到 A 点时 X 轴和 Y 轴移动的增量分别为 x_e 和 y_e。要使动点从 O 到 A 沿给定直线运动，必须使 X 轴和 Y 轴的运动速度始终保持一定比例关系，这个比例关系由终点坐标 x_e、y_e 的比值决定。

设要加工的直线与 X 轴的夹角为 α，Om 为已计算出的轮廓步长 l，即单位时间间隔（插补周期）的进给量 f，于是有

$$\begin{cases} \Delta x = l\cos\alpha \\ \Delta y = \dfrac{y_e}{x_e}\Delta x = \Delta x\tan\alpha \end{cases} \tag{3.34}$$

而

$$\cos\alpha = \frac{x_e}{\sqrt{x_e^2 + y_e^2}} = \frac{1}{\sqrt{1 + \tan^2\alpha}} \tag{3.35}$$

式中，Δx 为 X 轴插补进给量；Δy 为 Y 轴插补进给量。

时间分割法插补计算，就是算出下一单位时间间隔（插补周期）内各个坐标轴的进给量，其步骤如下：

① 根据加工指令中的速度值 F，计算轮廓步长 l；

② 根据终点坐标 x_e、y_e，计算 $\tan\alpha$；

③ 根据 $\tan\alpha$ 计算 $\cos\alpha$；

④ 计算 X 轴进给量 Δx；

⑤ 计算 Y 轴进给量 Δy。

在进给速度不变的情况下，各个插补周期 Δx、Δy 不变，但在加减速过程中是要变化的。为了和加减速过程统一处理，所以即使在匀速段也进行插补计算。

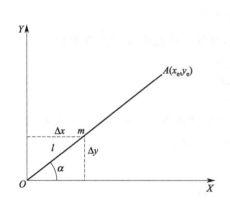

图 3.19　时间分割法直线插补

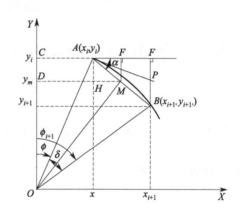

图 3.20　时间分割法圆弧插补

（2）时间分割法圆弧插补

时间分割法圆弧插补，也必须先根据加工指令中的进给速度 F，计算出轮廓步长，即单位时间（插补周期）内的进给量 l，才能进行插补计算。圆弧插补计算，就是以轮廓步长为圆弧上相邻两个插补点之间弦长，由前一个插补点的坐标和圆弧半径，计算由前一个插补点到后一插补点两个坐标轴的进给量 Δx、Δy。

如图 3.20 所示的顺圆弧 AB，A 点为圆弧上的一个插补点，其坐标为 (x_i, y_i)，B 点为经 A 点之后一个插补周期应到达的另一个插补点，B 点也应在圆弧上。A 点和 B 点之间的弦长等于轮廓步长 l。AP 是圆弧在 A 点的切线，M 是弦 AB 的中点，$OM \perp AB$，$ME \perp AF$，E 为 AF 的中点，圆心角 ϕ 具有如下关系：

$$\phi_{i+1} = \phi_i + \delta \tag{3.36}$$

式中，δ 为轮廓步长 l 所对应圆心角增量，也称为步距角。

因为 $OA \perp AP$，所以 $\triangle AOC \sim \triangle PAF$，则

$$\angle AOC = \angle PAF = \phi_i$$

因为 AP 为切线，所以

$$\angle BAP = \frac{1}{2}\angle AOB = \frac{1}{2}\delta$$

$$\alpha = \angle PAF + \angle BAP = \phi_i + \frac{1}{2}\delta$$

在 $\triangle MOD$ 中

$$\tan\left(\phi_i + \frac{1}{2}\delta\right) = \frac{DH + HM}{OC - CD}$$

将 $DH = x_i$，$OC = y_i$，$HM = \frac{1}{2}l\cos\alpha = \frac{1}{2}\Delta x$，$CD = \frac{1}{2}l\sin\alpha = \frac{1}{2}\Delta y$ 代入上式，则有

$$\tan\alpha = \tan\left(\phi_i + \frac{1}{2}\delta\right) = \frac{x_i + \frac{1}{2}l\cos\alpha}{y_i - \frac{1}{2}l\sin\alpha} = \frac{x_i + \frac{1}{2}\Delta x}{y_i - \frac{1}{2}\Delta y} \tag{3.37}$$

上式中，$\cos\alpha$ 和 $\sin\alpha$ 均为未知，要计算 $\tan\alpha$ 仍很困难。为此，采用一种近似算法，即以 $\cos45°$ 和 $\sin45°$ 来代替 $\cos\alpha$ 和 $\sin\alpha$。这样，上式可改写为

$$\tan\alpha \approx \frac{x_i + \frac{1}{2}l\cos45°}{y_i - \frac{1}{2}l\sin45°} \tag{3.38}$$

因为 A 点的坐标值 x_i、y_i 为已知，要求 B 点的坐标，可先求 X 轴的进给量：

$$\cos\alpha = \frac{1}{\sqrt{1 + \tan^2\alpha}}$$

$$\Delta x = l\cos\alpha$$

因为 $A(x_i, y_i)$ 和 $B(x_i + \Delta x, y_i - \Delta y)$ 是圆弧上相邻两点，必然满足下列关系式：

$$x_i^2 + y_i^2 = (x_i + \Delta x)^2 + (y_i - \Delta y)^2$$

经展开整理后，可得

$$\Delta y = \frac{\left(x_i + \frac{1}{2}\Delta x\right)\Delta x}{y_i - \frac{1}{2}\Delta y} \tag{3.39}$$

由上式可以计算出 Δy。上式实际上仍为一个 Δy 的二次方程，如要用解方程的方法求 Δy，则是比较复杂的，这里可直接用上式进行迭代计算。第一次迭代，等式右边的 Δy 由下式决定：

$$\Delta y = \Delta x \tan\alpha$$

直到等式两边的 Δy 相等（误差小于一个脉冲当量）为止。

由此可得下一插补点 $B(x_{i+1}, y_{i+1})$ 的坐标值：

$$\begin{cases} x_{i+1} = x_i + \Delta x \\ y_{i+1} = y_i - \Delta y \end{cases} \tag{3.40}$$

在进行近似计算 $\tan\alpha$ 时，势必造成 $\tan\alpha$ 的偏差，进而造成 Δx 的偏差。但是，这样的近似并不影响 B 点仍在圆弧上。这是因为 Δy 是通过式(3.39)计算出来的，如满足该式，则 B 点就必然在圆弧上。$\tan\alpha$ 的近似计算，只造成进给速度的微小偏差，实际进给速度的变化小于指令进给速度的1%。这么小的进给速度变化在实际切削加工中是微不足道的，可认为插补速度是均匀的。

由于圆弧插补是以弦长逼近圆弧，因此插补误差主要为径向误差。因插补周期 T 是固定的，由式(3.32)可知，当加工的圆弧半径确定后，为了使径向误差不超过容许值，对进给速度 F 需进行限制，得

$$l=TF\leqslant\sqrt{8e_r r} \tag{3.41}$$

当 $e_r\leqslant1\mu m$，插补周期 $T=8ms$，则进给速度 F（单位为 mm/min）为

$$F\leqslant\sqrt{8e_r r}/T=\sqrt{450000r} \tag{3.42}$$

3.3.3 扩展 DDA 法

扩展 DDA 法是在数字积分原理的基础上发展起来的。它在处理圆弧插补时，是对数字积分法进行了改进，即将数字积分法中用切线逼近改为用弦线逼近圆弧，这样减少了逼近误差。

（1）扩展 DDA 直线插补

设根据编程的进给速度，要在时间段 T 内走完图 3.21 所示的直线段 OE，起点为坐标原点，终点为 $E(x_e, y_e)$，v_x 和 v_y 分别为速度 v 在 x 和 y 方向的分量。由图中的三角形比例关系，可得

$$\begin{cases} v_x=\dfrac{x_e}{\sqrt{x_e^2+y_e^2}}v \\[2mm] v_y=\dfrac{y_e}{\sqrt{x_e^2+y_e^2}}v \end{cases} \tag{3.43}$$

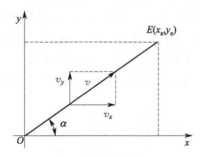

图 3.21 扩展 DDA 直线插补

将时间区间 T 用采样周期 λ_i 分割为 n 个子区间（n 取 $\geqslant T/\lambda_i$ 最接近的整数），则有

$$\begin{cases} \Delta x=v_x\lambda_i=\dfrac{v}{\sqrt{x_e^2+y_e^2}}\lambda_i x_e=\text{FRN}\lambda_i x_e \\[2mm] \Delta y=v_y\lambda_i=\dfrac{v}{\sqrt{x_e^2+y_e^2}}\lambda_i y_e=\text{FRN}\lambda_i y_e \end{cases} \tag{3.44}$$

式中，FRN 为进给速率数，其公式为

$$\text{FRN}=\dfrac{v}{\sqrt{x_e^2+y_e^2}} \tag{3.45}$$

对于同一条直线来说，由于 v、x_e、y_e 以及 λ_i 均为常数，可记为 $\lambda_d=\text{FRN}\lambda_i$，称 λ_d 为步长系数。由式(3.44)，则同一条直线的每个采样周期 λ_i 内增量 Δx 和 Δy 的 λ_d 均相同。在计算 Δx 和 Δy 的基础上，可算出每个采样周期末的刀具位置坐标 x_i 和 y_i 的值，即

$$\begin{cases} x_i=x_{i-1}+\Delta x \\ y_i=y_{i-1}+\Delta y \end{cases} \tag{3.46}$$

（2）扩展 DDA 圆弧插补

如要加工第一象限顺圆弧 AQ，如图 3.22 所示，其圆心为坐标原点，半径为 R。设现刀具在圆弧上某一点 $A_i(x_i, y_i)$，在一个采样周期 λ_i 内，刀具沿切线方向的轮廓进给步长为

f，即到达 C''_{i+1} 点，显然 $A_iC''_{i+1}$ 的长度为 f。扩展 DDA 法不用切线逼近，而用弦线逼近圆弧。

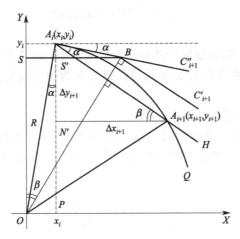

图 3.22　扩展 DDA 圆弧插补

通过 $A_iC''_{i+1}$ 线段的中点 B 作半径为 OB 的圆弧的切线 BC'_{i+1}，再通过 A_i 点作 BC'_{i+1} 的平行线 A_iH，并在 A_iH 上截取 $A_iA_{i+1}=A_iC''_{i+1}=f$（容易证明 A_{i+1} 必不在圆弧内侧）。扩展 DDA 法就是用弦线段 A_iA_{i+1} 代替切线段 $A_iC''_{i+1}$ 进给，这样可使径向误差减少。

现来求在采样周期 λ_i 内的轮廓进给步长 f 之坐标增量 Δx 和 Δy 的值，以算出本次采样周期后达到的坐标位置 A_{i+1}。在图 3.22 的直角 $\triangle OPA_i$ 中，有

$$\begin{cases} \sin\alpha = \dfrac{OP}{OA_i} = \dfrac{x_i}{R} \\[2mm] \cos\alpha = \dfrac{A_iP}{OA_i} = \dfrac{y_i}{R} \end{cases} \tag{3.47}$$

设刀具以恒定速度 v 进给，显然 $A_iA_{i+1}=f=v\lambda_i$。过 B 点作 x 轴的平行线 BS 交 y 轴于 S 点，交 A_iP 于 S' 点，由直角 $\triangle OSB \sim$ 直角 $\triangle A_iN'A_{i+1}$，则有

$$\frac{N'A_{i+1}}{A_iA_{i+1}} = \frac{OS}{OB} \tag{3.48}$$

式中，

$$N'A_{i+1} = \Delta x_{i+1}\,;\, A_iA_{i+1} = f = v\lambda_i$$

$$OS = A_iP - A_iS' = y_i - A_iB\sin\alpha = y_i - \frac{1}{2}f\sin\alpha$$

在 $\triangle OA_iB$ 中

$$OB = \sqrt{A_iB^2 + OA_i^2} = \sqrt{\left(\frac{1}{2}f\right)^2 + R^2}$$

将以上各式代入式（3.48）中，有

$$\frac{\Delta x_{i+1}}{f} = \frac{y_i - \dfrac{1}{2}f\sin\alpha}{\sqrt{\left(\dfrac{1}{2}f\right)^2 + R^2}}$$

将式（3.47）代入上式后整理，有

$$\Delta x_{i+1} = \frac{f\left(y_i - \frac{1}{2}f\frac{x_i}{R}\right)}{\sqrt{\left(\frac{1}{2}f\right)^2 + R^2}}$$

由于 $f \ll R$，故略去 $\left(\frac{1}{2}f\right)^2$，则上式为

$$\Delta x_{i+1} \approx \frac{f}{R}\left(y_i - \frac{1}{2}f\frac{x_i}{R}\right)$$

$$= \frac{v}{R}\lambda_i\left(y_i - \frac{1}{2}\frac{v}{R}\lambda_i x_i\right)$$

若令

$$\lambda_d = \frac{v}{R}\lambda_i = \mathrm{FRN}\lambda_i$$

则

$$\Delta x_{i+1} = \lambda_d\left(y_i - \frac{1}{2}\lambda_d x_i\right) \tag{3.49}$$

在上述直角 $\triangle OSB$ 与直角 $\triangle A_i N' A_{i+1}$ 的相似关系中，还有下式成立

$$\frac{A_i N'}{A_i A_{i+1}} = \frac{SB}{OB} = \frac{SS' + S'B}{OB}$$

由直角 $\triangle A_i S'B$，得

$$S'B = A_i B \cos\alpha = \frac{1}{2}f\frac{y_i}{R}$$

而 $SS' = x_i$，因此

$$\Delta y_{i+1} = A_i N' = \frac{SS' + S'B}{OB} A_i A_{i+1}$$

$$= \frac{x_i + \frac{1}{2}f\frac{y_i}{R}}{\sqrt{\left(\frac{1}{2}f\right)^2 + R^2}}f$$

同理，因 $f \ll R$，故略去 $\left(\frac{1}{2}f\right)^2$，则上式为

$$\Delta y_{i+1} \approx \frac{f}{R}\left(x_i + \frac{f}{2R}y_i\right)$$

即

$$\Delta y_{i+1} = \lambda_d\left(x_i + \frac{1}{2}\lambda_d y_i\right) \tag{3.50}$$

由于 $A_i(x_i, y_i)$ 为已知，故利用式(3.49)和式(3.50)可求得 Δx_{i+1} 和 Δy_{i+1} 值，则可算出本次采样周期后达到的坐标位置 $A_{i+1}(x_{i+1}, y_{i+1})$ 为

$$\begin{cases} x_{i+1} = x_i + \Delta x_{i+1} \\ y_{i+1} = y_i - \Delta y_{i+1} \end{cases} \tag{3.51}$$

依据此原理，可得出其他象限及其他走向的圆弧插补的计算公式。

3.4　进给速度控制

轮廓控制系统中，既要对运动轨迹进行严格控制，也要对运动速度进行控制，以保证零

件的加工精度、刀具和机床的使用寿命以及生产效率。进给速度的控制方法与所采用的插补算法有关，主要有开环系统和闭环系统的速度计算。

在高速运动时，为避免在启动和停止时发生冲击、失步、超程和振荡，数控装置还应对运动速度进行加、减速控制。

3.4.1　开环系统的速度计算

在开环系统中采用脉冲增量插补方法，脉冲源每发出一个脉冲，相应的坐标轴移动一个对应的距离（脉冲当量）。速度计算是根据编程的 F 值来确定脉冲频率，进给速度 F 与脉冲频率的关系为

$$f=\frac{F}{60\delta} \tag{3.52}$$

式中，f 为脉冲频率，Hz；F 为进给速度，mm/min；δ 为脉冲当量，mm/脉冲。

两轴联动时，各坐标轴进给速度 F_x、F_y 分别为

$$\begin{cases} F_x=60f_x\delta \\ F_y=60f_y\delta \end{cases} \tag{3.53}$$

式中，f_x 为 x 轴脉冲频率，Hz；f_y 为 y 轴脉冲频率，Hz。

合成速度为

$$F=\sqrt{F_x^2+F_y^2} \tag{3.54}$$

用脉冲频率来控制速度，有以下两种实现方式。

① 程序延时方法：先根据系统要求的进给频率，计算出两次插补运算之间的时间间隔，用 CPU 执行延时子程序的方法控制两次插补之间的时间，改变延时子程序的循环次数，即可改变进给速度。

② 时间中断法：用中断的方法，每隔规定的时间向 CPU 发出中断请求，在中断服务程序中进行一次插补运算并发出一个进给脉冲。因此改变中断请求信号的频率，就等于改变了进给速度。中断请求信号可通过 F 指令设定的脉冲信号产生，也可通过可编程计数器/定时器产生。

如采用 CTC 作定时器，由程序设定时间常数，改变时间常数 T_c 就可以改变中断请求脉冲信号的频率。所以，进给速度计算与控制的关键是如何给定 CTC 的时间常数 T_c。

f 所对应的时间间隔 T（单位为 s）为

$$T=\frac{1}{f}=\frac{60\delta}{F} \tag{3.55}$$

根据 CTC 中断频率，确定的时间常数 T_c 为

$$T_c=\frac{T}{Pt_0}=\frac{60\delta}{FPt_0} \tag{3.56}$$

式中，P 为定标系数；t_0 为时钟周期。

3.4.2　闭环系统的速度计算

在闭环系统中，常采用数据采样插补方法。在直线插补时，速度计算的任务是为插补程序提供各坐标轴在一个采样周期中的运动步长。在图 3.21 中，有

$$\begin{cases} \Delta x=v\cos\alpha \cdot \Delta t=\dfrac{x_e v\Delta t}{\sqrt{x_e^2+y_e^2}} \\[3mm] \Delta y=v\sin\alpha \cdot \Delta t=\dfrac{y_e v\Delta t}{\sqrt{x_e^2+y_e^2}} \end{cases} \tag{3.57}$$

式中，v 为编程速度；Δt 为采样周期；$x_e(y_e)$ 为 $x(y)$ 轴方向的位移。

对某一个数据段而言，因为上式中各项均为常数，所以 Δx 和 Δy 是不变的，各坐标轴均为匀速运动。

在数控中，除了采用直接速度 v（mm/min）来编程 F 值外，还常采用进给速率数 FRN $= \dfrac{v}{L}$ 来编程 F。记步长系数 $\lambda_d =$ FRNΔt，L 为该段的轮廓尺寸，直线时 $L = \sqrt{x_e^2 + y_e^2}$，则上式为

$$
\begin{cases}
\Delta x = \dfrac{v}{\sqrt{x_e^2 + y_e^2}} \Delta t x_e = \text{FRN}\Delta t x_e = \lambda_d x_e \\[4mm]
\Delta y = \dfrac{v}{\sqrt{x_e^2 + y_e^2}} \Delta t y_e = \text{FRN}\Delta t y_e = \lambda_d y_e
\end{cases}
\tag{3.58}
$$

3.4.3　加减速控制

在 CNC 系统中，加减速控制多用软件实现。这种用软件实现的加减速控制可以放在插补前进行，也可放在插补后进行。

放在插补前的加减速控制称为前加减速控制，它是只对合成速度——编程速度 F 进行控制，当机床运动、停止或切削过程中发生速度突变时，使合成进给速度逐步上升或下降，自动完成加减速控制。其优点是不会影响实际插补输出的位置精度，但需预测减速点。

放在插补后的加减速控制称为后加减速控制，它是对各运动轴分别进行加减速控制，其优点是不需预测减速点。这里主要介绍线性加减速控制算法。

（1）前加减速控制

1）稳定速度与瞬时速度

稳定速度是系统处于稳定状态时，一个插补周期内的进给量。稳定速度 f_s 的计算公式为

$$
f_s = \frac{TKF}{60 \times 1000}
\tag{3.59}
$$

式中，T 为插补周期，ms；F 为编程速度，mm/min；K 为速度系数（包括快速倍率、切削进给倍率等）。

瞬时速度是指系统在每个插补周期内的进给量。当系统处于稳定进给状态时，瞬时速度 f_i 等于稳定速度 f_s；当系统处于加速（或减速）状态时，$f_i < f_s$（或 $f_i > f_s$）。

2）线性加减速控制

当进给速度因机床启动、停止或进给速度指令改变而变化时，系统自动进行线性加减速处理。

① 加速处理：当计算出的当前稳定速度 f_s' 大于上一个插补周期内的瞬时速度 f_i 时，需进行加速处理，当前瞬时速度 f_{i+1} 为

$$
f_{i+1} = f_i + aT
\tag{3.60}
$$

式中，a 为加速度；T 为插补周期。

新的瞬时速度 f_{i+1} 作为插补进给量参与计算，以计算出各坐标的位置增量值，使坐标轴运动，直至加速到 f_s' 为止。

② 减速处理：当计算出的当前稳定速度 f_s' 小于上一个插补周期内的瞬时速度 f_i 时，则本插补周期内需进行减速处理。系统每插补一次，都要进行终点判别，计算出刀具当前位置离开终点的瞬时距离 s_i，并检查是否已到达减速区域 S。若 $s_i \leqslant S$，表示已到达，则开始减

速，每减速一次，瞬时速度为 $f_{i+1}=f_i-aT$，新的瞬时速度 f_{i+1} 参与插补进给量计算，对各坐标进行分配，直至减速到新的稳定速度 f'_s 为止。

当新、旧稳定速度分别为 f'_s 和 f_s 时，减速区域 S 可由下式确定：

$$S=\frac{f_s^2-f_s'^2}{2a}+\Delta s \tag{3.61}$$

式中，Δs 为提前量，可作为参数预先设置好。若不需要提前一段距离开始减速，则 $\Delta s=0$。

前加减速线性控制的原理框图，如图 3.23 所示。

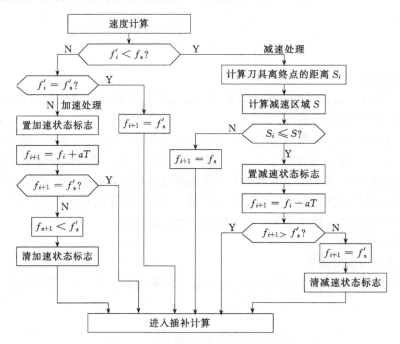

图 3.23　前加减速线性控制原理框图

（2）后加减速控制

后加减速控制常用算法有指数加减速控制和直线加减速控制。

1）指数加减速算法

指数加减速控制可将机床启动和停止时的速度突变处理成随时间按指数规律加速或减速，如图 3.24 所示。速度 v 与时间 t 的关系如下：

加速时　　　　　　　　　　$v(t)=v_c(1-e^{-\frac{t}{\tau}})$ 　　　　　　　　　　（3.62）

匀速时　　　　　　　　　　$v(t)=v_c$ 　　　　　　　　　　　　　　（3.63）

减速时　　　　　　　　　　$v(t)=v_c e^{-\frac{t}{\tau}}$ 　　　　　　　　　　　（3.64）

式中，τ 为时间常数；v_c 为稳定速度。

2）直线加减速算法

直线加减速控制可将机床在启动和停止时，按一定的加速度匀加速、匀减速，如图 3.25 所示，速度变化曲线为 $OABC$，其控制分为 5 个过程。

① 加速过程：若输入速度 v_c 与上一个采样周期的输出速度 v_{i-1} 之差大于或等于一个常值 KL，即 $v_c-v_{i-1}\geqslant KL$ 时，则使本次采样周期的输出速度 v_i 增加 KL 值，即

$$v_i=v_{i-1}+KL \tag{3.65}$$

式中，KL 为速度阶跃因子。

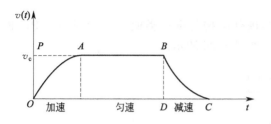

图 3.24 指数加减速控制

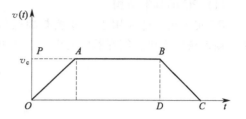

图 3.25 直线加减速控制

显然，在加速过程中，输出速度 v_i 沿斜率为 KL/T 的直线上升，T 为采样周期。

② 加速过渡过程：若输入速度 v_c 与上一个采样周期的输出速度 v_{i-1} 的关系满足 $0 < v_c - v_{i-1} < KL$ 时，则使本次采样周期的输出速度 v_i 等于输入速度，即

$$v_i = v_c \tag{3.66}$$

③ 匀速过程：输出速度 v_i 不变，系统处于稳定状态，即

$$v_i = v_{i-1} \tag{3.67}$$

④ 减速过渡过程：若输入速度 v_c 与上一个采样周期的输出速度 v_{i-1} 的关系满足 $0 < v_{i-1} - v_c < KL$ 时，则开始减速，使本次采样周期的输出速度 v_i 减少到与输入速度相等，即

$$v_i = v_c \tag{3.68}$$

⑤ 减速过程：若输入速度 v_c 与上一个采样周期的输出速度 v_{i-1} 的关系满足 $v_{i-1} - v_c > KL$ 时，则使本次采样周期的输出速度 v_i 减少 KL 值，即

$$v_i = v_{i-1} - KL \tag{3.69}$$

式中，KL 为速度阶跃因子。

显然，在减速过程中，输出速度 v_i 沿斜率为 $-KL/T$ 的直线下降。

无论是指数加减速还是直线加减速算法，都须保证系统不产生失步和超程，即在整个加速和减速过程中，输入到加减速控制器的位移量之和必须等于该加减速控制器实际输出的位移量之和。因此，对于指数加减速，必须使图 3.24 中区域 OPA 的面积等于区域 DBC 的面积；同理，对于直线加减速，须使图 3.25 中区域 OPA 的面积等于区域 DBC 的面积。这可采用位置误差累加器来解决，在加速过程中，通过位置误差累加器记住因加速延迟而失去的位置增量之和；在减速过程中，将位置误差累加器中的位置增量按指数或直线规律逐渐释放出来，从而保证在加减速过程结束时，机床到达指定位置。

3.5 可编程控制器

可编程控制器（Programmable Controller，PC），也称为可编程逻辑控制器（Programmable Logical Controller，PLC），它是计算机技术与自动控制技术有机结合的一种通用工业控制器。长期以来，机床的顺序动作控制是使用继电器逻辑控制。随着数控机床的发展，机床本身的控制信号越来越多，继电器逻辑控制已无法适应数控机床发展的需要。一台标准型数控机床，CNC 和控制面板与强电逻辑之间的信号多达 100 多个，用继电器实现是很困难的。所以越来越多的数控机床采用 PC 控制。可编程控制器具有逻辑运算、计时、计数、模拟控制、数据处理等控制功能。由于继电器逻辑控制存在一些固有缺陷，用 PC 取代继电器逻辑控制已成了发展趋势。

3.5.1　PC 的结构、工作原理与特点

（1）PC 的基本结构

PC 实质是一种专用于工业控制的微机，其硬件结构与微机类似。PC 主要由 CPU 模块、输入输出模块、编程器以及电源模块组成，如图 3.26 所示。

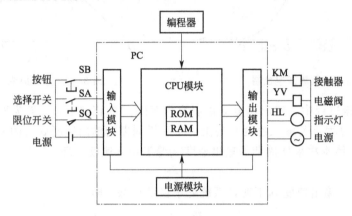

图 3.26　PC 的基本结构

1）CPU 模块

CPU 模块包括微处理器（CPU），系统程序存储器（ROM），用户程序存储器（RAM）。

CPU 是 PC 的核心，通过总线结构分时控制其他部件的操作。多数 PC 采用 8 位或 16 位单片机作为 CPU。

ROM 存放系统程序。系统程序包括监控程序、功能子程序、PC 解释程序、定义用户存储器存储的内容等功能。PC 解释程序关系到 PC 的编程语言。系统程序由 PC 厂家提供，一般都固化在 ROM 和 EPROM 中，用户不能直接存取。

RAM 又分为程序存储区和数据存储区。程序存储区存放通过编程器输入的用户程序。数据存储区存放输入输出信息、中间运算结果、运行参数（如计数计时的常数）等。常用锂电池作为 RAM 的后备电源，一旦交流电源断电，锂电池维持供电，保证 RAM 中的数据不致因停电而丢失。

为了实现开关量控制，RAM 存储器中某些存储单元可作为位逻辑看待，这些存储单元相当于继电器，存储单元的两种逻辑状态"1"和"0"相当于继电器接通"ON"和"OFF"状态。因为可以用编程的方式使这些"继电器"接通和断开，所以把这些存储单元称为"软继电器"。存储单元是由触发器构成的。一个软继电器实质是一个触发器，与硬继电器相比，软继电器的特点是体积小、功耗低、换接速度快。编写程序时，软继电器的常开触点和常闭触点可以使用无数次。

PC 内的软继电器种类有：输入继电器、输出继电器、中间辅助继电器、时间器、计数器等，它们被编排在 RAM 存储区专门设置区域。RAM 存储区划分如表 3.8 所示。

表 3.8　RAM 存储区分配

系统用寄存器	中间辅助继电器	堆栈
输入继电器	定时器	其他用途
输出继电器	计数器	用户程序存储器

2）输入模块和输出模块

输入输出模块是 PC 与工业设备之间的连接组件，又称为 I/O 模块，每一个连接口称为一点，不同的 PC 其点数不同。例如 C28P 表示有 28 点，16 个输出接口和 12 个输入接口。为便于检查，每个接口都接有指示灯，当接通时，相应的指示灯发亮。断开时，指示灯熄灭，用户可以核对各点的通断状态。

输入接口用来采集工业设备各种开关触点的状态信号，并将其转变成标准的逻辑电平，图 3.27 是一种直流开关量输入接口电路。图中 COM 为输入公共端，24V 直流电源为 PC 提供输入接口用的电源，发光二极管 LED 为输入状态指示灯，R 为限流电阻，当开关 SB 合上时，24V 电源经 R、LED、光电耦合器形成回路，LED 发光指示该路接通，同时光电耦合器因发光二极管 VD 发光而使光敏三极管饱和导通，X 输出高电平。SB 未合上时，电路不通，X 为低电平。

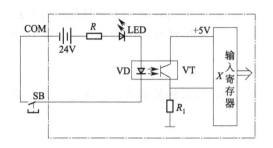

图 3.27　直流开关量输入接口电路

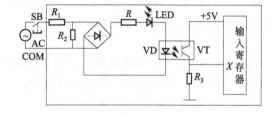

图 3.28　交流开关量输入接口电路

图 3.28 为交流开关量输入接口电路。与直流输入电路的主要区别是增加了一组桥式整流器。输入的交流信号经整流后得到直流分量，再去驱动光电耦合器。交流电源 AC 由外部提供。

在工业设备中，除开关量外，还遇到一些模拟量如温度、压力、流量等。采集这些模拟量时，必须经模数转换器将模拟量转换成数字量，才能为 PC 所接受。

输出接口形式常见的有三种类型，一种是继电器输出型。图 3.29 是继电器输出接口电路。图中 LED 为该输出点的状态指示灯，R_1 是限流电阻，KA 是继电器，RC 是噪声吸收网络，吸收感性负载的自感电势和其他干扰，保护继电器触点。当输出锁存器为低电平时，继电器 KA 通电，其常开触点闭合，负载通电。另一种是晶体管输出型，如图 3.30 所示。再一种是双向晶闸管输出型，如图 3.31 所示。

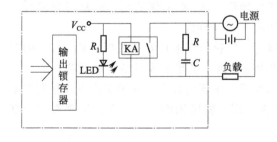

图 3.29　继电器输出接口电路

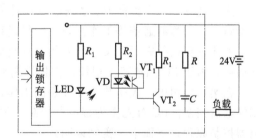

图 3.30　晶体管输出接口电路

继电器输出型可用于直流负载，也可用于交流负载。晶体管输出型只用于直流负载，双向晶闸管输出型只用于交流负载。晶体管和双向晶闸管输出型具有无触点、无火花、寿命长、通/断频率高的特点。

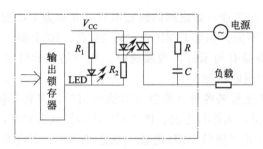

图 3.31 双向晶闸管输出接口电路

3）编程器

编程器用于用户程序的编制、编辑、调试检查和工作监视。编程器一般是单独部件，通过通信接口与 CPU 模块连接。编程器一般是专用的，PC 正常工作时，不一定需要编程器。因此，多台同型号的 PC 可以只配一个编程器。小型 PC 多用便携式编程器，大、中型 PC 多用具有梯形图显示的智能型编程器。

4）电源模块

PC 采用 220V 交流电源输入，电源模块将 220V 交流电源转换成各种稳压电源，供 PC 内部模块使用。负载电源一般是外接电源。

（2）可编程控制器的工作原理

PC 由软硬件两部分组成，在软件的控制下，PC 才能正常地工作。

软件分为系统软件和应用软件两部分。系统软件一般用来管理、协调 PC 各部分的工作，编译、解释用户程序，进行故障诊断等，是制造商为充分发挥 PC 的功能和方便用户而设计的，通常都固化在 ROM 中，与 PC 的硬件部分一起提供给用户，是 PC 的重要组成部分。

应用软件是用户解决具体问题而编制的程序，属于专用程序。一台 PC 装入不同的应用软件，就能实现不同的控制任务。

PC 采用顺序扫描工作方式，其基本工作过程如下。

① 输入采样：在系统软件的控制下，顺序扫描各输入点，读入各输入点状态。

② 程序执行：顺序扫描程序中的各条指令，根据输入状态和指令内容进行逻辑运算。

③ 输出刷新：根据逻辑运算的结果，向各输出点发出相应的控制信号，实现所要求的逻辑控制功能。

除此之外，为了提高 PC 系统的可靠性和其他操作，PC 在工作期间，通常还要进行故障诊断，与编程器通信等工作。整个扫描过程如图 3.32 所示。

上述过程执行完后，又重新开始，反复地执行。每执行一遍所需要的时间称为 PC 的扫描周期，由于 PC 扫描速度很快，扫描周期通常为毫秒级，满足工业设备控制要求。

在实际应用中，大多数工业设备的工作过程属于顺序逻辑过程，这种工作方式早期主要用继电器控制。PC 首先作为继电器控制的替代物出现，就应用而言，其工作原理类似于继电器控制原理，下面举一实例说明。

图 3.33 是指示灯控制电路图，SB1、SB2 是两个按钮，KA1、KA2 是继电器，KT 是时间继电器。它的工作过程是：当 SB1、SB2 任按一个按钮后，继电器线圈 KT 接通，其调定值为 20s。当时间继电器接通 20s 后，继电器线圈 KA2 接通，其常开接点 KA2 闭合，绿灯 HL2 亮。指示灯继电器控制电路是一种接指示灯实际工作要求而设计的电路，采用固定接线方式，所以，电路接线一旦结束，就不容易改变。

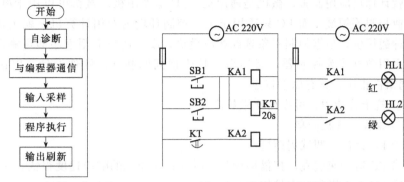

图 3.32　PC 扫描工作过程　　　　　　　图 3.33　指示灯硬接线控制电路

　　使用 PC 可以取代上面的继电器控制电路。图 3.34 是用 PC 控制指示灯的等效原理图。由图可见，PC 逻辑控制系统也是由三大部分组成的，即输入部分、逻辑部分和输出部分。图中逻辑部分是用 PC 梯形图表示的，梯形图类似于电气原理图，简单直观，是 PC 的基本编程方式之一。现将 PC 控制系统的基本工作过程详述如下。

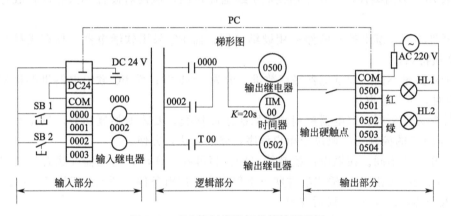

图 3.34　PC 控制指示灯的等效原理图

　　① 输入采样：PC 开始运行，首先扫描所有输入端子，将输入元件 SB1、SB2 的通/断状态读入输入继电器 0000 和 0002 中。在程序执行和输出刷新阶段，输入继电器的通/断状态保持不变，直到下一个扫描周期的输入采样阶段，才重新读入新内容。

　　② 程序执行：根据梯形图程序，按先左后右，先上后下的顺序逐条扫描。在扫描过程中，如果程序中涉及输入、输出状态时，PC 分别对输入输出继电器进行读写操作（输入继电器只能作读操作，并且进行相应逻辑运算。输出继电器 0500 和 0502 的状态随着程序执行过程而发生变化）。

　　③ 输出刷新：在一个扫描周期内，所有指令执行了一遍，并将输出继电器 0500 和 0502 的状态转存到输出锁存继电器中，内部继电器触点控制指示灯 HL1 和 HL2 通断。

　　综上所述，PC 的逻辑部分是 PC 的关键，PC 提供各种逻辑继电器，同时提供组合这些逻辑继电器的编程语言。PC 将各种输入信号采集到 PC 内部，然后根据编程语言组合成控制逻辑来执行规定的输出。由此可见，PC 控制功能决定于用户编写的梯形图软件。在输入和输出接线不变的情况下，如果控制要求发生变化，也能灵活地变更控制功能。

　　（3）可编程控制器的特点

　　1）PC 与微机的区别

就计算机应用而言，微机是通用机，PC 是专用机。微机可以用于科学计算、科学管理和工业控制等领域。而 PC 只适用于工业控制环境的专用计算机。就工业控制而言，PC 又是一种通用机。根据控制对象选配相应模块，设计用户应用程序即可满足具体的控制要求。如果采用微机作为控制器，必须考虑抗干扰问题和软、硬件设计，以适应工业控制要求。PC 同微机相比，具有以下特点。

①　抗干扰能力、可靠性比微机高。

②　编程比微机简单。

③　PC 设计、调试周期短。

④　PC 运行速度慢，扫描周期为毫秒级；而微机的响应速度很快，一般为微秒级。

⑤　PC 易于操作，人员培训时间短。

⑥　PC 易于维修；微机则较困难。

对于一个较复杂的工业控制系统，PC 主要用于实现顺序控制，微机用于数据信息处理，这样更能发挥各自的长处。

2）PC 与继电器控制的区别

PC 使用梯形图编程，工作原理类似于继电器控制，但两者硬件不太相同，故存在一定的区别。

①　器件不同。继电控制线路采用硬继电器；而 PC 采用软继电器，具有无接触、无火花、无磨损特点。

②　触点数量不同。硬继电器触点数量一般为 4～8 对；而 PC 软继电器供编程使用的触点有无数对，可任意取用。

③　控制方式不同。继电器控制功能取决于硬接线，要改变控制功能，只能重新改变接线方式；而 PC 的控制功能取决于用户程序，修改灵活，方便。

④　工作方式不同。在继电器控制线路中，当母线一通电，输出器件状态只决定于逻辑条件；在 PC 控制线路中，输出器件状态不仅取决于逻辑条件，还取决于周期性扫描顺序。

⑤　PC 的输入输出存在滞后现象。

图 3.35 为 PC 输入/输出时序图，0000 对应输入元件 SB。

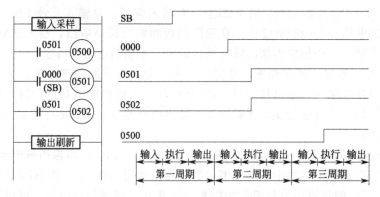

图 3.35　PC 输入/输出时序图

第一扫描周期：PC 没有采集到 SB 的闭合状态，0000 为 OFF，所有输出 0500、0501 和 0502 均处于 OFF 状态。

第二扫描周期：在输入采样阶段，0000 转为 ON，程序执行后，0501 和 0502 全变为 ON 状态，0500 还保持 OFF 状态。

第三扫描周期：由于 0501 为 ON，程序执行后，0500 也变成 ON 状态。

由此可见，最大延迟时间有可能占 2~3 个扫描周期时间。实际上，输入/输出滞后现象除了周期扫描影响外，还与输入滤波器时间常数以及输出继电器触点响应时间有关。对于一般工业控制设备，要求输入/输出作出快速反应时，则可采用高速 CPU 模块、中断处理以及精简程序等措施。

3.5.2　可编程控制器的应用

（1）数控机床用 PC 的分类

数控机床用 PC 分为 2 大类，一类为内装型 PC，另一类为独立型 PC。

1）内装型 PC

内装型 PC 从属于 CNC 装置，PC 与 NC 间的信号传送在 CNC 装置内部来实现。PC 与 MT（机床侧）则通过 CNC 输入/输出接口电路实现信号传送，如图 3.36 所示。

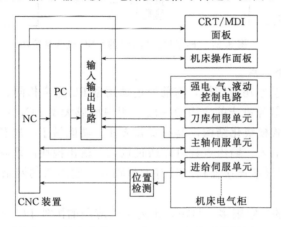

图 3.36　具有内装型 PC 的 CNC 机床系统框图

内装型 PC 有以下特点。

① 内装型 PC 实际上是 CNC 装置带有的 PC 功能，一般作为一种基本的功能提供给用户。

② 内装型 PC 的性能指标（如：输入/输出点数、程序最大步数、每步执行时间、程序扫描时间、功能指令数目等）是根据所从属的 CNC 系统的规格、性能、适用机床的类型等确定的。其硬件和软件部分是被作为 CNC 系统的基本功能或附加功能与 CNC 系统一起统一设计制造的。因此系统硬件和软件整体结构十分紧凑，PC 所具有的功能针对性强，技术指标较合理、实用，较适用于单台数控机床及加工中心等场合。

③ 在系统的结构上，内装型 PC 可与 CNC 共用 CPU，也可单独使用一个 CPU；内装型 PC 一般单独制成一块附加板，插装到 CNC 主板的插座上，不单独配备 I/O 接口，而是使用 CNC 系统本身的 I/O 接口；PC 控制部分及部分 I/O 电路所用电源（一般是输入口电源、而输出口电源是另配的）由 CNC 装置提供，不另需电源。

④ 采用内装型 PC 结构，CNC 系统可以具有某些高级的控制功能，如梯形图编辑和传送功能等。

目前世界上著名的 CNC 厂家在其生产的 CNC 系统中，大多开发了内装型 PC 功能，如日本的 FANUC 公司、德国的 SIEMENS 公司等。

2）独立型 PC

独立型 PC 又称为外置型 PC，它独立于 CNC 装置，具有完备的硬件和软件功能，能够独立完成规定的控制任务。采用独立型 PC 的数控机床系统框图，如图 3.37 所示。

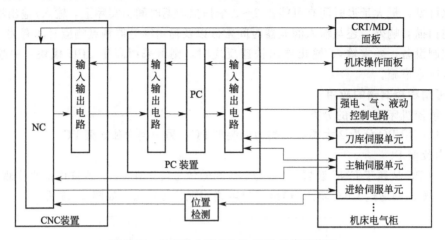

图 3.37　具有独立型 PC 的 CNC 机床系统图

独立型 PC 有以下特点。

① 独立型 PC 的基本功能结构，与前所述通用型 PC 完全相同。

② 独立型 PC 在数控机床的应用中一般采用中型或大型 PC，I/O 点数一般在 200 点以上，所以多采用积木式模块化结构，具有安装方便，功能易于扩展和变更等优点。

③ 独立型 PC 的输入、输出点数可以通过输入、输出模块的增减灵活配置。有的独立型 PC 还可通过多个远程终端连接器构成具有大量输入、输出点的网络，以实现大范围的集中控制。

生产通用型 PC 的厂家很多，目前在国内引进应用的国外 PC 产品有数百种型之多，较有名的产品有德国 SIEMENS 公司的 SIMATI-C 系列、日本立石公司的 OMRON-SYS-MAC 系列、日本 FANUC 公司的 PMC 系列等。

（2）数控机床 PC 的控制

1）PC 与 NC 的信息传递

NC 给 PC 的信息，在一般机床中，主要是 M、S、T 等功能代码，通过 PC 的输入/输出接口，协调计算机实现刀具轨迹及机床顺序的控制。

① S 功能处理　以往主轴转速用 2 位代码指定，而在 PC 中可较容易地用 4 位代码直接指定转速，如 2130r/min 可用 S2130 指定。图 3.38 为此功能处理的示意图。数控装置送出的 S4 位代码，进入可编程机床控制器，由微处理机读取。限位器的作用是：当 S 代码大于 3150 时，限制 $S=3150$；当 S 代码小于 20 时，限制 $S=20$。使用直流电机驱动主轴时，由 D/A 转换器把限位器的输出转换成与 20～3150r/min 相对应的输出电压，作为转速指令，控制主轴的转速。

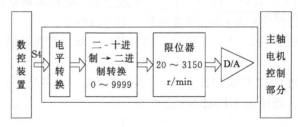

图 3.38　S 功能处理

为提高主轴转速的稳定性，机械系统选定在 600r/min 左右进行齿轮变换。因此，当 S 代码小于 600 时，发出齿轮变换指令。然后将体现了齿轮比的新 S 代码转换的电压值输出送到电动机的控制部分。S 功能的部分处理流程如图 3.39 所示。

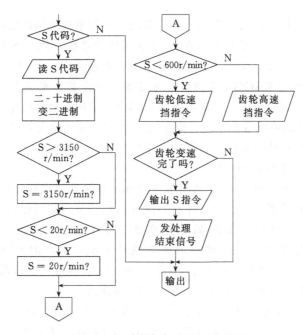

图 3.39　S 功能的部分处理流程图

② T 功能处理　在可编程机床控制器中，用微处理机来管理刀库中的刀具。如根据刀具和刀具座的编号，可简单、可靠地进行选刀、换刀控制。

③ M 功能处理　M 功能是辅助功能，这里以圆工作台分度处理为例。圆工作台的分度，过去都用限位开关进行控制，控制精度低。应用可编程序控制器后，只需在圆工作台上连接一台转角检测器，由微型机不断读出检测值，当检测值接近指令值时，向圆工作台的控制电机输出减速指令，使之减速；当检测值与指令值一致时，则向控制电机发出停止指令，使电机停转，因而可精确控制圆工作台的分度。

此外，PC 给 NC 的信息还有机床的运动状态、主轴的必需联锁信号等，来实现各坐标（X、Y、Z、B 轴）的快速点动、设置各坐标轴的机床零位（X、Y、Z、B 轴的基准点）、各坐标轴的停止、M、S、T 功能的应答信号等。

2）PC 与 MC（机床部分）的信息传递

PC 向 MC 传递信息，主要是控制机床的执行元件（如电磁阀），满足自动换刀装置、刀架与圆工作台夹紧、松开机构的驱动控制要求，启动冷却、液压和润滑装置，确保各坐标轴、刀架、换刀等各种状态及故障显示。

MC 输送给 PC 的信息，主要是机床操作元件信息，例如各坐标轴的定向启动、刀架回转方向选择、数控系统启动、进给停止等控制按钮信息，各坐标轴运动限位及基准点越位、主轴机械变速选择、刀架夹紧、放松等限位开关信息，系统故障保护、主轴调节器保护及状态监视信息，还有伺服系统运行准备等信息。

PC 与 NC、PC 与 MC 间功能的多少，视数控机床的控制要求设置。总之，PC 在机床数控系统中，除出色完成可编程接口任务外，充分利用它的软件功能的特点，还可协调计算机实现刀具轨迹及机床的顺序控制。

3.6 典型数控系统

目前，在我国应用较多的数控系统主要分为国外数控系统和国内数控系统。国外数控系统主要有，日本 FANUC 公司生产的 FANUC 系列数控系统，德国 SIEMENS 公司生产的 SINUMERIK 系列数控系统，美国 Allen-Brandley（简称 A-B）公司的 CNC 系统，以及西班牙 FAGOR 公司生产的 FAGOR 系列数控系统等。国内数控系统在"八五"攻关后，基本上形成了两种平台，开发出了 4 个基本系统，其中，华中Ⅰ型和中华Ⅰ型是将数控专用模块嵌入通用 PC 机构成的单机数控系统，而航天Ⅰ型和蓝天Ⅰ型是将 PC 嵌入到数控之中构成的多机数控系统，形成典型的前后台结构。下面具体介绍这些系统。

（1）日本 FANUC 系列数控系统

FANUC 公司创建于 1956 年，1959 年首先推出了电液步进电机，1976 年研制成功数控系统 5，1979 年推出数控系统 6；1980 年在系统 6 的基础上向低档和高档扩展，研制成系统 3 和系统 9；1984 年又推出新型产品数控系统 10、11、12，1985 年推出数控系统 0。FANUC 公司逐步发展并完善了以硬件为主的数控系统，生产的 CNC 产品主要有 FS3、FS6、FS0、FS10/11/12、FS15、FS16、FS18、FS21/210 等系列。目前我国的用户主要使用的有 FS0 系列、FS15、FS16、FS18、FS21/210 等系列。

① FS0 系列。它是可组成面板装配式的 CNC 系统，易于组成机电一体化系统。FS0 系列 CNC 有许多规格，如 FS0-T、FS0-TT、FS0-M、FS0-ME、FS0-G、FS0-F 等型号。T 型 CNC 系统用于单刀架单主轴的数控车床，TT 型 CNC 系统用于单主轴双刀架或双主轴双刀架的数控车床，M 型 CNC 系统用于数控铣床或加工中心，G 型 CNC 系统用于磨床，F 型是对话型 CNC 系统。

② FS10/11/12 系列。此系列有很多品种，可用于各种机床。它的规格型号有：M 型，T 型，TT 型，F 型等。

③ FS15 系列。它是 FANUC 公司较新的 32 位 CNC 系统，被称为 AI（人工智能）CNC 系统。该系列 CNC 系统是按功能模块结构构成的，可以根据不同的需要组合成最小至最大系统，控制轴数从 2 根到 15 根，同时还有 PMC 的轴控制功能，可配置备有 7、9、11 和 13 个槽的控制单元母板，在控制单元母板上插入各种印制电路板，采用了通信专用微处理器和 RS422 接口，并有远距离缓冲功能。该系列 CNC 系统在硬件方面采用了模块式多主总线（FANUC BUS）结构，为多微处理器控制系统，主 CPU 为 68020，同时还用一个子 CPU。所以该系列的 CNC 系统适用于大型机床、复合机床的多轴控制和多系统控制。

④ FS16 系列。该系列 CNC 是在 FS15 系列之后开发的产品，其性能介于 FS15 系列和 FS0 系列之间。在显示方面，FS16 系列采用了薄型 TET（薄膜晶体管）彩色液晶显示等新技术。

⑤ FS18 系列。此系列 CNC 系统是紧接着 FS16 系列 CNC 系统推出的 32 位 CNC 系统。其功能在 FS15 系列和 FS0 系列之间，但低于 FS16 系列。它的特点是：采用了高密度三维安装技术；四轴伺服控制、二轴主轴控制；PMC 及显示等全部基本功能都集成在两个模板中；为降低成本，取消了 RISC 等高价功能；TET 彩色液晶显示；画面上可显示控制电动机的波形，以便于调整控制电动机；在操作、机床接口、编程等方面均与 FS16 系列之间有互换性。

⑥ FS21/210 系列。该系列 CNC 系统是 FANUC 公司最新推出的系统。该系列有 FS21MA/MB 和 FS21TA/TB、FS210MA/MB 和 FS210TA/TB 型号。本系列的 CNC 系统适用于中小型数控机床。

（2）德国 SIEMENS 公司的 SINUMERIK 系列 CNC 系统

SINUMERIK 系列 CNC 系统有很多系列和型号，主要有 SINUMERIK8、SINUMER-IK3、SINUMERIK810/820、SINUMERIK850/880 和 SINUMERIK840 等产品。

① SINUMERIK8 系列。该系列的产品生产于 20 世纪 70 年代末。主要型号有 SINU-MERIK8M/8ME/8ME-C、Sprint 8M/Sprint 8ME/Sprint 8ME-C，主要用于钻床、镗床和加工中心等机床。SINUMERIK 8MC/8MCE/8MCE-C 主要用于大型镗铣床。SINUMER-IK8T/Sprint8T 主要用于车床。其中 Sprint 系列具有蓝图编程功能。

② SINUMERIK3 系列。该系列的产品生产于 20 世纪 80 年代初。有 M 型、T 型、TT 型、G 型和 N 型等，适用于各种机床的控制。

③ SINUMERIK810/820 系列。该系列的产品生产于 20 世纪 80 年代中期。SINUMER-IK810 和 820 在体系结构和功能上相近。

④ SINUMERIK850/880 系列。该系列的产品生产于 20 世纪 80 年代末。有 850M、850T、880M、880T 等规格。

⑤ SINUMERIK840D 系列。该系列产品生产于 1994 年，是新设计的全数字化数控系统。具有高度模块化及规范化的结构，它将 CNC 和驱动控制集成在一块板子上，将闭环控制的全部硬件和软件集成在一平方厘米的空间中，便于操作、编程和监控。

⑥ SINUMERIK 810D 系列。该系列产品生产于 1996 年。810D 数控系统是在 840D 数控系统的基础上开发的新 CNC 系统，该系统配备了功能强大的软件，使其具有如下特点。

a. SINUMERIK 810D 的 CNC 与驱动之间没有接口。810D 第一次将 CNC 和驱动控制集成在一块板子上，所以 SINUMERIK 810D 系统没有驱动接口。

b. 软件功能方面，提供了新的使用功能，极大地提高了 810D 的应用范围。例如提前预测功能、坐标变换功能、固定点停止、刀具管理、样条（A、B、C 样条）插补功能、压缩功能、温度补偿功能。

c. SINUMERIK 810D 集成多种功能和选择部件，它不仅仅局限于数控机床配套，在木材加工、石材处理或包装机械等行业也有广阔的应用前景。

1998 年，SIEMENS 公司又推出了基于 810D 系统的现场编程软件 ManulTurn 和 Shop-Mill。前者适用于数控车床的现场编程，后者适用于数控铣床的现场编程。这两个软件的共同特点是无需专门的编程培训，使用传统操作机床的模式就可以对数控机床进行操作和编程。

⑦ SINUMERIK802 系列。近几年 SIEMENS 公司又推出了 SINUMERIK802 系列 CNC 系统。该系列 CNC 系统有 802S、802C、802D 等型号，其中 802S 主要用于经济型车床。

（3）华中数控系统（HNC）

HNC 系统是我国武汉华中数控系统有限公司生产的国产型数控系统。该系统是我国"八六三"计划的科研成果在实践中应用的成功项目，已开发和应用的产品有 HNC-Ⅰ和 HNC-2000 两个系列共计十六种型号。

① 华中Ⅰ型数控系统。华中Ⅰ型数控系统的主要产品有：HNC-ⅠM 铣床、加工中心数控系统，HNC-ⅠT 车床数控系统，HNC-ⅠY 齿轮加工数控系统，HNC-ⅠP 数字化仿形加工数控系统，HNC-ⅠL 激光加工数控系统，HNC-ⅠG 五轴联动工具磨床数控系统，

HNC-ⅠFP 锻压，冲压加工数控系统，HNC-ⅠME 多功能小型铣床数控系统，HNC-ⅠTE 多功能小型车床数控系统，HNC-ⅠS 高速绗缝机数控系统等。

②　华中 2000（HNC-2000）型数控系统。HNC-2000 型数控系统是在 HNC-Ⅰ 型数控系统的基础上开发的高档数控系统。该系统采用通用工业 PC 机、TFT 真彩色液晶显示器，具有多轴多通道控制功能和内装式 PC，可与多种伺服驱动单元配套使用。具有开放性好、结构紧凑、集成度高、可靠性好、性能价格比高、操作维护方便的优点。

HNC-2000 型数控系统已开发和派生的数控系统产品主要有 HNC-2000M 铣床，加工中心数控系统，HNC-2000T 车床数控系统，HNC-2000Y 齿轮加工数控系统，HNC-2000P 数字化仿形加工数控系统，HNC-2000L 激光加工数控系统，HNC-2000G 五轴联动工具磨床数控系统等。

习　题　3

3.1　脉冲增量插补和数据采样插补的区别何在？各有何特点？

3.2　若加工第一象限直线 OE，起点为 $O(0,0)$，终点为 $E(11,8)$，

　　（1）试按逐点比较法进行插补计算，并作出插补轨迹；

　　（2）设累加器为 4 位，试用 DDA 法进行插补计算，并绘出插补轨迹。

3.3　利用逐点比较法插补圆弧 AB，起点为 $A(8,0)$，终点为 $B(0,8)$，试写出插补过程并绘轨迹。

3.4　设加工圆弧 PQ，起点为 $P(7,0)$，终点为 $Q(0,7)$，累加器为三位，试用 DDA 法插补计算，并画出轨迹。

3.5　数据采样插补是如何实现的？怎样选择插补周期？

3.6　要求数据采样圆弧插补的径向误差 $e_r \leqslant 1\mu m$，已知插补周期 $T=8ms$，插补圆弧半径为 100mm，问允许的最大进给速度 $v(mm/min)$ 为多少？

3.7　简述扩展 DDA 圆弧插补的基本原理。与数字积分法比较，扩展 DDA 法有何不同？

3.8　脉冲增量插补的进给速度控制常用哪些方法？

3.9　加减速控制有何作用？有哪些实现方法？

3.10　可编程控制器 PC 与继电器控制有何区别？

3.11　数控机床用 PC 分为哪几类？各有何特点？

3.12　国内外典型数控系统有哪些？各有何特点？

第4章 计算机数控装置

4.1 概述

4.1.1 CNC系统的组成与特点

计算机数控系统（CNC系统，也简称为数控系统），是数控机床的重要部分，它是在硬件数控（NC）系统的基础上发展起来的，用一台计算机完成硬件数控的所有工作。CNC系统由硬件和软件组成，包括数控程序、输入输出设备、计算机数控装置（CNC装置）、可编程控制器（PLC）、主轴驱动装置和进给驱动装置（包括检测装置）等。其中CNC装置是CNC系统的核心部件。

其组成框图如图4.1所示。

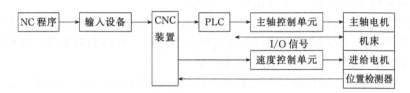

图4.1 CNC系统的组成框图

根据上述组成框图，CNC系统有如下特点。

① 灵活性。对于NC系统，一旦提供了某些控制功能，就不能被改变，除非改变硬件。而CNC系统，只要改变相应的软件即可，而不要改变硬件。

② 通用性。在CNC系统中，硬件可采用通用的模块化结构，而且易于扩展，并结合软件变化来满足数控机床的各种不同要求。接口电路由标准电路组成，给机床厂和用户带来了很大方便。这样用一种CNC系统就能满足多种数控机床的要求，当用户要求某些特殊功能时，仅仅改变某些软件即可。

③ 可靠性。CNC系统中，零件数控加工程序在加工前一次性全部输入存储器，并经过模拟后才被调用加工，这就避免了在加工过程中由于纸带输入机的故障产生的停机现象。许多功能都由软件完成，硬件结构大大简化，特别是大规模和超大规模集成电路的采用，可靠性得到很大的提高。

④ 数控功能多样化。CNC系统利用计算机的快速处理能力，可以实现许多复杂的数控功能，如多种插补功能、动静态图形显示、数字伺服控制等。

⑤ 使用维护方便。有的CNC系统含有对话编程、图形编程、自动在线编程等功能，使编程工作简单方便。编好的程序通过模拟运行，很容易检查程序是否正确。CNC系统中还含有诊断程序，使得维修十分方便。

4.1.2 CNC装置的组成

CNC装置由硬件和软件组成，软件在硬件的支持下运行，硬件在软件的控制和管理下工作，两者缺一不可，相互协调。

（1）CNC 装置的硬件

CNC 装置的硬件一方面具有一般计算机的基本结构，另一方面还有数控机床所特有功能的功能模块与接口单元，其硬件组成如图 4.2 所示。

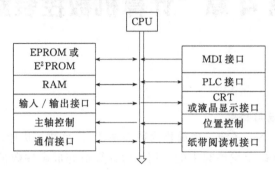

图 4.2 CNC 装置的硬件组成

从图中可看出，CNC 装置的硬件由以下几部分组成。

① 微处理器 CPU。它是 CNC 装置的核心，常用的有 8 位、16 位、32 位的 CPU。对于中、低档的数控系统，一般采用 8 位或 16 位 CPU（如 M6800、MCS-51 等）；对于高档的数控系统，一般采用 32 位 CPU（如 Intel80586 等）。

② 存储器。它分为只读存储器（ROM）和随机存储器（RAM）。ROM 主要用来存储数控系统的控制软件，RAM 主要用来存储用户的零件加工程序和数据等。存储器容量的大小，由数控系统的复杂程度和用户的需求来决定。

③ 输入/输出接口、通信接口、纸带阅读机接口和 MDI 接口。主要指与键盘、显示器（CRT）、软盘驱动器、通信装置、纸带阅读机、手动数据输入（Manual Data Input，MDI）等人机对话设备有关的接口电路。

④ 主轴控制。主要实现主轴速度大小、方向等控制的主轴伺服电路和伺服装置。

⑤ PLC 接口和位置控制。对开关量实现控制的可编程序控制器（Programmable Logic Controller，PLC）接口电路，以及对驱动装置进行控制的电路。

（2）CNC 装置的软件

CNC 装置的软件由管理软件和控制软件两部分组成，其软件组成框图如图 4.3 所示。

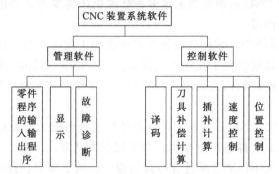

图 4.3 CNC 装置的软件组成框图

管理软件包括零件程序的输入/输出程序、显示程序与故障诊断程序等；控制软件包括译码程序、刀具补偿计算程序、插补计算程序、速度控制程序和位置控制程序等。

4.1.3 CNC 装置的功能

CNC 装置的功能随不同的 CNC 装置生产厂家而有些差异，但主要功能基本相同。CNC

装置的主要功能除了在 2.2.4 中提到的准备功能、坐标功能、进给功能、主轴功能、刀具功能和辅助功能外，还具有以下功能。

（1）控制功能

控制功能是指 CNC 装置能够控制的并且能够同时控制联动的轴数，它是 CNC 装置的重要性能指标，也是档次之分的重要依据。控制轴有移动轴和回转轴、基本轴和附加轴等。

（2）显示功能

CNC 装置均配置有 CRT 或液晶显示器，在对应的显示窗口中显示零件程序、图形、人机对话菜单和故障信息等。

（3）通信功能

通信功能主要完成上级计算机与 CNC 装置之间的数据和命令等信息的传送。一般 CNC 装置带有 RS-232C 串行接口或 DNC 通信接口，可实现 DNC 方式的数控加工。高档的 CNC 装置还配有 FMS 等高性能通信接口，按制造自动化协议（Manufacturing Automation Protocol，MAP）等通信，可实现车间或工厂生产自动化。

（4）自诊断功能

大多数 CNC 装置都有诊断程序，对数控机床各部分包括数控系统本身进行状态和故障检测，当数控机床发生故障时，可利用该程序诊断出故障所在的范围或具体位置。根据诊断的方式不同，可有启动诊断、在线诊断、离线诊断和通信诊断等。

4.2　CNC 装置的硬件

CNC 装置的硬件结构按 CNC 装置中的印刷电路板的插接方式可以分为大板结构和功能模块结构。大板式结构 CNC 装置的主电路板是大印刷电路板，其他电路是小印刷电路板，它们插在大印刷电路板上的插槽内而共同构成 CNC 装置的硬件，如 FANUC CNC 6MB 系统。在功能模块式结构 CNC 装置中，将整个 CNC 装置按功能划分为模块，硬件和软件的设计都采用模块化设计方法，即每一个功能模块被做成尺寸相同的印刷电路板（称为功能模块），相应功能模块的控制软件也模块化，用户只要按需要选用各种控制单元母板，以及所需的功能模块，将各功能模块板插入控制单元母板的槽内，就搭成所需要的 CNC 装置，如 FANUC 系统 15 系列。

按 CNC 装置硬件的制造方式，可以分为专用型结构和个人计算机式结构。专用型结构的数控系统，有 FANUC 系统、SIEMENS 系统、美国 A-B 系统、法国 NUM 系统及我国生产的一些数控系统等；个人计算机式结构的数控系统，有美国 ANILAN 公司和 AI 公司生产的数控系统、我国华中 I 型数控系统等，这种结构的数控系统为基于 PC-NC 的第六代数控系统，有诸多优点。

按 CNC 装置中微处理器的个数，可以分为单微处理器结构和多微处理器结构；按照 CNC 装置功能的高低档次，可以分为经济型 CNC 结构和标准型 CNC 结构。

4.2.1　经济型数控系统硬件

目前，我国经济型 CNC 多数是以 8 位或 16 位单片机或者以 8 位或 16 位微处理器（Micro Processing Unit，MPU）为主构成的系统，进给驱动采用步进电动机，控制轴数和联动轴数为 2～3 轴。经济型 CNC 是根据国内需要自行开发的，主要用于功能简单的车、铣、钻、冲床等控制，并大量用于旧机床改造。

（1）硬件结构

　　早期的 CNC 和现有的一些经济型 CNC 采用了单微处理器结构。它采用一个微处理器来集中控制，分时处理数控的各个任务。而某些 CNC 装置虽然采用了两个以上的微处理器，但能够控制系统总线的只是其中的一个微处理器，它占用总线资源；其他微处理器作为专用的智能部件，它们不能控制系统总线，也不能访问存储器。这是一种主从结构，故也被归纳于单微处理器结构。

　　单微处理器结构的组成框图，如图 4.4 所示。它主要由微机、外围设备和机床控制三部分组成。

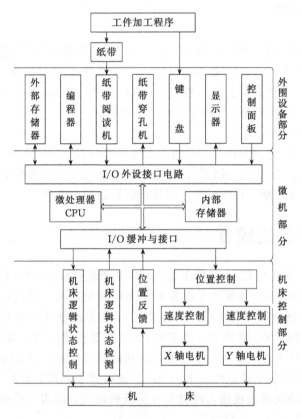

图 4.4　单微处理器结构的组成框图

1) 微机部分

　　微机部分是 CNC 系统的核心，主要由微处理器 CPU、存储器和接口电路组成。

　　微处理器 CPU 实施数控系统的运算和管理，它由运算器和控制器两部分组成。运算器是对数据进行算术和逻辑运算的部件。在运算过程中，运算器不断地得到由存储器提供的数据，并将运算的中间结果送回存储器暂时保存起来。控制器从存储器中依次取出组成程序的指令，经过译码后向数控系统的各部分按顺序发出执行操作的控制信号，使指令得以执行。因此，控制器是统一指挥和控制数控系统各部件的中央机构，它一方面向各部件发出执行任务的命令，另一方面又接收执行部件返回的反馈信息，控制器根据程序中的指令信息和这些反馈信息，决定下一步的操作命令。

　　存储器用于存储系统软件（控制软件）和工件加工程序，并将运算的中间结果以及处理后的结果储存起来。它一般包括存放系统程序的 EPROM 和存放中间数据的 RAM 两部分。

　　微处理器与外界的联系通过相应的 I/O 接口电路完成。接口电路的作用一方面是作为微机与外界联系的信息 I/O 通道，另一方面是将微处理器与外界之间隔离，起到缓冲和保护作用。

2）外围设备部分

外围设备部分主要包括：操作面板、键盘、显示器、光电阅读机、纸带穿孔机和外部存储设备等。这些设备大都是通用的外围 I/O 设备。对于具体 CNC 系统，并不一定配置所有这些 I/O 设备，应视具体的系统要求而定。

操作面板主要用来安装操纵机床的各种控制开关、按键以及机床工作状态指示器、报警用的信号指示灯等。通过操作面板，操作员可以控制数控机床。图 4.5 是某经济型数控机床操作面板。

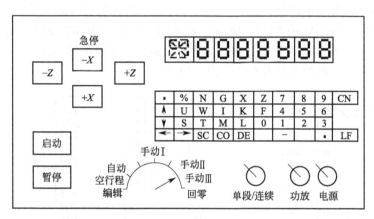

图 4.5　某经济型数控机床面板图

键盘通常安装在操作面板上，主要作用是输入各种操作命令以及采用 MDI 方式输入零件加工程序。也可以用来对工件加工程序进行现场修改和编辑。

显示器的功能主要用于 CNC 系统的有关信息显示。例如，机床工作台的位置、速度、主轴转速、刀具位置等机床有关信息显示，工件加工程序的输入编辑、修改时的显示和加工轨迹的显示等。目前，数控机床大都采用阴极射线管显示器 CRT，一些经济型数控机床常采用发光二极管（Light Emitting Diode，LED）或数码管，如图 4.5 所示。

光电阅读机是采用穿孔纸带输入系统程序和工件加工程序的输入设备；穿孔机则是一种能复制工件加工程序穿孔纸带的输出设备，复制的目的是为了保存和检查工件加工程序。

外围存储设备有磁带录音机和磁盘机，用于存放和读取工件加工程序以及有关的数据信息。有的 CNC 系统也用外围存储设备存取系统控制程序。

3）机床控制部分

计算机数控系统是位置控制系统，即通过对伺服机构的控制实现对机床移动件的位置控制。在闭环 CNC 系统中往往需要检测机床运动的实际位置和速度，以提高控制精度，所以应具有位置反馈和速度反馈环节。图 4.4 中仅画了位置反馈环节。

机床逻辑状态检测输入接口电路用于输入机床上安装的有关状态传感元器件的输出信号。例如，机床液压系统的压力状况、主轴转速以及主轴负载力矩是否过大、工作台是否超程等。

机床逻辑状态控制输出接口电路用于控制机床的主轴电机启动和停止、切削液泵的开停、液压泵的开停及换刀等开关量的控制。

（2）常用硬件

下面主要介绍用 MCS-51 系列的单片机构成的经济型数控系统常用硬件。

单片机是在一片芯片上集成了 CPU、ROM/RAM/EPROM/E²PROM、定时器/计数器及各种 I/O 接口等构成的一个完整的数字处理系统。单片机的主要特点是抗干扰强，可靠性高，速度快，指令系统效率高、体积小、性能价格比高。

近年来，国外一些主要半导体制造厂家相继生产了各种 8 位、16 位单片机。其中以 INTEL 公司的 MCS 系列单片机最为著名，目前已推出了 MCS-48、MCS-51、MCS-96 三个系列，MCS-48 和 MCS-51 系列为 8 位单片机，MCS-96 系列为 16 位单片机。在国内的经济型数控系统中多数使用 MCS-51 系列单片机。

1）MCS-51 系列单片机简介

MCS-51 系列包含三个产品：8031、8051、8751。三者的引脚完全兼容，仅在结构上有些差异，即内部不含 ROM 的 8031、内部含 ROM 的 8051 和内部含 EPROM 的 8751。通常所说的 MCS-51 单片机是该系列的简称。用得较多的是该系列中的 8031。

MCS-51 系列单片机的引脚及总线结构，如图 4.6 所示。

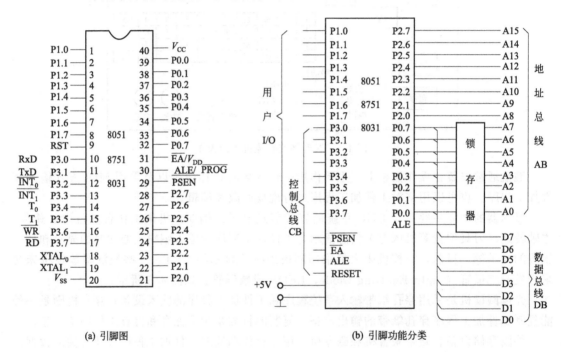

(a) 引脚图　　　　　　　　　　　　　　(b) 引脚功能分类

图 4.6　MCS-51 系列单片机引脚及总线结构

2）MCS-51 单片机常用系统扩展芯片

① 程序存储器（ROM）。主要是紫外线擦抹的可编程只读存储器 EPROM。通常采用标准芯片，如 2716（2KB×8）、2732（4KB×8）、2764（8KB×8）、27128（16KB×8）、27256（32KB×8）和 27512（64KB×8）。

② 数据存储器（RAM）。主要有静态 RAM 和动态 RAM 两种。

a. 静态 RAM。无需刷新，但功耗大，成本高。目前常用的静态 RAM 是 6116（2KB×8）和 6264（8KB×8）、62256（32KB×8）等。

b. 动态 RAM。功耗小、成本低，但需刷新。常用的动态 RAM 有 2164A（64KB×1）和 41464（64KB×4）。

一般控制系统多采用静态 RAM。

③ I/O 扩展集成芯片。I/O 扩展芯片可分为以下两种类型。

a. 专用 I/O 扩展芯片。这类芯片专用于扩展 I/O 口，如 8255。8255 是一种常用的 8 位并行输入/输出接口芯片，使用方便灵活，通用性强。8255 内部具有三个可编程选择其工作方式的通道 A、B 和 C，用于与外围设备接口。其中，通道 C 可在"方式"字控制下分成两个 4 位通道，分别与数据通道 A 和 B 配合输出控制信号（包括外设选通信号和中断申请信号）和输入外设状态信号。通道 C 具有按位置/复位功能。三种工作方式为：方式 0——基本输入/输出；方式 1——选通的输入/输出；方式 2——双向数据传送（只有通道 A 可工作在此方式）。

b. I/O 扩展复合芯片。这类芯片除能扩展 I/O 口外，还能通过它再扩展其他外围功能电路，如 8155。8155 内部有 256 字节的静态 RAM，两个 8 位并行 I/O 口（PA 口和 PB 口）和一个 6 位并行 I/O 口（PC 口）。其中两个 8 位并行 I/O 口可工作于基本输入输出方式或选通输入输出方式。PC 口可编程为输入或输出或作为 PA 口和 PB 口的控制信号线。8155 设置有一个 14 位二进制减法定时器/计数器，可用来定时或对外部事件计数。8155 具有多路转换的地址和数据总线，即地址/数据总线复用。

④ 其他功能芯片。MCS-51 可使用具有各种专用功能的外围芯片，如可编程中断控制器8259、可编程键盘/显示控制器 8279、可编程通用定时器 8253、可编程通信控制器 8251 等。

3）单片机构成的经济型数控装置硬件框图

用 8031 单片机组成 CNC 系统，其数控装置硬件框图如图 4.7 所示。该系统按模块化设计，它主要由主控制系统板、CRT 控制板、键盘操作板和存储控制板等组成。若采用 LED显示，LED 控制板、键盘操作板可由一块键盘/显示操作板代替，经济型数控系统常采用这种形式。系统主控制板以 8031 为控制器，板上包含内存为 8～16KB 的 RAM（供用户输入和调试加工程序用），内存为 16KB 的 EPROM。

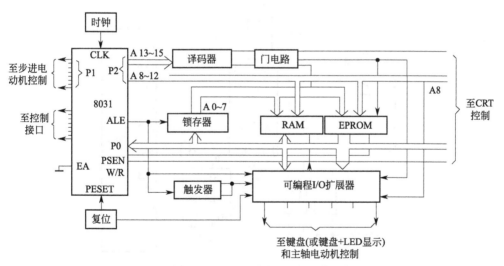

图 4.7　8031 组成的 CNC 系统

由图 4.7 可知，系统中的 RAM 与 EPROM 及编程 I/O 扩展芯片的数据线和低 8 位地址线在 8031 地址锁存信号输出端 ALE 及地址锁存器控制下，公用一组 8031 的 8 位总线（P0口），而高 8 位地址及片选信号，则由 8031 的另一组 8 位总线（P2 口）结合译码器提供。因 8031 的外部 ROM 由 PSEN 信号选通，外部 RAM 和扩展 I/O 端口由 W/R 信号选通，所以 RAM 与 EPROM 的地址可以重复。

8031 的 P1 口输出环形分配脉冲信号（软件环形分配）或输出控制指令经环形分配器输出环形分配脉冲信号（硬件环形分配），经光电隔离和驱动放大电路驱动步进电动机。8031 的 P3 口在其第二功能情况下，可完成回转刀架、主轴脉冲发生器（光电编码器）信号及外部中断控制等工作。可编程的 I/O 扩展芯片在监控程序控制下扫描键盘（或键盘/LED 数码显示控制板）；并输出组合逻辑信号，以控制主轴电动机的速度转换。

CRT 控制系统是以视频控制器为主芯片的扩展电路。其中还包括有 8KB 的静态 RAM（存放被显示的字形和图形，称显示存储器）、8KB 的 EPROM（存放汉字、同计数器组成"字符发生器"）、锁存器及其他缓冲器和逻辑电路。

（3）数控系统接口

1）键盘接口电路

键盘是操作者与数控系统交换信息的主要设备之一，操作者使用键盘进行程序的输入和编辑，按键一般通过三态缓冲器或 8255、8155、Z80－PI0 等并行 I/O 接口芯片与 CPU 或单片机相连，有并行和矩阵两种连接方式。

键盘接口电路主要解决按键的识别问题，既可采用查询方式，也可采用中断方式来识别是否有键按下，以及是哪一个键按下。查询方式电路简单，但采用查询方式不管是否有键按下，CPU 每隔一段时间查询一次键盘状态，这样将浪费 CPU 的时间。而采用中断方式，只有有键按下时，才向 CPU 发出中断请求，CPU 才对键盘服务，提高了 CPU 的利用率。这里只介绍中断方式。

① 并行连接方式。这种方式是每个按键占用一根 I/O 线。如图 4.8 所示，键盘通过三态缓冲器 74LS125 与单片机相连，其中 $\overline{1EN}\sim\overline{4EN}$ 是三态允许端，由片选信号控制。并行连接方式的优点是软件简单，缺点是当按键数量较多时，占用 I/O 线太多。因此，适用于按键较少的场合。

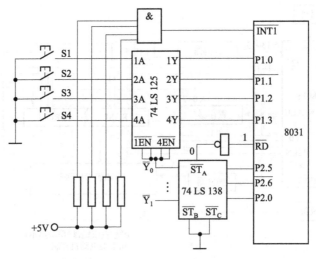

图 4.8　按键与单片机的并行连接

② 矩阵连接方式。当按键数目较多时，一般采用矩阵方式与计算机连接。如图 4.9 所示，将所有的键排成 M 行、N 列，并将行线和列线通过 I/O 口与计算机的数据线相连。这种方式的优点是占用的 I/O 线少。

图 4.9 中，采用 8155 作为接口芯片，将 8155 的 PA 口和 PB 口编程为基本输入输出方式。单片机先向 8155 的 PA 口输出低电平，当有键按下时，与门输出低电平，向单片机发

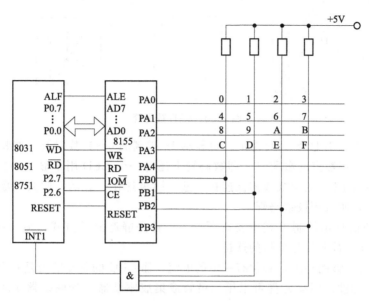

图 4.9 按键与单片机的矩阵方式连接

出中断请求信号。单片机响应中断后，便转向键盘扫描程序，通过 8155 键盘扫描。

按矩阵方式连接的键盘，检测是否有键按下，可采用如下行扫描法和行列反转法。

① 行扫描法。计算机先向行线输出信号，使所有的行线置低电平"0"，并由锁存器锁存，然后输入列信号。若某列有键按下，则该列线必定为低电平"0"。当 CPU 检测列线中有"0"时，存储"0"线列号，延时消抖后进入扫描过程。从第一行至最末行逐行置"0"，每置"0"一行，便读一次列值，并判断是否有"0"。若有"0"，则存储行号。根据行号和列号便可计算所按下键的编码值。然后，根据编码值查键值表，转向相应的键处理程序。

② 行列反转法。计算机先向各行线输出"0"，并读入列线值。若列线有"0"即有键按下，保存列线值。然后，向各列线输出"0"，输入行线值并保存。根据行线值和列线值"0"的位置即可确定所按下的键。

以图 4.9 为例，先向 PA 口输出 xxx00000，然后通过 PB 口读入列值。假设 E 键按下，则读入的列值为 xxxx1011。再向 PB 口输出 xxxx0000，从 PA 口读入的行值为 xxx10111，根据行线值和列线置"0"的位置即可确定所按下的键为 E 键。

由行列反转法对键的识别过程可知，该方法的接口必须具有输入输出双向功能。一般采用可编程 I/O 接口芯片，如 8155、8255 等。

2）显示接口电路

显示器是操作者与数控系统交换信号的另一主要设备。它是程序输入编辑和系统状态监视的窗口。显示器的种类很多，常用 LED 显示器和 CRT 显示器。由于发光二极管 LED，功耗小、亮度强、控制简单可靠，且价格低，因此 LED 显示器在经济型数控系统中得到广泛应用。

① LED 显示器。在控制系统中，单个 LED 常用于故障报警、电源指示等。而字符则采用 LED 数码管。LED 数码管是由多个 LED 按一定方式组合而成的。常用的 LED 数码管有"8"字形（一般用于显示数字）、"田"字形和"米"字形（一般用于显示符号）。每一个 LED 代表一个字段，如图 4.10 所示。

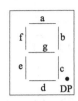

图 4.10　LED 数码管

"8" 字形数码管由七个 LED 组成，可显示 16 进制的 0～F 数以及一些特殊符号。成品数码管中，还有带小数点的数码管，即数码管上还有一个 LED 用于显示小数点（DP）。数码管通常是将各段 LED 的阴极或阳极连在一起。阴极连在一起的，叫共阴极 LED 数码管；阳极连在一起的，叫共阳极数码管。

LED 数码管的显示控制方式主要有两种，一种是静态显示方式，另一种是动态方式。下面主要介绍 LED 数码管与微机的连接。

为使 LED 有足够的亮度，必须有一定的电流，而 CPU 的驱动能力是有限的，所以接口中通常要有驱动元件。驱动元件可采用三极管或集成驱动器（如驱动器 75451、75452 等，其吸收电流可达 300mA）。

CPU 可通过数据总线送给 LED 的显示控制信号，在数据总线上的保持时间极短，如不加以锁存，则显示将是瞬间的，人眼根本无法分辨。所以需要在数据锁存器锁存 CPU 送来的显示数据，如图 4.11 所示。

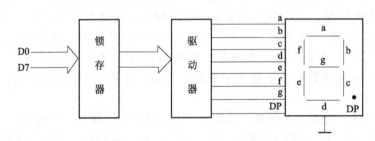

图 4.11　单个 LED 数码管与微机的接口

要让 LED 数码管显示某一字符，必须点亮相应的字段。设图 4.11 中的七段数码管为共阴极。若要显示字符 E，则需点亮 a、d、e、f、g 五个字段的 LED，即相应的驱动线为高电平。如果驱动器不反向，则 D7 到 D0 应为 01111001，该代码称作字符 E 的显示码或字模。同样，其他字符也有相应的显示码。这些显示码和字符在计算机内部的编码是不同的。所以需要译码，把要显示的字符译成显示码。

译码可以由硬件或者软件完成。硬件译码一般采用专用的七段译码驱动器来实现，例如CT74247BCD 七段译码器，可直接驱动共阴极 VLED 数码管。计算机只要通过锁存器向74247 输出 4 位要显示的 BCD 码即可。又如 CD4511BCD 七段锁存驱动译码器，内部集成了锁存器、译码器和驱动器，可直接驱动共阴极 LED。

软件译码实际上是一个查表过程。事先将各字符的显示码存放在存储器中一片连续的存储单元内，根据要显示的字符查显示码表，将查到的显示码送 LED 显示器。

② CRT 显示器接口。LED 数码显示器，具有成本低、性能可靠等优点。但是，LED数码显示器可显示的信息量少，无法进行图形模拟。为克服 LED 数码显示的缺点，可采用CRT 显示方法。CRT 显示具有屏幕宽阔，可传递信息量大；不仅可显示字符，还可显示图

形，模拟数控加工过程等优点。所以，在一些要求较高的经济型数控机床上，也有采用 CRT 显示的。

对于经济型数控系统，可采用 MC6847 视频显示发生器构成显示接口，不失为一种经济的、功能较强的显示方法。图 4.12 是以 MC6847 为主的 CRT 接口电路原理框图。

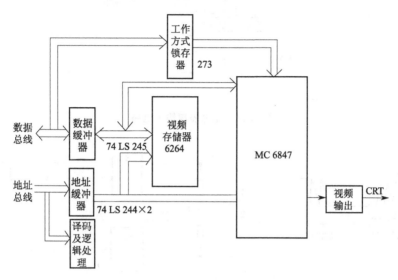

图 4.12　CRT 接口电路原理框图

3）开关量接口电路

在数控系统中，有许多被控制或检测的点都属于开关量，如各种操作检测开关的通断，继电器的吸合与释放，电磁阀的打开与关闭等都属于开关量信号。数控系统接受开关量和输出开关量信息，需通过输入/输出接口电路。

对于开关量输入/输出通道主要的技术要求如下。

• 应使开关量信号为计算机便于识别的 "0" 和 "1" 或 "低电平" 和 "高电平"，而对计算机输出开关量控制电磁阀或继电器，必须设置驱动放大环节，以便驱动继电器动作。

• 开关量输入/输出通道应能良好地隔离外围设备、电源对计算机系统的干扰。可采用光电耦合电路对外围设备和设备电源等进行隔离，并实现不同电源的外围设备和计算机系统的接口。

• 开关量接口应注意避免出现悬空状态，即高阻态。为此，应在电路接入用以克服悬空状态的上拉（或下拉）电阻，以使系统稳定可靠。

① 开关量输入通道

a. 光电隔离输入电路。开关信号通过光电耦合电路接到输入通道缓冲门，可以提高抗干扰能力和便于实现电平转换，如图 4.13 所示。

光电耦合电路是利用发光二极管的有光和无光，使光敏三极管呈高、低阻态，从而实现信号的单方向传输，完成开关动作的 "0" 或 "1" 态的转换。通过光电隔离，使开关侧电源与微机侧电源不共地，从而可抑制计算机系统的共模干扰。

b. 开关消抖电路。机械开关触点闭合时，存在着抖动，如图 4.14（a）所示。为了可靠地接受开关信号，必须消除这一抖动。消除抖动的方法可用硬件实现，也可用软件延时实现。一种硬件防抖电路如图 4.14（b）所示，它由 RS 触发器组成。开关在断开状态时，输出为 "1"，一旦开关接通，则在闭合瞬间，RS 触发器翻转，输出变为 "0"。此时，虽然开关

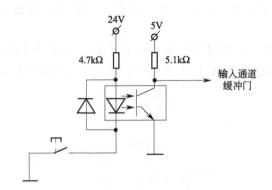

图 4.13　光电隔离输入电路

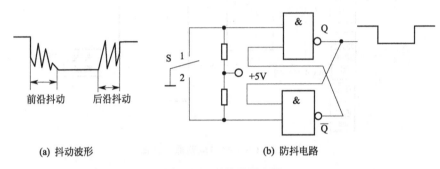

(a) 抖动波形　　　　　　　　　　　(b) 防抖电路

图 4.14　开关消抖电路

要作几次抖动，却由于 RS 输入端与输出端的互锁而维持状态不变。采用软件延时方法是当 CPU 检测到有开关闭合时，用程序进行一段延时，避开开关的抖动时间，并再次检测开关的状态。当然，也可采用 RC 滤波的方法消除信号的抖动。

　　c. 开关量输入通道。计算机读取开关量输入信息，可通过程序定时或中断输入方式。由于开关信号大多是慢信号，故一般不用输入锁存器，而直接用三态缓冲门数据输入端口。CPU 定时送出端口地址，经译码选通相应数据端口，然后执行数据输入指令，读入开关信息。对于 8 位机来说，一次可读入 8 位开关量信息。

　　② 开关量输出通道　数控系统往往需要驱动信号灯、继电器或电磁阀线圈等。这类输出接口的设计，除和输入接口设计一样要考虑输出缓冲隔离外，还要考虑功率驱动、数据锁存等问题。

　　继电器方式的开关量输出是目前最常用的输出方式。一般在驱动大型设备时，往往利用继电器作为数控系统输出到驱动级之间的第一级执行机构。通过第一继电器输出，可完成从低压直流到高压交流的过渡。如图 4.15 所示，光电隔离后，直流部分给继电器供电，输出部分则直接与 220V 交流电相连。

　　继电器输出也可用于低压场合。与晶体管等低压输出驱动器相比，继电器输出时输入端与输出端有一定的隔离功能，但由于采用电磁吸合方式，在开断瞬间，触点容易产生火花而引起干扰；对于交流高压等场合，触点也容易氧化；由于继电器的线圈有一定的电感。在关断瞬间可能产生较大的电压，因此在继电器驱动电路上常常反接一个保护二极管用于反向放电。

　　4) 模拟量接口电路

　　机床数控系统中，有许多模拟信号，如一些检测反馈信号、伺服电动机速度电压调节信号等。对于输入模拟信号，要通过模数（A/D）转换器将其转换数字信号后，MPU 才能处

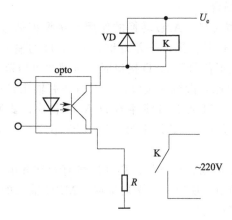

图 4.15　开关量继电器接口

理；同时通过数模（D/A）转换器将 MPU 输出的数字信号转换成模拟信号才能控制设备运行。

① 数模（D/A）转换接口　D/A 转换器与微机的接口，对于内部有输入寄存器的 D/A 芯片，其输入数据线可直接与 MPU 数据线相连。对于内部无输入寄存器的 D/A 芯片，其输入数据线要通过数据锁存器与 MPU 数据线相连。超过 8 位的 D/A 芯片与 8 位 MPU 接口时，为防止 D/A 输出信号出现毛刺，应采用双缓冲接口或采用具有双缓冲结构的 D/A 转换器。

D/A 转换器的输出量有电压型和电流型两种，各相当于一个电压源或一个电流源，因此，应注意其负载电阻要与其相匹配。

以下以常用的 DAC0832 芯片为例，介绍 D/A 芯片与微机的连接。

DAC0832 是 8 位乘法型 D/A 转换器，它可直接与单片机相连，与 TTL 兼容，采用双缓冲寄存器，使其能方便地用于多个 D/A 转换器同时工作的场合。

如图 4.16 所示，为 DAC0832 与单片机的接口原理图。因 DAC0832 片内有输入寄存器，故其数据线可直接和 8031 数据线相连。$\overline{CS}$ 接 P2.1，$\overline{XFER}$ 接 P2.0，可实现双缓冲控制。若将 $\overline{CS}$ 和 $\overline{XFER}$ 都接 P2.0 或 P2.1，可实现单缓冲控制。双缓冲控制主要用于具有多片

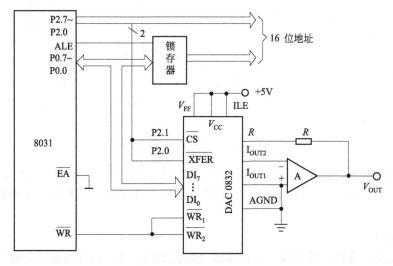

图 4.16　DAC0832 与单片机接口

DAC0832 且需同时输出的场合。

② 模数（A/D）转换器接口　A/D 转换的作用是将模拟信号转换成数字信号。模拟信号有单极性和双极性两种，信号范围也千差万别，而 A/D 的输入信号范围是有限的，都是标准的 0～+5V。因此，模拟信号和 A/D 接口时，应解决电压范围的变换。

A/D 转换器数字量输出端与微机的接口，对于内部有输出锁存器的 A/D 芯片，可直接与 MPU 数据线相连。对于内部无输出锁存器的 A/D 芯片，要通过外接 I/O 接口芯片与 MPU 数据线相连。对于超过 8 位，分辨率较高的 A/D 芯片，与 8 位的 MPU 接口时，要解决数据分步传送问题。

A/D 转换一般需加一个启动转换信号。启动信号有脉冲和电平两种，如果是电平启动，启动信号必须维持到转换结束。所以，电平启动时，MPU 输出的启动信号需通过锁存器或并行 I/O 接口芯片等与 A/D 相连。

A/D 转换需要一定的时间，只有 A/D 转换完成后，MPU 读得的数据才是正确的。可采用软件延时法、查询法或中断法获得 A/D 转换结果。

以下以 ADC0809 芯片为例，介绍其与微机的接口。

ADC0809 是内部带有 8 路转换开关的 8 位多通道 A/D 芯片，采用逐次逼近法实现 A/D 转换，输出端带有输出缓冲锁存器，可直接与 MPU 数据线连接。

ADC0809 与 8031 单片机的接口如图 4.17 所示。ADC0809 的时钟脉冲信号由 8031 的 ALE 信号经 D 触发器二分频后提供。8 位模拟通道选择信号由 8031 地址线 A0～A2（P0.0～P0.2）提供，P0.7 作为片选信号，$\overline{WR}$ 和 P2.7 一起控制地址锁存和转换启动，$\overline{RD}$ 和 P2.7 一起控制读出转换结果。

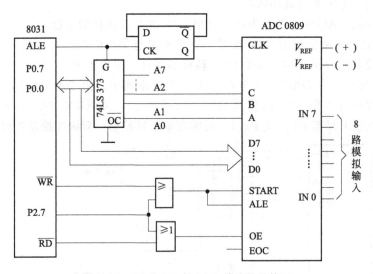

图 4.17　ADC0809 与 8031 单片机的接口

在读转换结果时，如果采用软件延时法，则 ADC0809 的 EOC 脚可悬空；如果采用查询法，EOC 需接 8031 的 I/O 口；如果采用中断法，则 EOC 需反向后接到 $\overline{INT0}$ 和 $\overline{INT1}$ 脚上。

5）通信接口

数控系统与阅读机、穿孔机、外存储器（如磁带机）进行数据传送或与通用计算机进行通信，大多采用 RS-232C 标准串行接口。

数控系统与外围设备之间的串行通信，就是采用单线或电话线来进行数据的传送和交换。为此，必须将 CPU 输出的并行数据变换为串行数据，或者将数控系统外部来的串行数据变换为并行数据。这些任务由 8251 通信接口芯片和电平转换芯片 1488、1489 构成全双工 RS-232 通信接口来完成。用两根传送线分别连接到发送器和接收器上，每根传送线只负担一个方向，这种通信方式称为全双工通信方式。

串行通信大多采用异步方式。因此，为保证数据传送准确无误，所传送的数据必须先加工成固定的格式，发送和接收设备依照这一格式发送和接收。异步通信中，传送每一字符由起始位、数据位、校验位和停止位构成，常称为一帧。通常起始位为 1 位，低电平有效，字符编码为 7 位，第 9 位为奇偶校验位。停止位可以是一位、一位半或两位。因此，一个字符就由 10 位、10.5 位或 11 位组成。用这种方式表示字符，则字符可以一个挨着一个传送。其传输格式如图 4.18 所示。

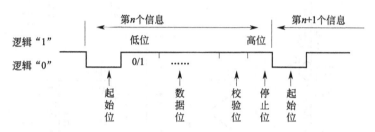

图 4.18　RS-232 传输格式

8251 是一种通用的同步/异步收发器。它的工作方式可以通过编程设定，能自动完成帧格式化。

当 8251 在异步发送方式时，能自动地将 CPU 送来的一个并行数据加上起始位、校验位和停止位，然后串行地从 TxD 端输出。

在异步接收时，接收数据端 RxD 平时为高电平。当 8251 检测到 RxD 端出现低电平时，经过 1/2 位宽度的时间再检测 RxD 端，若仍为低电平时便确定输入的是起始位，此后 8251 启动"位计数器"并每隔一个位宽度时间采样一次 RxD，即输入有效数据，8251 将接收到的数据去掉起始位、校验位和停止位并将它装入并行接收缓冲器中。

6）步进电动机接口

步进电动机又称为脉冲电动机，它的作用是将脉冲电信号转变为相应的角位移。步进电动机的角位移与脉冲数成正比，其转速与脉冲频率成正比。步进电动机接口中有一个重要的元件，就是脉冲分配器。

脉冲分配器，又称环形分配器。它的功能是为步进电动机提供符合控制指令要求的脉冲序列。它一方面接受输入脉冲和方向指令，另一方面向功率驱动器提供控制信号。在方向指令作用下，脉冲分配器将输入脉冲转变成为对应电动机各相的顺相序或反相序的时序脉冲。

脉冲分配可由软件实现，也可由硬件实现。目前已大量采用可靠性高、外形尺寸小且使用方便的集成脉冲分配器。按其电路结构不同，分为 TTL 集成电路和 CMOS 集成电路。下面仅介绍 TTL 集成电路脉冲分配器。

目前市场上提供的国产脉冲分配器有三相、四相、五相和六相，其型号分别为 YB013、YB014、YB015 以及 YB016，均为 18 个管脚直插式封装。

图 4.19 为与 8031 相连的步进电机接口线路。一般情况下，该芯片的两个输入控制端 $\overline{E1}$、E2 可直接接地。如果工作方式设定在 4 相 4 拍，只需将 A_0、$\overline{A_1}$ 接地即可。这样，该芯

片所剩控制端还有方向控制端：＋、－、选通输出控制端$\overline{E_0}$、时钟脉冲输入端 CP 及清零端 $\overline{R}$。要正确控制步进电动机，必须正确使用这些信号。为此确定：所需的方向及输出控制信号由单片机的 P1 口控制，时钟脉冲由定时器（8155 芯片定时输出）提供，清零端由单片机 P1.5 提供，以防乱相。X、Y 向步进电动机各用一个环形分配器控制。用 P1.0、P1.1 分别用作 X 向及输出控制信号；用 P1.3、P1.4 分别用作 Y 向方向及输出控制信号。

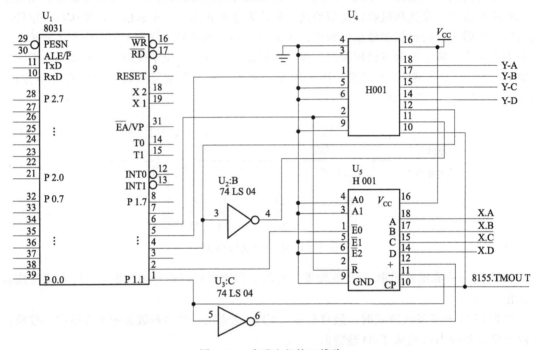

图 4.19　步进电机接口线路

4.2.2　标准型数控系统硬件

标准型数控系统也称为全功能数控系统，这是相对经济型数控系统而言的。经济型数控系统精度和速度都较低，功能比较简单，往往是开环控制，一般只能适合某些功能要求较低的数控机床；而标准型数控系统精度和速度都较高，功能比较齐全，基本都是闭环控制，广泛应用于各种中、高档数控机床。

（1）硬件结构

随着数控系统功能的增加，机床切削速度的提高，单微处理器结构已不能满足要求，因此许多 CNC 采用了多微处理器结构，以适应机床向高精度、高速度和智能化方向发展，以及为适应形成 FMS、CIMS 的更高要求，使数控系统向更高层次发展。

在多微处理器结构中，由两个或两个以上的微处理器来构成处理部件。各处理部件之间通过一组公用地址和数据总线进行连接，每个微处理器共享系统公用存储器或 I/O 接口，每个微处理器分担系统的一部分工作，从而将在单微处理器的 CNC 装置中顺序完成的工作转变为多微处理器的并行、同时完成的工作，因而大大提高了整个系统的处理速度。

多微处理器结构的 CNC 装置大都采用模块化结构，微处理器、存储器、输入输出控制等分别做成硬件模块，相应的软件也是模块化结构，固化在硬件中。软硬件模块形成一个具有特定功能的单元，称为功能模块。功能模块之间有明确定义的固定接口，按工厂或企业标准制造，于是可以组成积木式的 CNC 装置。如果某一个模块出了故障，其他模块仍能照常工作，可靠性高。

CNC 装置一般有以下 6 种基本功能模块，若需要扩展功能，可以再增加相应的功能模块。

① CNC 管理模块。该功能模块执行管理和组织整个 CNC 系统工作过程的职能，如系统的初始化、中断管理、总线裁决、系统出错的识别和处理、系统软硬件故障诊断等。

② CNC 插补模块。这个模块对零件加工程序进行译码、刀具补偿、坐标位移量计算等插补前的预处理工作，然后按规定的插补类型的轨迹坐标，通过插补计算为各个坐标轴提供位置给定值。

③ 位置控制模块。该模块将插补后的坐标位置指令值与位置检测单元反馈回来的位置实际值进行比较，并进行自动加减速、回基准点、伺服系统滞后量的监视和漂移补偿，最后得到速度控制的模拟电压，去驱动进给电动机。

④ PLC 模块。该模块对零件加工程序中的开关功能和由机床送来的信号进行逻辑处理，实现各功能和操作方式之间的联锁，如机床电气的启/停、刀具交换、回转台分度等。

⑤ 数据输入输出和显示模块。这里包含零件加工程序、参数和数据、各种操作命令的输入和输出、显示所需要的各种接口电路。

⑥ 存储器模块。这是程序和数据的主存储器，也可以是功能模块间传递数据用的共享存储器。

图 4.20 是一个具有多微处理器结构 CNC 装置的结构框图。其中有四个微处理器模块，在主处理器的统一管理下分担不同的控制任务。每个微处理器都有各自的

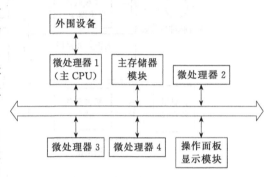

图 4.20　多微处理器结构的 CNC 装置结构框图

存储器及控制程序，当需要占用总线及其他公共资源（如存储器、I/O 设备）时，需申请占用总线，由主处理器按各个微处理器的优先级决定谁有权使用系统总线。图中微处理器 1 为主处理器，主要处理与外围设备之间的输入输出，同时负责系统总线的管理和任务调配。微处理器 2 完成零件加工程序的译码、预处理计算，负责刀具补偿、工作循环和子程序的管理工作。微处理器 3 完成直线和圆弧插补以及位置控制。微处理器 4 实现可编程序控制器的功能。

（2）基本硬件构成

多微处理器结构的数控系统组成框图如图 4.21 所示，通常由微机基本系统、人机界面接口、通信接口、进给位置控制接口、主轴控制接口以及辅助功能控制接口等部分组成，其各部分功能如下。

1）微机基本系统

通常微机基本系统是由 CPU、存储器（EPROM、RAM）、定时器、中断控制器等几个主要部分组成。

① CPU。多微处理器结构大多采用 16 位或 32 位的 CPU，以满足其性能指标；如采用 8 位 CPU，则为多 CPU 结构。例如 FANUC15、SIEMENS840、FAGOR8050 等系统均为 32 位 CPU，而中档 FAGOR8025 系统则采用 8 位多 CPU 结构。

② EPROM。用于固化数控系统的系统控制软件，数控系统的所有功能都是固化在 EPROM 中的程序的控制下完成的。在数控系统中，硬软件有密切关系，由于软件的执行速

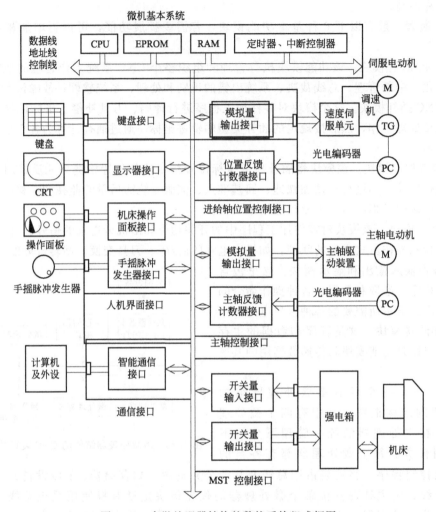

图 4.21　多微处理器结构的数控系统组成框图

度较硬件慢，当 CPU 功能较弱时，则需要专用硬件解决或采用多 CPU 结构。现代数控系统常采用标准化与通用化总线结构，因此不同的机床数控系统可以采用基本相同的硬件结构，并且系统的改进与扩展十分方便。

在硬件相对不变的情况下，软件仍有相当大的灵活性，扩充软件就可以扩展 CNC 的功能。而且软件的这种灵活性有时会对数控系统的功能产生极大的影响。在国外，软件的成本甚至超过硬件。例如 FANUC 3T 与 3M 的差别仅在 EPROM 中的软件，FANUC 3M 二轴半联动变为三轴联动也仅需要更换 EPROM 中的软件。

③ RAM。它存放可能改写的信息。除中断堆栈存放区和控制软件数据暂存区等外，均有后备电池掉电保护功能，即当电源消失后，由电池来维持 RAM 芯片电压，以保持其中信息。

现在大量使用的 CMOS 半导体 RAM 芯片如 6264（8K）、62256（32K）、628128（128K），其维持功耗很低，如日立 HM628128 芯片，其电源电压大于 2V 即可维持信息不丢失，并且维持电流小于 $1\mu A$ 左右，这就大大延长了电池的使用寿命。

④ 定时器与中断控制器。用于计算机系统的定时控制与多级中断管理。

2）人机界面接口

数控系统的人机界面包括以下四部分。

① 键盘 MDI。它由英文字母键、功能键、数字键等组成，用于编制加工程序、修改参数等。键盘的接口比较简单，大多仍采用扫描矩阵原理。这与通常的计算机是一样。

② 显示器 CRT。在编程时，其显示的是被编辑的加工程序；而加工时，则显示当前和坐标轴的坐标位置和机床的状态信息。有些数控系统还具有图形模拟功能，这时显示器则显示模拟加工过程的刀具走刀路径，可以检查加工程序的正确与否。现代数控系统已大量采用高分辨率彩色显示器，显示的图形也由二维平面图形变为三维立体图形。

③ 操作面板又称机床操作面板。不同数控机床由于其所需的动作不同，所配操作面板也是不同的。操作面板的结构与功能将在下面介绍。

④ 手摇脉冲发生器（MPG）。用于手动控制机床坐标轴的运动，类似普通机床的摇手柄。

3）通信接口

通常数控系统均具有标准的 RS232C 串行通信接口，因此与外设以及上级计算机连接很方便。高档数控系统还具有 RS485、MAP 以及其他各种网络接口，从而能够实现柔性线 FMS、自动化工厂 FA 以及计算机集成制造系统 CIMS。

4）进给轴的位置控制接口

实现进给的位置控制包括三个方面的内容：一是进给速度的控制，二是插补运算，三是位置闭环控制。

进给轴位置控制接口包括模拟量输出接口和位置反馈计数接口。模拟量输出接口采用数模转换器 DAC（一般为十二位到十六位），输出模拟电压的范围为 $-10 \sim +10\text{V}$，用以控制速度伺服单元。模拟电压的正负和大小分别决定电动机的转动方向和转速。位置反馈计数接口能检测并记录位置反馈元件（如光电编码器）所发回的信号，从而得到进给轴的实现位置。此接口还具有失线检测功能，任意一根反馈信号的线断了都会引起失线报警。

在进行位置控制的同时，数控系统还进行自动升降速处理，即当机床启动、停止或在加工过程中改变进给速度时，数控系统自动进行线性规律或指数规律的速度升降处理。对于一般机床可采用较为简单的直线线性升降速处理，对于重型机床则需使用指数升降速处理，以便使速度变化平滑。

5）主轴控制接口

主轴 S 功能可分为无级变速、有级变速和分段无级变速三大类。当数控机床配有主轴驱动装置时，可利用系统的主轴控制接口输出模拟量进行无级变速，否则需要 S、M、T 接口实现有级变速。为提高低速输出转矩，现代数控机床多采用分段无级变速，这可以利用 M41～M44 和主轴模拟量控制配合完成。

主轴的位置反馈主要用于螺纹切削功能、主轴准停功能以及主轴转速监控等。

6）MST 控制接口

数控系统的 MST 功能是通过开关量输入/输出接口完成（除 S 模拟量输出外），数控系统要执行的 MST 功能，通过开关量输出接口送至强电箱，而机床与强电侧的信号则通过开关量输入接口送至数控系统。因为 MST 功能的开关量控制逻辑关系复杂，在数控机床中大量采用可编程控制器（PLC）来实现 MST 功能。

（3）数控机床的操作面板

从总体来看，数控系统（计算机部分）可分为中央处理单元（Central Unit）、键盘 MDI、操作面板（Operator Panel）三部分。其组成可分为紧凑型一体化结构和分离型结构。紧凑型一体化结构将三部分完全组合在一起，安装方便；而分离型结构则安装时灵活性大，多用于系统体积相对较大的场合。

图 4.22 为 SINUMERIK 801M 前面板图，属紧凑型一体化结构。一般操作面板常用按钮如下。

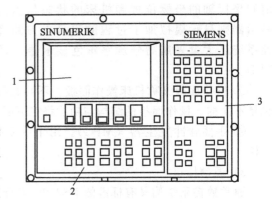

图 4.22　SINUMERIK 801M 前面板
1—显示器；2—集成机床操作面板；3—键盘

① 轴移动按钮（＋X、－X、＋Y、－Y、＋Z、－Z）。用于手动朝某方向移动某轴时，可连续或增量移动。

② 快速移动按钮。当手动连续移动坐标轴时，按此按钮，可使该轴快速移动，快移速度由参数决定。

③ 主轴启停按钮。用于手动使主轴正反转启动和停止。

④ 主轴倍率选择。可使用主轴转速增加 S＋或减少 S－按钮选择主轴转速的倍率，也可使用波段开关直接选择倍率（50％～120％）。

⑤ 进给启动与保持按钮。用于使进给运动启动或暂停移动。

⑥ 进给倍率选择波段开关。用于选择进给速度的倍率（10％～120％）。

⑦ 单段运行开关。用于选择单段运行是否有效。如有效，则执行完一个程序段后暂停并显示如 HOLD SINGLE　BLOCK 等信息，待按下程序启动键后再执行下程序段。

⑧ 条件程序段开关。用于选择条件程序段（即 Nxxxx 程序序号前或后有/的程序段）是否执行。

⑨ 程序启停（或称数控启停）按钮。用户启动加工程序与暂停加工程序的执行。

⑩ 点动步距量选择。一般为 $1\mu m$、$10\mu m$、$100\mu m$、$1000\mu m$ 或 $10000\mu m$，即选择一次相应坐标轴移动相应的距离。

⑪ 方式选择。数控系统通常具有诸如编辑、手动连续进给、增量进给、手轮操作、自动加工、通信等工作方式。目前数控系统常有两种方法选择工作方式，其一为使用波段开关直接选择，其二使用软件菜单或软定义键选择。

⑫ 手轮操作坐标轴选择开关。通常数控系统仅配置一个手轮 MPG（可通过选件增加手轮数目），因此需要用波段开关选择想要操作的轴。

⑬ 急停自锁按钮。用于在紧急情况下，停止机床的运动，一般用其按钮触点控制切断强电。

⑭ 程序锁。当用钥匙锁住时，其他人员禁止修改内部数据与程序。

（4）数控系统的输入/输出信号及接口

数控系统的输入/输出信号及接口主要包括开关量 I/O、模拟量输出、位置反馈输入、手轮输入和通信与网络接口等，下面介绍这些内容。

1）开关量 I/O

开关量 I/O 用于完成机床的开关量辅助功能控制以及数控系统与机床信号的交换。数控系统可直接处理开关量 I/O 信号或通过内置 PLC 处理开关量 I/O 信号。开关量 I/O 的种类很多，例如可分为直流与交流、无源与有源、触点与无触点等多种，但在数控系统中以直流开关量输入/输出应用最为普遍。

① 直流开关量输入接口　输入接口是接受机床操作面板的各开关、按钮信号及机床的各种限位开关的开关量信号。因此，可分为以触点输入的接收电路和以电压输入的接收电路。

触点输入电路分为有源和无源两类，一般需要经电平转换和隔离才能输入数控装置。光电隔离器既有隔离信号防干扰的作用，又起到了电平转换的作用，在 CNC 接口电路中被大量采用。

触点输入电路的最大问题是要防止接点抖动。只用滤波的方法不能根本解决问题，现在经常采用斯密特电路来整形。

② 直流开关量输出接口　输出接口是将机床各种工作状态送到机床操作面板上用灯显示出来，把控制机床动作的信号送到强电箱。因此，有继电器输出电路和无触点输出电路。

因为输出电路要将开关量信号送到强电线路，所以通常要经隔离抗干扰及驱动电路才能与强电元件（如接触器、继电器、电磁阀、晶闸管等）连接。在输出电路中需要注意对驱动电路和负载器件的保护。

对于继电器这类电感性负载必须安装火花抑制器；对于容性负载，应在信号输出负载线路中串联限流电阻。电阻阻值应确保负载承受的瞬时电流和电压被限制在额定值内；在用晶体管输出直流驱动指示灯时，冲击电流可能损坏晶体管，为此应设置保护电阻以防晶体管被击穿；当驱动负载是电磁开关、电磁离合器、电磁阀线圈等交流负载，或虽是直流负载，但工作电压或工作电流超出输出信号的工作范围时，应先用输出信号驱动小型中间继电器（一般工作电压为 +24V），然后用它们的触点接通强电线路的功率继电器或直接去激励这些负载。当 CNC 与 MT 间有 PC 装置，且具有交流输入、输出信号接口，或有用于直流大负载驱动的专用接口时，输出信号就不必经中间继电器过渡，即可以直接驱动负载器件。

2) 模拟量输出

高分辨率的模拟量输出用于控制进给伺服与主轴驱动的转速。数控系统可输出 0～±10V 的高分辨率模拟量电压信号，用于控制进给轴与主轴的转速。根据数控系统控制轴数的多少，通常有少则三路多则近十路的输出信号。由于模拟量输出是由计算机 D/A 转换完成的，其分辨率与转速控制的平稳性及位置控制精度有很大的关系，故数控系统 D/A 转换最少为 13 位（含 1 位符号），多则可达 16 位。

为简化结构，多路 D/A 可简化为单路 D/A 加多路保持器的原理。只要数控系统中 CPU 定时周期性刷新每路电压值，则同样可达到精度要求，如图 4.23 所示。

在模拟量输出信号使用中，应注意如下几点：第一，模拟量输出信号通常直接连接至进给与主轴驱动装置，必须采用屏蔽电缆传输，且屏蔽层一端接外壳（即接地），传输信号线应尽可能短，屏蔽线非屏蔽部分不得过长（一般小于 50mm）。第二，驱动单元的输入阻抗不能太小（一般大于 10k）。第三，控制进给驱动的模拟输出与驱动单元配合，使得当模拟量为 ±9～

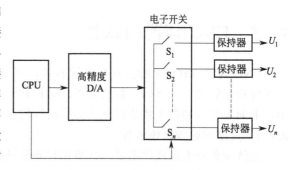

图 4.23　多路 D/A 实现原理图

±9.5V 时，电动机以 G00 转速旋转，这一调整通常在进给驱动上进行，调整方便。不使 ±10V 电压对应 G00 转速的原因是位置环控制为一动态过程，如使满量程最高电压±10V 对应 G00 转速，则其没有上升调整的电压裕量，易产生报警。第四，许多机床主轴驱动的正反转切换是靠 M03/M04 控制开关量完成的，而不是靠主轴驱动控制电压的正负来完成，故有些数控系统主轴控制电压为单极性 0～+10V 输出或双极性 0～±10V 输出可选（由系统内部参数选择）。

3）位置反馈输入

位置反馈输入用于各进给轴与主轴位置传感器信号的接收、处理以及计数。位置检测元件种类很多，如较常用的有适用于半闭环的光电脉冲编码器、旋转变压器，适用于全闭环的直线光栅、直线感应同步器等，不同的检测元件与 CNC 系统的接口不同，因此一种数控系统通常只能接一种或两种位置检测装置。如果数据系统已经选定，则位置检测装置不能随意选择。

由于位置检测装置是进给系统最终位置观测的"眼睛"，如果检测信号受到干扰，则计算机会产生错误的位置修正，由此产生的位置误差不同于由其它诸如力矩扰动、电源波动、伺服器件偏移等产生的误差，它是无法重新修正回来的。因此，位置检测装置至数控系统的连接电缆不应过长（一般在说明书中有要求），并采用屏蔽电缆，在布线时不可与强电特别是高调制频率的强电同槽。

另外，当传输线较长时，应考虑电源线（例如+5V、GND）的衰减，这与信号线不同，应特别对待。通常电源线采用较粗的线或采用两根以上的线连接以减少线电阻。此外，有些系统可将电源电压略调高一些（例如调节至 5.15V）以抵消传输压降。图 4.24 为典型的光电脉冲编码器与数控系统的连接。

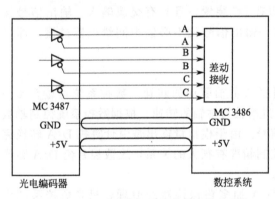

图 4.24　光电脉冲编码器与数控系统的连接

光电脉冲编码器与 CNC 连接均采用差动传输，差动传输可以大大提高信号传输的抗干扰能力，因而得到了广泛使用。常用的差动信号输出器件为 MC3487，差动接收器件为 MS3486。在 CNC 的接口电路中通常还有倍频处理和失线报警保护功能等。

此外，手轮输入用于连接 MPG 手摇脉冲发生器。通常数控系统均具有标准的 RS232C 接口，许多系统同时还配有 20mA 电流环以及 RS422 远程通信接口。作为选件，还可配置各种通信与网络接口。

4.3　CNC 装置的软件

CNC 装置的软件又称为数控系统软件，是一系列能完成各种功能的程序的集合，以完成零件程序的输入、译码、数据计算、插补和伺服控制等工作，其软件组成框图如图 4.3 所示。下面对经济型数控系统软件和标准型数控系统软件分别进行讨论。

4.3.1　经济型数控系统软件

经济型数控系统软件主要包括监控与操作软件、插补计算软件、步进电动机控制软件、误差补偿软件等。

（1）监控与操作程序

监控与操作程序用来实现人机对话、系统监控、指挥整个系统软件协调工作等。它包括系统的初始化、命令处理循环、零件加工程序的输入、零件加工程序的编辑修改、指令分析与执行、系统自检等。

1）系统的初始化

开机或人工复位后，数控计算机要进行必要的初始化处理。例如，设置系统硬件，包括中央处理器（CPU）或微处理器（MPU）及其可编程 I/O 芯片的工作状态；设置中断方式；对系统变量赋予初值；并初始化输出端口的内容以使机床处于正确的初始工作状态以及系统硬件部件的自检。初始化程序框图如图 4.25 所示。

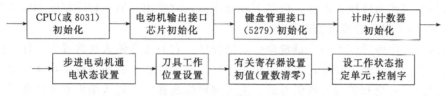

图 4.25　初始化程序框图

2）命令处理循环

在完成初始化工作以后，程序进入命令处理循环。在这个循环过程中，程序扫描键盘或操作面板输入的操作命令，对命令进行识别分析，然后，根据识别分析的结果转向相应的处理程序模块。经济型数控一般采用两种键盘处理方式，一种是键盘扫描中断方式，其程序框图如图 4.26 所示；另一种是采用专用可编程键盘显示芯片 8279 管理方式。

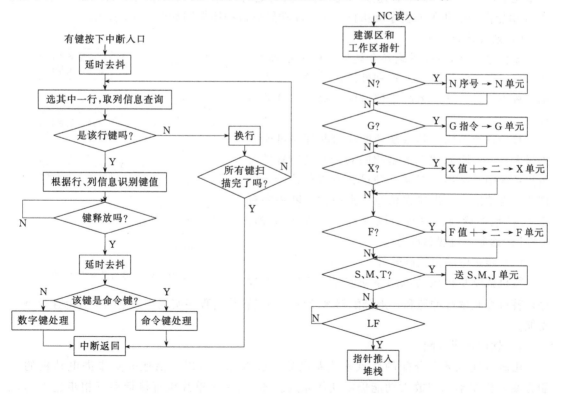

图 4.26　键盘扫描中断方式程序框图　　　　图 4.27　零件加工程序的输入程序框图

3）零件加工程序的输入程序

零件加工程序的输入有两条途径，一条是通过光电阅读机输入，另一条是从键盘输入，而经济型数控系统，零件加工程序通常是通过键盘逐段输入的。输入的数据经数据处理程序将输入的十进制数与指令转换为 BCD 码存于规定的缓冲区，即源程序区。输入程序的任务是将输入的源程序顺序读入，并根据字地址把有关的数据送至指定的存储单元，同时将坐标值 BCD 码转换成二进制数码。

目前，一般加工程序都是按地址符可变程序段格式编制的。由于每个程序段的功能字（如 G、M、F、S、T 等）和尺寸字（如 X、Y、Z、U、V、W、I、J、K 等）的主要数据按固定格式顺序存放，所以不要保留字符。输入程序中应设置一个地址指针。每读完一个程序段，必须把当前指针压入堆栈，以备下段程序读入时使用。输入程序框图如图 4.27 所示。

4）零件加工程序的编辑修改程序

编辑修改程序可看作为一个键盘命令处理程序。它与键盘输入通常成为一体，既可用来从键盘输入新的零件加工程序，也可用来对已输入的零件加工程序进行编辑和修改。当按下检索命令键或在系统开关预置编辑方式下进入编辑修改程序。进入编辑修改状态后，检索需编辑修改的程序，对该程序中的指令和数据进行必要的删除或插入等编辑修改工作。

5）指令分析和执行

数控系统要对输入指令进行识别，识别指令功能并执行相应操作。如 G 准备功能，规定着各种运动方式。G 功能种类很多，处理较复杂。G 功能分析程序通常采用中断矢量法。中断矢量法就是经过 G 功能分析后，将相应的 G 功能处理子程序的地址写入中断程序矢量的单元中，在加工过程中有速度处理程序设置的定时时钟发出中断信号，每中断一次，相应的 G 功能作为中断服务程序就执行一次。G 功能分析程序框图如图 4.28 所示。

6）系统诊断程序

该程序检测 CNC 系统各个硬件功能的正确性，指示可能存在的故障的位置和性质，辅助维修人员确定故障部件，缩短系统维修时间，提高系统的可靠性。

数控系统不同，其诊断功能和诊断程序可能差别很大，但诊断原理基本是相同的，就是用软件对数控系统中某一环节或某一预设状态进行检验，发现非正常情况，给出错误信息。常用的诊断程序有定时/计数器诊断、中断功能诊断、ROM 区诊断、RAM 区诊断、键盘诊断等。

（2）步进电动机控制软件

微机控制步进电动机的驱动程序，不仅可用程

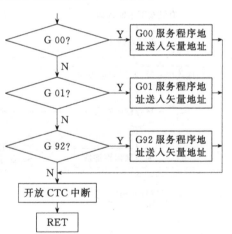

图 4.28　G 功能分析程序框图

序代替可变频率脉冲源和环形分配器等硬件，还很容易用程序实现步进电动机升降速控制等功能。

1）软件环形分配

用软件完成环形分配的优点是线路简单，成本低，可以灵活地改变步进电动机的控制方案，而驱动功率放大功能仍由硬件完成。图 4.29 为单片机直接带动三相步进电动机的接口方式。单片机 P1 的低三位为输出位，分别控制步进电动机 A、B、C 三相绕组通断。

用软件进行环形分配，就是用软件改变 P1 口低三位的输出值，来控制三相绕组的通电顺序和方式。

① 单三拍方式　单三拍方式通电顺序为 A→B→C→A→…，所以只需依次向 P1 口输出如下控制字：

0　0　1（01H）　U 相通电

0　1　0（02H）　V 相通电

1　0　0（04H）　W 相通电

同时，在两控制字间应加入软件延时来保证一定的时间间隔，以此控制步进电动机速度。假如要求时间间隔为 1ms，控制步进电动机三相三拍正转的程序框图，如图 4.30 所示。

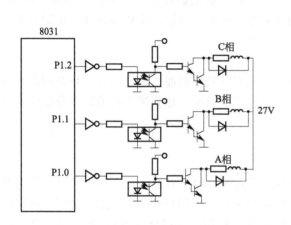

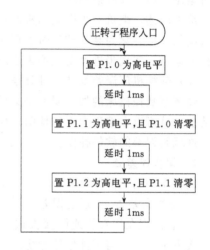

图 4.29　软件环形分配步进电动机控制　　　　图 4.30　三相三拍正转程序框图

如要控制步进电动机反转，只需将输出的控制字按 A→C→B→A→… 通电顺序输出即可。

② 三相六拍方式　如果三相六拍正转通电顺序为：A→AB→B→BC→C→CA→A→…，P1 口输出如下控制字：

0　0　1（01H）　A 相通电

0　1　1（03H）　A、B 相通电

0　1　0（02H）　B 相通电

1　1　0（06H）　B、C 相通电

1　0　0（04H）　C 相通电

1　0　1（05H）　C、A 相通电

如反转时，通电顺序为：A→CA→C→CB→B→BA→A→…。

2）微机控制步进电动机的升降速方法

生产实际中，要求步进电动机不仅运转快，而且要求能快速启、停。但由于步进电动机本身特性的限制，如果启动时脉冲频率较高，步进电动机转子在最初一些节拍不能转够相应的转角，则产生"丢步"，严重时步进电动机根本不会启动，而停止转动时会产生"过冲"。原因是步进电动机的响应频率比较低，限制了步进电动机的最高启动频率。因此，微机应能对步进电动机的脉冲频率进行升降频控制，使脉冲频率开始时较低，步进电动机不"丢步"

地启动，然后逐渐升高到较高的连续运行频率。同理，在要求停止转动时，为防止"过冲"，使脉冲频率逐渐降到零。

微机实现升降频控制，可采用均匀地改变步进脉冲间隔的方法，进行升降速控制。如步进电动机以 400Hz 的频率启动，要求从第 20 个脉冲开始进入 1500Hz 恒速运行，以 $10\mu s$ 延时为基础，可求出：

启动时每个脉冲周期：$10^6 \mu s/400 \approx 250 \times 10\mu s$，时间常数＝250；

恒速时每个脉冲周期：$10^6 \mu s/1500 \approx 66 \times 10\mu s$，时间常数＝66；

启动过程中相邻脉冲周期差：$(250-66)/20 \approx 9 \times 10\mu s$，变化间隔＝9。

计算结果表明，启动时第一个脉冲周期为 $250 \times 10\mu s$，以后每个脉冲周期减少 $9 \times 10\mu s$。在第 20 个脉冲后，脉冲周期可减少到 $66 \times 10\mu s$，对应脉冲频率约为 1500Hz。根据以上分析可编制具体的加减速程序。

综上所述，微机对步进电动机的控制，也就是控制步进脉冲的个数和步进脉冲的间隔，而其间隔又可转化为某基准延时子程序的循环次数。因此，可以方便地用软件来控制步进电动机的运行，实现步进电动机不丢步地快速启、停。

(3) 数控机床误差及其软件补偿

经济型数控机床的加工误差是必然存在的，但只要对引起加工误差的各个环节的定量关系清楚，就可以在编程中正确地引入修正值，调整进给脉冲，达到减少和消除部分误差的作用，这就是误差的软件补偿。

1) 编程误差 Δ_1

编程误差由三部分组成：

① 逼近误差 Δ_{1a}。逼近误差是用近似计算法逼近零件轮廓时产生的误差（又称一次逼近误差），它出现在用直线或圆弧去逼近零件轮廓的情况。当用近似方程式拟合列表曲线时，方程式表示的形状与零件原始轮廓之间的差值也是一种误差（拟合误差），但是因为零件轮廓原始形状是未知的，所以这个误差往往很难确定。

② 插补误差 Δ_{1b}。它表示插补加工出的线段（例如直线、圆弧等）与理论线段的误差，这项误差与数控系统的插补功能即插补算法及某些参数有关。

③ 圆整误差 Δ_{1c}。编制零件加工程序时，要根据设计图纸的几何尺寸要求，经标度变换，将尺寸参数转换成控制脉冲数。转换计算的最小单位是脉冲当量。这种零件几何参数计算时圆整到一个脉冲当量而引起的误差称为圆整误差。圆整误差的大小决定于脉冲当量。一般不会超过脉冲当量的一半。

编程误差 $\Delta_1 = \Delta_{1a} + \Delta_{1b} + \Delta_{1c}$，一般情况下取零件加工允许误差的 0.1～0.2 倍。为减小编程误差，可以通过减小插补间隙或增加机床分辨率来达到。一般不需要专门的软件补偿。

2) 间隙误差 Δ_2

数控机床机械传动部件间存在有间隙，由此产生的加工误差成为间隙误差。机械传动间隙通常有：丝杠轴承轴向间隙；丝杠螺母副之间的传动间隙；联轴节的扭转间隙；齿轮传动的齿侧间隙等。

间隙对误差的影响，主要是运动换向时发生。其软件补偿处理的过程是：先将各个间隙值经标度变换确定指令脉冲数 M，然后在零件加工程序中判别进给方向的指令转向后，给出 M 个额外的进给指令脉冲，再执行正常的程序。这样的补偿处理方法，对于点位和轮廓控制都适用。但对于大型机床，其间隙大小随工件的重量或间隙的位置改变而改变，这时就会出现补偿不完全的情况。

4.3.2 标准型数控系统软件

CNC 系统是一个专用的实时多任务系统，CNC 系统通常作为一个独立的过程控制单元用于工业自动化生产中。因此，它的系统软件包括前台和后台两大部分。后台部分包括：通信、显示、诊断以及加工程序的编制管理等程序，这类程序实时性要求不高。前台程序主要包括：译码、刀具补偿、速度处理、插补、位置控制、开关量控制等软件，这类程序完成实时性很强的控制任务。

数控的基本功能由上面这些功能子程序实现。这是任何一个计算机数控系统所必须具备的，功能增加，子程序就增加。不同的系统软件结构中对这些子程序的安排方式不同，管理方式也不同。在单微处理器数控系统中，常采用前后台型的软件结构和中断型的软件结构。在多微处理器数控系统中，将各微处理器作为一个功能单元，将硬件和软件封装在一个模块中，各个 CPU 分别承担一定的任务，它们之间的通信依靠共享总线和共享存储器进行协调。在子系统较多时，也可采用相互通信的方法。无论何种类型的结构，CNC 系统的软件结构都具有多任务并行处理和多重实时中断的特点。

（1）前后台型结构

对于前后台型软件结构，其软件可划分为两类，一类是与机床控制直接相关的实时控制部分，其构成了前台程序。前台程序又称实时中断服务程序，它是在一定周期内定时发生的，中断周期一般小于 10ms。另一类是循环执行的主程序，称为后台程序，又称背景程序。

在背景程序循环运行的过程中前台的实时中断服务程序不断定时插入，两者密切配合，共同完成零件加工任务。如图 4.31 所示，程序一经启动，经过一段初始化程序后便进入背景程序循环。同时开放定时中断，每隔一定时间间隔发生一次中断，执行一次实时中断服务程序，执行完毕后返回背景程序，如此循环往复，共同完成数控的全部功能。这种前后台型软件结构一般适合单微处理器集中控制，对微处理器性能要求比较高。

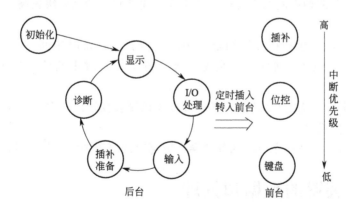

图 4.31 前后台型结构

在前后台型软件结构中，后台程序完成协调管理、数据译码、预计算数据以及显示坐标等无实时性要求的任务，其结构如图 4.32 所示。而前台程序完成机床监控、操作面板状态扫描、插补计算、位置控制以及 PLC 可编程控制器功能等实时控制，其流程如图 4.33 所示。前后台软件的同步与协调以及前后台软件中各功能模块之间的同步，通过设置各种标志位来进行。由于每次中断发生，前台程序响应的途径不同，因此执行时间也不同，但最大执行时间必须小于中断周期，而两次中断之间的时间正是用来执行背景主程序的。

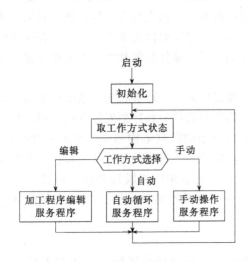

图 4.32　背景程序结构

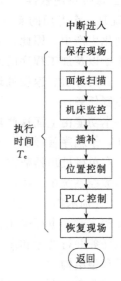

图 4.33　实时中断服务程序流程

（2）中断型结构

中断型结构的系统软件除初始化程序之外，将 CNC 的各种功能模块分别安排在不同级别的中断服务程序中，无前后台程序之分。系统软件本身就是一个大的多重中断系统，通过各级中断服务程序之间的通信来进行处理。但中断程序的优先级别有所不同，级别高的中断程序可以打断级别低的中断程序。各中断服务程序的优先级别与其作用和执行时间密切相关。下面为 CNC 装置的一些中断类型。

① 外部中断。主要有纸带阅读机读孔中断、外部监控中断（如紧急停止等）、键盘和操作面板输入中断。前两种中断的实时性要求不高，通常它们的优先级较高；而后两种中断的优先级较低。

② 内部定时中断。包括插补周期定时中断和位置采样定时中断。有些系统将这两种定时中断合二为一，但在处理时，总是先处理位置采样定时中断然后处理插补周期定时中断。

③ 硬件故障中心　这是 CNC 装置各硬件故障检测装置发出的中断，如存储器出错、定时器出错及插补计算超时等。

④ 程序性中断。它是程序中出现各种异常情况时的报警中断，如各种溢出、除零等。

4.4　CNC 装置的数据预处理

使用 CNC 机床加工，首先要编制零件程序，而零件程序的解释与具体执行，则要由 CNC 系统软件来完成。一个零件程序的执行首先要输入 CNC 中，经过译码、刀具补偿、其他预处理、插补、位置控制，由伺服系统执行 CNC 输出的指令以驱动机床完成加工。这个过程可以用图 4.34 表示，其中的虚线框为 CNC 装置所完成的任务。

本节将详细介绍 CNC 装置的数据预处理，包括 CNC 对零件程序的输入、译码、刀具补偿（含刀具半径补偿、刀具长度补偿）和其他预处理（坐标系转换、编程方式转换）等过程。

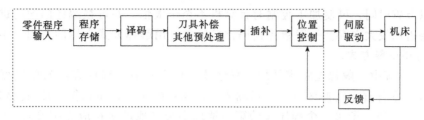

图 4.34　CNC 装置对零件程序的处理流程

4.4.1　零件程序的输入

零件程序的输入可分为手动输入和自动输入两种方式。手动输入一般是通过键盘输入。自动输入可用纸带、磁带、磁盘等程序介质输入，随着 CAD/CAM 技术的发展，越来越多地使用通信输入方式。

数控机床自动加工零件时，首先将零件加工轨迹的图形、尺寸和工艺参数以及辅助功能等各种信息编制成按一定格式书写的数控程序，然后把这些程序作成穿孔带或用键盘等方式将程序存入存储器，再通过数控系统读入该程序，并对它进行译码、数据处理、运算和输出等操作控制过程。其输入过程如图 4.35 所示。

图 4.35　零件程序的输入过程

CNC 系统一般在存储器中开辟一个零件程序区，输入时将零件整个加工程序一次送入存储区。零件加工程序在零件程序存储区中连续存放，段与段之间、程序与程序之间不留任何空间。零件程序存储区中设有一个零件程序目录表和程序指针单元，该指针单元的内容永远指向下一步存入或取出单元的地址。

程序输入后，启动数控系统运行，控制系统从零件程序存储区逐段读出零件加工程序，进行译码及预处理。其读出过程如图 4.36 所示。

图 4.36　零件程序的读出过程

从图 4.35 和图 4.36 可知，零件程序缓冲区是零件程序进入 CNC 系统的必经之路。

4.4.2　译码

译码就是将输入的零件程序按一定规则翻译成 CNC 装置能识别的数据格式，并按约定的格式存放在指定的内存中。译码通过译码程序来完成，即译码程序以程序段为单位处理零件程序，将其中的轮廓信息（如起点、终点、直线、圆弧等）、加工速度（F 代码）和辅助功能信息（M、S、T 代码），翻译成便于计算机处理的信息格式，存放在指定的内存专用空间。

译码的一种处理方式是在正式加工前，一次性将整个程序翻译完，并在译码过程中对程序进行语法检查，若有语法错误则报警。这种方式可称为编译，与通常所说的编译意义不同的是，生成的不是计算机能直接运行的机器语言，而是便于应用的数据。另一种处理方式是在加工过程中进行译码，即计算机进行加工控制时，利用空闲时间来对后面的程序段进行译码，这种方式称为解释。用解释方式，系统在运行零件加工程序之前通常也对零件加工程序进行扫描，进行语法检查，有错报警，以免加工到中途再发现错误，造成工件报废。用编译的方式可以节省时间，可使加工控制时计算机不至于太忙，并可在编译的同时进行语法检查，但需要占用较大内存。一般数控代码比较简单，用解释方式占用的时间也不多，所以CNC系统常用解释方式。

在CNC系统中一般都先将零件加工程序读入内存存放。程序存放的位置可以是零件程序存储区、零件程序缓冲区或者键盘输入（MDI）缓冲区。译码程序必须找到要进行的程序的第一个字符，即第一个程序段的第一地址字符（地址字符应为字母），才能开始译码。译码程序读进地址字符（字母），根据不同的字母做不同的处理。遇到功能代码（如G、M等）将其之后的数据（G、M后为两位数）转换为特征码，并存放于对应的规定单元。若是尺寸代码（如X、Y等），将其后的数字串转换为二进制数（即十翻二处理），并存放于对应的规定区域（如X区、Y区），数字串以空格或字母（下一地址码）结束。处理完一个地址字后继续往后读。放弃地址之间的空格，读下一地址字符，处理其后的数据，直到读到LF字符为止，即翻译完一个程序段，经过译码，形成图4.37所示的译码缓冲存储区存放格式。

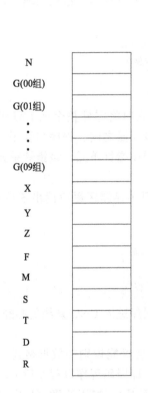

图4.37　译码缓冲存储区的存放格式　　　　　图4.38　译码程序流程图

数控程序段中的各地址码（如N、G、X、Y、Z、F、M、S、T等）在译码缓冲存储区中都占有固定的位置，译码缓冲存储区首地址是知道的，首地址加某地址码在该区域中的偏移量，可以得到某地址码数据存放区域的起始地址。

译码程序流程图如图4.38所示。

4.4.3　刀具补偿

（1）刀具补偿的基本原理

经过译码后得到的数据，还不能直接用于插补控制，要通过刀具补偿计算，将编程轮廓或位置的数据转换成刀具中心轨迹的数据才能用于插补。刀具补偿分为刀具长度补偿和刀具半径补偿。

1）刀具长度补偿

本部分内容已在前面介绍，在此不再叙述。

2）刀具半径补偿

刀具半径补偿就是数控装置能使刀具中心自动从零件实际轮廓上偏离一个指定的刀具半径值（补偿量），并使刀具中心在这一被补偿的轨迹上运动，从而把工件加工成图纸上要求的轮廓形状，如图 4.39 所示。

根据 ISO 规定，当刀具中心轨迹在程序规定的前进方向的编程轨迹右边时称为右刀补，用 G42 表示；反之称为左刀补，用 G41 表示；撤销刀具半径补偿用 G40 表示。

通常刀具半径补偿不是由编程人员完成的。编程人员在程序中指明何处进行刀具半径补偿，指明是进行左刀补还是右刀补。刀具补偿的具体工作由数控机床操作人员，根据加工需要，选择或刃磨好所需刀具，测量出每一把刀具的半径值，通过数控机床的操作面板，在 MDI 方式下把半径值送入刀具参数，或刀补号 H(D) 后，数控系统通过刀具补偿程序

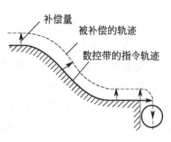

图 4.39　刀具半径补偿

自动地算出每个程序段在各坐标方向的坐标值。另外，刀补仅在指定的二维坐标平面内进行。平面的指定由代码 G17（X-Y 平面）、G18(Y-Z 平面)、G19(Z-X 平面) 表示。

刀具半径补偿功能的优点是：在编程时可以按零件轮廓编程，不必计算刀具中心轨迹；刀具的磨损，刀具的更换不要重新编制加工程序；可以采用同一程序进行粗、精加工；可以采用同一程序加工凸凹模。

（2）刀具半径补偿的计算

刀具半径补偿的计算可分为 B 功能刀具半径补偿和 C 功能刀具半径补偿，下面介绍其内容。

1）B 功能刀具半径补偿

B 功能刀具半径补偿为基本的刀具半径补偿，它仅根据本段程序的轮廓尺寸进行圆弧过渡，计算刀具中心的运动轨迹。一般数控系统的轮廓控制通常仅限于直线与圆弧，因此，B 功能刀具半径补偿主要计算直线或圆弧的起点和终点的刀具中心值，以及圆弧刀补后刀具中心轨迹的圆弧半径值。

① 直线刀具半径补偿计算　对于直线而言，刀补后的刀具中心轨迹为平行于轮廓直线的一条直线。因此，只要计算出刀具中心轨迹的起点和终点坐标，刀具中心轨迹即可确定。

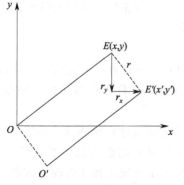

图 4.40　B 功能直线刀补

如图 4.40 所示，设要加工的直线为 OE，其起点在坐标原点 O，终点为 $E(x, y)$。因为是圆弧过渡，上一程序段的刀具中心轨迹终点 $O'(x_0, y_0)$ 为本段程序刀具中心轨迹的起点，$E'(x', y')$ 为刀具中心轨迹直线的终点，同时也为下一段程序刀具中心轨迹的起点，OO'、EE' 为轮廓直线 OE 的垂线，且与 OE 的距离为刀具半径 r。从 O 点到 E 点的坐标增量与从 O' 点到 E' 点的坐标增量相等，则刀偏分量 r_x，r_y 为

$$r_x = \frac{ry}{\sqrt{x^2 + y^2}}$$

$$r_y = -\frac{rx}{\sqrt{x^2 + y^2}}$$

（4.1）

则 E' 点的坐标为

$$x' = x + r_x = x + \frac{ry}{\sqrt{x^2 + y^2}}$$

$$y' = y + r_y = y - \frac{rx}{\sqrt{x^2 + y^2}}$$

（4.2）

式（4.2）为 B 功能直线刀补的计算公式。

　　起点 O' 为上一程序段的刀具中心轨迹终点，求法同 E'。直线刀偏分量 r_x、r_y 的正负号确定受直线终点 (x,y) 所在象限，以及与刀具半径沿切削方向偏向工件的左侧（G41）还是右侧（G42）的影响。

　　② 圆弧刀具半径补偿计算　对于圆弧而言，刀补后的刀具中心轨迹为与指定轮廓圆弧同心的一段圆弧，因此，圆弧的刀具半径补偿，需要计算出刀具中心轨迹圆弧的起点、终点和半径。B 功能刀具半径补偿要求编程轮廓为圆弧过渡，切削内角时，过渡圆弧的半径应大于刀具半径。如图 4.41 所示，设被加工圆弧 AE 的圆心在坐标原点，圆弧半径为 R，圆弧起点为 $A(x_a, y_a)$，终点为 $E(x_e, y_e)$，刀具中心起点 A' (x_a, y_a) 为上一个程序终点的刀具中心点，已求出。现计算刀具中心终点 E' 的坐标 (x_e, y_e)。

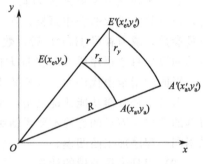

图 4.41　B 功能圆弧刀补

　　设刀具半径为 r，则 E 点的刀偏分量为

$$r_x = r\frac{x_e}{R}$$

$$r_y = r\frac{y_e}{R}$$

（4.3）

则 E' 点的坐标为：

$$x'_e = x_e + r_x = x_e + r\frac{x_e}{R}$$

$$y'_e = y_e + r_y = y_e + r\frac{y_e}{R}$$

（4.4）

　　式（4.4）为 B 功能圆弧刀补的计算公式，圆弧刀偏分量 r_x、r_y 的正负号确定与圆弧的走向（G02、G03）、刀具指令（G41、G42），以及圆弧所在象限有关。

　　2）C 功能刀具半径补偿

　　从以上介绍可知，B 功能刀具半径补偿只根据本段程序进行刀补计算，不能解决程序段之间的过渡问题，所以要求编程人员将工件轮廓处理成圆弧过渡。这样处理带来两个弊端，一是编程复杂，二是工件尖角处工艺性不好。

　　随着计算机的计算速度和存储功能都不断提高，数控系统计算机计算相邻两段程序刀具中心轨迹交点已不成问题。所以，现代 CNC 数控机床几乎都采用 C 功能刀具半径补偿。C 功能刀补自动处理两个程序段之间刀具中心轨迹的转接，编程人员可完全按工件轮廓编程。

　　C 功能刀补根据前后两段程序及刀补的左右情况，首先判断是缩短型转接、伸长型转接或是插入型转接。图 4.42 为 G41 直线与直线转接的情况。图中编程轨迹为 $OA{\rightarrow}AF$。图 4.42(a) 和图 4.42(b) 为缩短型转接，AB 和 AD 为刀具半径，对应于编程轨迹 OA 和 AF，刀具中心轨迹 JB 与 DK 将在 C 点相交。这样，相对于 OA 与 AF 来说，将缩短 CB 与 DC 的长度。对于缩短型转接，需要算出前后两段程序刀具中心轨迹的交点。图 4.42(d) 为伸长型转接，C 点将处于 JB 与 DK 的延长线上。图 4.42(c) 和图 4.42(e) 为插入型转接。插入型转接可插入一段直线，如图 4.42(c) 所示，这时需计算出插入段直线的起点和终点；也可插入一段圆弧，如图 4.42(e) 所示，这时的计算要简单一些，与 B 功能刀补有些相似，只要插入一段圆心在轮廓交点，半径为刀具半径的圆弧就行了。插入圆弧的方式虽计算简单，但在插补过渡圆弧时刀具始终在工件处切削，尖点处的工艺性不如插入直线的方式好。

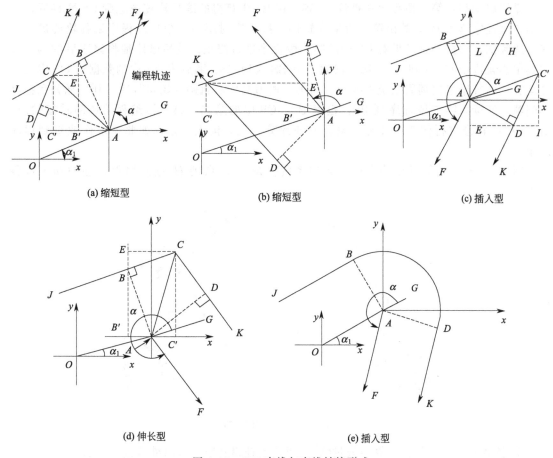

图 4.42　G41 直线与直线转接形式

圆弧和直线、圆弧和圆弧转接的刀具补偿，也分为缩短型、伸长型和插入型三种转接情况来处理。

C 功能刀具半径补偿的计算比较复杂，一般可用解联立方程组的方法或用平面几何方法。离线计算一般采用联立方程组的方法。如在加工过程中进行刀具半径补偿计算，则常用平面几何的方法。为了便于交点计算以及各种编程情况进行分析，C 功能刀补几何算法将所有的编程轨迹、计算中的各种线段都作为矢量看待。C 功能刀补程序主要计算转接矢量，所谓转接矢量主要指刀具半径矢量［如图 4.42(a) 中的 $\overrightarrow{AB}$ 和 $\overrightarrow{AD}$］和前后程序段的轮廓交点与刀具中心轨迹交点的连接线矢量［如图 4.42(c) 中的 $\overrightarrow{AC}$ 和 $\overrightarrow{AC'}$］。

　　若 C 功能刀补在加工过程中进行，则必须在插补和控制的间隙期间进行刀补计算，所以一般需要流水作业。如图 4.43 所示，通常要开辟四个内存缓冲区来存放流水作业中加工的几段程序的信息。这四个缓冲区分别为缓冲寄存区 BS，刀具补偿缓冲区 CS，工作寄存区 AS 和输出寄存区 OS。

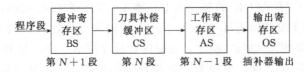

图 4.43　C 功能刀补计算流水作业

　　系统启动后，第一段程序先被读入 BS，在 BS 中算得的编程轨迹被送到 CS 暂存后，又将第二段程序读入 BS，算出第二段编程轨迹。接下来对第一、第二段程序编程轨迹进行转接方式判别，根据判别结果对 CS 中的第一段程序进行修正。然后顺序地将修正后的第一段刀具中心轨迹由 CS 送到 AS，第二段轨迹由 BS 送到 CS。随后将 AS 中的数据送 OS 中去插补运算，插补结果送伺服系统去执行。当第一段刀具中心轨迹开始执行后，利用插补和控制的间隙，又读入第三段程序到 BS，根据 BS、CS 中的第二、第三段编程轨迹的转接情况，对 CS 中的轨迹进行修正。插补一段，刀补计算一段，读入一段，如此流水作业直到程序结束。

　　图 4.44 为 C 功能刀补的实例。数控系统完成从 O 点到 H 点的编程轨迹的加工步骤如下：

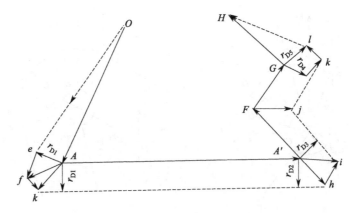

图 4.44　C 功能刀补实例

　　① 读入 OA 程序段，计算出矢量 $\overrightarrow{OA}$。因是刀补建立段，所以继续读下一段。

　　② 读入 AA' 段。经判断是插入型转接，计算出矢量 r_{D2}，$\overrightarrow{Ag}$，$\overrightarrow{Af}$，r_{D1}，$\overrightarrow{AA'}$。因上一段是刀补建立段，所以上段应走 $\overrightarrow{Oe}$，$\overrightarrow{Oe}=\overrightarrow{OA}+r_{D1}$。

　　③ 读入 $A'F$ 段。由于也是插入型转接，因此，计算出矢量 r_{D3}、$\overrightarrow{A'i}$、$\overrightarrow{A'h}$、$\overrightarrow{A'F}$，走 $\overrightarrow{ef}$。$\overrightarrow{ef}=\overrightarrow{Af}-r_{D1}$。

　　④ 继续走 $\overrightarrow{fg}$，$\overrightarrow{fg}=\overrightarrow{Ag}-\overrightarrow{Af}$。

　　⑤ 走 $\overrightarrow{gh}$，$\overrightarrow{gh}=\overrightarrow{AA'}-\overrightarrow{Ag}+\overrightarrow{A'h}$。

　　⑥ 读入 FG 段，经转接类型判别为缩短型，所以仅计算 r_{D4}、$\overrightarrow{Fj}$、$\overrightarrow{FG}$。继续走 $\overrightarrow{hi}$，$\overrightarrow{hi}=\overrightarrow{A'i}-\overrightarrow{A'h}$。

⑦ 走 $\vec{ij}$ ，$\vec{ij} = \vec{AF} - \vec{Ai} + \vec{Fj}$ 。

⑧ 读入 GH 段（假定有刀补撤消指令 G40）经判断为伸长型转接，所以尽管要撤消刀补，仍需计算 r_{D5}、$\vec{GH}$。继续走 $\vec{jk}$，$\vec{jk} = \vec{FG} - \vec{Fj} + \vec{Gk}$。

⑨ 由于上段是刀补撤消，所以要作特殊处理，直接命令走 $\vec{kl}$，$\vec{kl} = r_{D5} - \vec{Gk}$。

⑩ 最后走 $\vec{lH}$，$\vec{lH} = \vec{GH} - r_{D5}$，加工结束。

4.4.4　其他预处理

实时处理（插补）前除进行前面的零件程序的输入、译码和刀具补偿外，还进行其他预处理，包括坐标系转换、编程方式转换，以及对一些辅助功能的处理等。

（1）坐标系转换

数控机床坐标系的原点又称为机床零点，是固定的机械零点。在加工时，如将工件坐标系的原点（工件零点或编程原点）与机床零点重合或使两点之间的距离固定，有时给安装调整带来不便或无法实现。

如图 4.45 所示，在数控车床上加工零件时，数控车床的机床零点由机床厂家规定，一般为主轴上安装卡盘的法兰盘的中心位置 O 处，并作为 CNC 装置的计数基准，以判断机床参考点的位置，即图中的 X200、Z400。为使编程和操作简单，不选择机床零点 O，而选择一浮动点 O_P，作为工件零点（工件右端面的中心），该点与机床零点 O 没有固定关系，随工件的安装位置而变化，这样就得到工件坐标系 $X_P O_P Z_P$，编程时不考虑机床坐标系 XOZ。应当指出，在机床坐标系中，坐标值是刀具刀位点相对于机床零点的位置；而在工件坐标系中，坐标值是刀具刀位点相对于工件零点的位置。

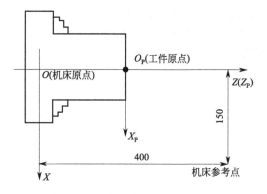

图 4.45　机床坐标系与工件坐标系

数控加工时，机床如何将程序中工件坐标系的坐标值转换到机床坐标系中，以使机床执行部件确定位置呢？这就需要进行坐标系转换，可通过准备功能 G92 或 G50 来实现。G92 或 G50 后的坐标值为对刀点在工件坐标系的坐标值，其值的确定是在机床坐标系中确定的。通过 G92 或 G50，也就确定了工件坐标系与机床坐标系之间的逻辑关系，但不引起坐标轴的运动。

（2）编程方式转换

数控编程方式有绝对值和相对值方式两种。绝对值编程方式是指工作台从固定的基准点开始计算和编程，用 G90 指令；而相对值编程方式是指工作台从现有位置开始计算和编程，工作台前一次的终点作为现在的起始基准点，用 G91 指令。在系统内部一般按绝对值方式处理，因此需进行编程方式转换，即根据两种编程方式的程序段数据，计算出当前程序的终点坐标及移动量，如图 4.46 所示。

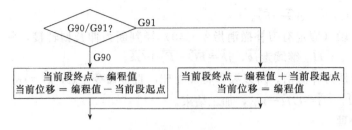

图 4.46　编程方式转换

　　为保证数控加工的连续性，上述介绍的数据预处理对实时性和精度有一定的要求。数据预处理一般是在插补的空闲时间内进行的，就需在当前程序段进行插补的过程中，要将下一程序段的数据预处理全部完成。另外，刀具半径补偿计算的精度直接影响后续的插补运算，所以在设计数据预处理软件时，必须考虑其精度处理问题。

习 题 4

4.1　CNC 系统由哪几部分组成？CNC 系统有何特点？

4.2　CNC 装置的硬件由哪些部分组成？各有什么作用？

4.3　光电隔离输入电路与开关消抖电路各有什么功能？如何实现？

4.4　脉冲分配器的功能是什么？如何通过微机对步进电动机的升降速进行控制？

4.5　多微处理器与单微处理器结构的 CNC 装置在结构上有何区别？各适用于什么数控系统？

4.6　常用的数控系统软件结构有哪些？各有何特点？

4.7　何谓译码？译码方式有哪些？

4.8　刀具补偿有哪几种？其执行过程是什么？如何应用？

4.9　B 功能刀具半径补偿和 C 功能刀具半径补偿有何区别？

4.10　坐标系转换功能的作用是什么？如何实现？

第**5**章　数控机床的传动控制与机械结构

5.1　数控机床的位置检测装置

5.1.1　概述

位置检测装置是数控机床实现传动控制的重要组成部分，在闭环伺服系统和半闭环伺服系统均装有位置检测装置。常用的位置检测装置有旋转变压器、光栅、感应同步器、编码盘等。位置检测装置的主要作用是检测位移量，并将检测的反馈信号和数控装置发出的指令信号相比较，若有偏差，经放大后控制执行部件，使其向着消除偏差的方向运动，直到偏差为零。

为提高数控机床的加工精度，必须提高测量元件和测量系统的精度。不同的数控机床对测量元件和测量系统的精度要求、允许的最高移动速度各不相同。一般要求测量元件的分辨率（测量元件能测量的最小位移量）在 0.0001～0.01mm 之内，测量精度为 0.001～0.02mm，运动速度为 0～24m/min。

数控机床对位置检测装置的要求如下。

① 工作可靠，抗干扰性强。由于机床上有电动机、电磁阀等各种电磁感应元件及切削过程中润滑油、切削液的存在，所以要求位置检测装置除了对电磁感应有较强的抗干扰能力外，还要求不怕油、水的污染。此外，在切削过程中由于有热量的产生，还要求对环境温度的适应性强。

② 满足精度和速度的要求。即在满足数控机床最大位移速度的条件下，要达到一定的检测精度和较小的累积误差。随着数控机床的发展，其精度和速度越来越高，因此要求位置检测装置必须满足数控机床高精度和高速度的要求。

③ 便于安装和维护。位置检测装置安装时要有一定的安装精度要求，由于受使用环境的影响，位置检测装置还要求有较好的防尘、防油雾、防切屑等措施。

④ 成本低、寿命长。

用于数控机床上的位置检测装置，如表 5.1 所示。

表 5.1　位置检测装置分类

形 式	数 字 式		模 拟 式	
	增量式	绝对式	增量式	绝对式
回转形	圆光栅	编码盘	旋转变压器，圆感应同步器，圆形磁栅	多级旋转变压器
直线形	长光栅，激光干涉仪	编码尺	直线感应同步器，磁栅	绝对值式磁尺

5.1.2　旋转变压器

（1）旋转变压器的结构和工作原理

旋转变压器是一种电磁式传感器，又称同步分解器。它是一种测量角度用的小型交流电动机，由定子和转子组成。其中定子绕组作为变压器的原边，接受励磁电压，励磁频率通常用 400Hz、500Hz、3000Hz 及 5000Hz 等。转子绕组作为变压器的副边，通过电磁耦合得到感应电压。旋转变压器的工作原理和普通变压器基本相似，区别在于普通变压器的原边、副边绕组是相对固定的，所以输出电压和输入电压之比是常数，而旋转变压器的原边、副边绕组则随转子的角位移发生相对位置的改变，因而其输出电压的大小随转子角位移而发生变化。

旋转变压器一般有两极绕组和四极绕组两种结构形式。两极绕组旋转变压器的定子和转子各有一对磁极，四极绕组则各有两对磁极，主要用于高精度的检测系统。除此之外，还有多极式旋转变压器，用于高精度绝对式检测系统。

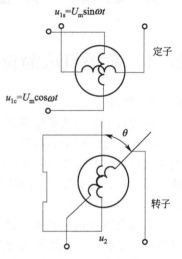

图 5.1　四极旋转变压器

在实际应用中，考虑到使用的方便性和检测精度等因素，常采用四极绕组式旋转变压器。这种结构形式的旋转变压器可分为鉴相式和鉴幅式两种工作方式。

1) 鉴相工作方式

如图 5.1 所示为四极旋转变压器，给定子的两个绕组分别通以同幅、同频但相位相差 $\pi/2$ 的交流励磁电压，即

$$\begin{cases} u_{1s} = U_m \sin\omega t \\ u_{1c} = U_m \sin\left(\omega t + \dfrac{\pi}{2}\right) = U_m \cos\omega t \end{cases} \tag{5.1}$$

式中，U_m 为定子的最大瞬时电压；ω 为定子交流励磁电压的角速度；t 为定子交流励磁电压的变化时间。

在转子绕组的其中一个绕组，接一高阻抗，它不作为旋转变压器的测量输出，主要起平衡磁场的作用，目的是为了提高测量精度。

这两个励磁电压在转子的另一绕组中都产生了感应电压，并叠加在一起，因而转子中的感应电压应为这两个电压的代数和，即

$$\begin{aligned} u_2 &= ku_{1s}\sin\theta + ku_{1c}\cos\theta \\ &= kU_m\sin\omega t\sin\theta + kU_m\cos\omega t\cos\theta \\ &= kU_m\cos(\omega t - \theta) \end{aligned} \tag{5.2}$$

式中，k 为旋转变压器的电磁耦合系数；θ 为两绕组轴线间夹角。

同理，假如转子逆向转动，可得

$$u_2 = kU_m\cos(\omega t + \theta) \tag{5.3}$$

由式(5.1)和式(5.2)比较可见，旋转变压器转子绕组中的感应电势 u_2 与定子绕组中的励磁电压同频率，但相位不同，其差值为 θ。而 θ 角正是被测位移，故通过比较感应电势 u_2 与定子励磁电压输出电压 u_{1c} 的相位，便可求出 θ。

2) 鉴幅工作方式

给定子的两个绕组分别通以同频率、同相位但幅值不同的交变励磁电压，即

$$\begin{cases} u_{1s} = U_{sm}\sin\omega t \\ u_{1c} = U_{cm}\sin\omega t \end{cases} \tag{5.4}$$

式中，幅值 $U_{sm} = U_m\sin\alpha$，$U_{cm} = U_m\cos\alpha$，α 可改变，称为旋转变压器的电气角。

则在转子上的叠加感应电压为

$$\begin{aligned} u_2 &= ku_{1s}\sin\theta + ku_{1c}\cos\theta \\ &= kU_m\sin\alpha\sin\omega t\sin\theta + kU_m\cos\alpha\sin\omega t\cos\theta \\ &= kU_m\cos(\alpha - \theta)\sin\omega t \end{aligned} \tag{5.5}$$

如果转子逆向转动，可得

$$u_2 = kU_m \cos(\alpha+\theta)\sin\omega t \tag{5.6}$$

由式(5.5)和式(5.6)可得，转子感应电压的幅值随转子的偏转角 θ 而变化，测量出幅值即可求得转角 θ。

在实际应用中，应根据转子误差电压的大小，不断修改励磁信号中的 α 角（即励磁幅值），使其跟踪 θ 的变化。

（2）旋转变压器的应用

通过检测旋转变压器的转子绕组感应电压 u_2 的幅值或相位的变化，即可知转角 θ 的变化。如果将旋转变压器安装在数控机床的滚珠丝杠上，当丝杠转动使 θ 角从 $0°$ 变化到 $360°$ 时，表示丝杠上的螺母走了丝杠的一个螺距值，这样就间接地测出了数控机床移动部件的直线位移量。

由于旋转变压器具有结构简单、动作灵敏、工作可靠、对环境条件要求低、输出信号幅度大、抗干扰能力强和测量精度一般等特点，所以在连续控制系统中得到普遍应用，一般用于精度要求不高的数控机床上。

5.1.3　感应同步器

感应同步器也是一种非接触电磁式测量装置，它可以测量角位移或直线位移。它的特点是：感应同步器有许多极，其输出电压是许多极感应电压的平均值，因此检测装置本身微小的制造误差由于取平均值而得到补偿，其测量精度较高；测量距离长，感应同步器可以采用拼接的方法，增大测量尺寸；对环境的适应性较强，因其利用电磁感应原理产生信号，所以抗油、水和灰尘的能力较强；结构简单，使用寿命长且维护简单。

（1）感应同步器的结构和工作原理

感应同步器是由旋转变压器演变而来，即相当于一个展开的旋转变压器，它是利用两个保持均匀气隙的平面形印制电路绕组的互感，随着它们的位置变化而变化的原理进行工作的。感应同步器测量装置分为直线式和旋转式两种。

直线式感应同步器由定尺和滑尺两部分组成，如图 5.2 所示。定尺上制有单向的均匀感应绕组，尺长一般为 250mm，绕组节距（两个单元绕组之间的距离）为 τ（通常为 2mm）。滑尺上有两组励磁绕组，一组是正弦绕组，另一组是余弦绕组，两绕组节距与定尺绕组节距相同，并且相互错开 1/4 节距。当正弦绕组和定尺绕组对准时，余弦绕组和定尺绕组相差 $\tau/4$ 的距离（即 1/4 节距），一个节距相当于旋转变压器的一转（即 $360°$），这样两励磁绕组的相位差为 $90°$。

感应同步器的定尺和滑尺是通过定尺尺座和滑尺尺座分别安装在机床上两个相对移动的部件上（如工作台和床身），两者平行放置，保持 0.15～0.35mm 的气隙，并在测量全程范围内气隙的允许变化量为 ±0.05mm。

当给滑尺的正弦、余弦绕组加上交流励磁电压时，则在滑尺绕组中产生励磁电流，绕组周围产生按正弦规律变化的磁场，由于电磁感应的原因，则在定尺绕组上产生感应电压。当滑尺与定尺之间产生相对位移时，由于电磁耦合的变化，使定尺绕组上的感应电压随滑尺的位移变化而变化。

图 5.3 表示了定尺绕组感应电压与定尺、滑尺之间相对位置的关系。如果滑尺处于 A 点位置，即滑尺绕组与定尺绕组完全重合，定尺绕组中穿入的磁通最多，此时为最大耦合，则定尺绕组上感应电压为最大。随着滑尺相对定尺向右作平行移动，穿入定尺绕组中的磁通逐渐减少，感应电压慢慢减小；当滑尺相对定尺刚好右移 1/4 节距时（即图中 B 点），定尺绕组中穿入穿出的磁通相等，则感应电压为 0；当滑尺继续向右移动至 1/2 节距位置（即图

中 C 点），定尺绕组中穿出的磁通最多，而穿入的磁通为零，此时定尺绕组中的感应电压达到与 A 点位置极性相反的最大感应电压，即最大负值电压。滑尺再右移至 3/4 节距位置时（即图中 D 点），感应电压又变为 0。当滑尺移动至一个节距时（即图中 E 点），又恢复为初始状态（即与 A 点位置完全相同），此时定尺绕组上感应电压为最大。这样，滑尺在移动一个节距的过程中，定尺绕组感应电压的幅值变化规律就是一个周期性的余弦曲线。

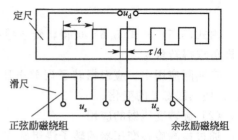

图 5.2　直线感应同步器

（2）感应同步器的工作方式

同旋转变压器工作方式相似，根据滑尺励磁绕组供电方式的不同，感应同步器的工作状态可分为相位工作方式和幅值工作方式两种情况。

① 鉴相工作方式：给滑尺的正弦绕组和余弦绕组分别通以同频、同幅但相位相差 π/2 的交流励磁电压，即

$$\begin{cases} u_s = U_m \sin\omega t \\ u_c = U_m \sin\left(\omega t + \dfrac{\pi}{2}\right) = U_m \cos\omega t \end{cases} \tag{5.7}$$

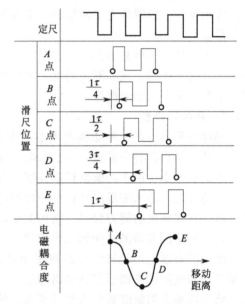

图 5.3　感应同步器的工作原理

由于定尺绕组的感应电压滞后滑尺绕组的励磁电压 90°，当滑尺移动时，正弦交流励磁电压和余弦交流励磁电压在定尺绕组中产生的感应电压分别为

$$\begin{cases} u_{ds} = ku_s \cos\theta = kU_m \sin\omega t \cos\theta \\ u_{dc} = ku_c \cos\left(\theta + \dfrac{\pi}{2}\right) = -kU_m \cos\omega t \sin\theta \end{cases} \tag{5.8}$$

式中，k 为耦合系数；θ 为滑尺绕组相对于定尺绕组的空间相位角，$\theta = 2\pi x/\tau = 2\pi x/\tau$，其中 x 为滑尺相对定尺的位移量，τ 为节距。

应用叠加原理，定尺绕组上的感应电压为

$$\begin{aligned} u_d &= u_{ds} + u_{dc} = kU_m \sin\omega t \cos\theta - kU_m \cos\omega t \sin\theta \\ &= kU_m \sin(\omega t - \theta) \end{aligned} \tag{5.9}$$

由上述分析可知，在相位工作方式中，感应输出电压 u_d 是一个幅值不变的交流电压。由于耦合系数 k、励磁电压幅值 U_m 以及频率 ω 均为常数，所以定尺感应电压 U_d 只随空间相位角 θ 的变化而变化，即定尺感应电压 U_d 与滑尺的位移值 x 有严格的对应关系。通过鉴别定尺感应电压相位，即可测得滑尺和定尺的相对位移量。

② 鉴幅工作方式：给滑尺的正弦绕组和余弦绕组分别通以同频率、同相位但幅值不同的交流励磁电压，即

$$\begin{cases} u_s = U_{sm} \sin\omega t \\ u_c = U_{cm} \sin\omega t \end{cases} \tag{5.10}$$

式中，幅值 $U_{sm} = U_m \sin\alpha$，$U_{cm} = U_m \cos\alpha$，α 为给定的电气角。

则在定尺绕组上产生的感应电压为

$$u_d = u_{ds} + u_{dc} = ku_s \cos\theta - ku_c \sin\theta$$
$$= kU_m \sin(\alpha - \theta)\sin\omega t \tag{5.11}$$

当滑尺和定尺处于初始位置时，$\alpha = \theta$，则 $u_d = 0$。在滑尺移动过程中，在一个节距内任一 $u_d = 0$ 的 $\alpha = \theta$ 点称为节距零点。当定尺、滑尺之间产生相对位移 Δx，即改变滑尺位置时，则 $\alpha \neq \theta$，使得 $u_d \neq 0$。令 $\alpha = \theta + \Delta\theta$，此时在定尺绕组上产生的感应电压为

$$u_d = kU_m \sin\omega t \sin(\alpha - \theta) = kU_m \sin\omega t \sin\Delta\theta \tag{5.12}$$

当 $\Delta\theta$ 很小时，定尺绕组上的感应电压可以近似表示为

$$u_d = kU_m \sin\omega t \Delta\theta \tag{5.13}$$

又因为 $\Delta\theta = 2\pi\Delta x/\tau$，所以定尺绕组上的感应电压又可表示为

$$u_d = kU_m \frac{2\pi\Delta x}{\tau}\sin\omega t \tag{5.14}$$

由上式可知，定尺绕组上的感应电压 u_d 实际上是误差电压，当滑尺位移量 Δx 很小时，误差电压幅值和 Δx 呈正比，因此可通过测量 u_d 的幅值来测定位移量 Δx 的大小。

在幅值工作方式中，每当改变一个 Δx 位移增量，就有误差电压 u_d 产生。当 u_d 超过某一预先整定的门槛电平时，就会产生脉冲信号，并以此来修正励磁信号 u_s、u_c，使误差信号重新降到门槛电平以下（相当节距零点），以把位移量转化为数字量，实现了对位移的测量。

5.1.4　光栅

光栅是用于数控机床的精密检测装置，是一种非接触式测量。它是利用光学原理进行工作，按形状可分为圆光栅和长光栅。圆光栅用于角位移的检测，长光栅用于直线位移的检测。

光栅是利用光的透射、衍射现象制成的光电检测元件，它主要由标尺光栅和光栅读数头两部分组成。通常，标尺光栅固定在机床的活动部件上（如工作台或丝杠），光栅读数头安装在机床的固定部件上（如机床底座），两者随着工作台的移动而相对移动。在光栅读数头中，安装着一个指示光栅，当光栅读数头相对于标尺光栅移动时，指示光栅便在标尺光栅上移动。当安装光栅时，要严格保证标尺光栅和指示光栅的平行度以及两者之间的间隙（一般取 0.05mm 或 0.1mm）要求。

光栅尺是用真空镀膜的方法光刻上均匀密集线纹的透明玻璃片或长条形金属镜面。对于长光栅，这些线纹相互平行，各线纹之间的距离相等，称此距离为栅距。对于圆光栅，这些线纹是等栅距角的向心条纹。栅距和栅距角是决定光栅光学性质的基本参数。常见的长光栅的线纹密度为 25，50，100，250 条/mm。对于圆光栅，若直径为 70mm，一周内刻线100～768 条；若直径为 110mm，一周内刻线达 600～1024 条，甚至更高。同一个光栅元件，其标尺光栅和指示光栅的线纹密度必须相同。

光栅读数头由光源、透镜、指示光栅、光敏元件和驱动线路组成，如图 5.4 所示。读数头的光源一般采用白炽灯泡。白炽灯泡发出的辐射光线，经过透镜后变成平行光束，照射在指示光栅上。光敏元件是一种将光强信号转换为电信号的光电转换元件，它接收透过光栅尺的光强信号，并将其转换成与之成比例的电压信号。由于光敏元件产生的电压信号一般比较微弱，在长距离传递时很容易被各种干扰信号所淹没、覆盖，造成传送失真。为了保证光敏元件输出的信号在传送中不失真，应首先将该电压信号进行功率和电压放大，然后再进行传送。驱动线路就是实现对光敏元件输出信号进行功率和电压放大的线路。

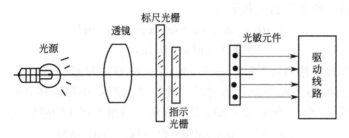

图 5.4 光栅读数头

由于玻璃光栅容易受外界气温的影响，灰尘、切屑、油、水等污物浸入，使光学系统受到污染。所以光栅系统的安装、维护保养都很重要。当光栅受污后，必须及时清洗。

常见光栅的工作原理是根据物理上莫尔条纹的形成原理进行工作的，这里不再详述。

光栅具有如下特点：

① 响应速度快、量程宽、测量精度高。测直线位移，精度可达 $0.5\sim3\mu m$（300mm 范围内），分辨率可达 $0.1\mu m$；测角位移，精度可达 $0.15''$，分辨率可达 $0.1''$，甚至更高。

② 可实现动态测量，易于实现测量及数据处理的自动化。

③ 具有较强的抗干扰能力。

④ 怕振动、怕油污，高精度光栅的制作成本高。

5.1.5 脉冲编码器

脉冲编码器是一种旋转式脉冲发生器，能把机械转角变成电脉冲，是数控机床上使用很广泛的位置检测装置。脉冲编码器可分为绝对式与增量式两类。

（1）绝对式编码器

绝对式编码器是一种旋转式检测装置，可直接把被测转角用数字代码表示出来，且每一个角度位置均有其对应的测量代码，它能表示绝对位置，没有累积误差，电源切除后，位置信息不丢失，仍能读出转动角度。根据内部结构和检测方式，绝对式编码器可分为光电式、电磁式和接触式三种，其中，光电编码器在数控机床上应用较多；由霍尔效应构成的电磁编码器则可用作速度检测元件。而接触式编码器可直接把被测转角用数字代码表示出来，且每一个角度位置均有其对应的测量代码，因此这种测量方式即使断电或切断电源，也能读出转动角度。

现以接触式 4 位二进制编码器为例，说明接触式编码器的工作原理，如图 5.5(a) 所示。它在一个不导电基体上作成许多金属区使其导电，其中有剖面线的部分为导电区，用"1"表示；其他部分为绝缘区，用"0"表示。每一径向，由若干同心圆组成的图案代表了某一绝对计数值，通常，我们把组成编码的各圈称为码道，码盘最里圈是公用的，它和各码道所有导电部分连在一起，经电刷和电阻接电源负极。在接触式码盘的每个码道上都装有电刷，电刷经电阻接到电源正极 [图 5.5(b)]。当检测对象带动码盘一起转动时，电刷和码盘的相对位置发生变化，与电刷串联的电阻将会出现有电流通过或没有电流通过两种情况。若回路中的电阻上有电流通过，为"1"；反之，电刷接触的是绝缘区，电阻上无电流通过，为"0"。如果码盘顺时针转动，就可依次得到按规定编码的数字信号输出，根据电刷位置得到由"1"和"0"组成的二进制码，输出为 0000、0001、0010、…、1111。

由图 5.5 可看出，码道的圈数就是二进制的位数，且高位在内，低位在外。其分辨角 $\theta=360°/2^4=22.5°$，若是 n 位二进制码盘，就有 n 圈码道，分辨角 $\theta=360°/2^n$，码盘位数越大，所能分辨的角度越小，测量精度越高。若要提高分辨力，就必须增多码道，即二进制位数增多。目前接触式码盘一般可以做到 9 位二进制,光电式码盘可以做到 18 位二进制。若要求位数更多,虽然测量精度得到提高,但码盘结构却相当复杂。

另外,在实际应用中对码盘制作和电刷安装要求十分严格,否则就会产生非单值性误差。如图 5.5(b) 所示,当电刷由位置 h(0111) 向 i(1000) 过渡时,若电刷安装位置不准或接触不良,可能会出现从 8(1000) 到 15(1111) 之间的读数误差。为消除这种误差,可采用二进制循环码盘,称为格雷码盘。

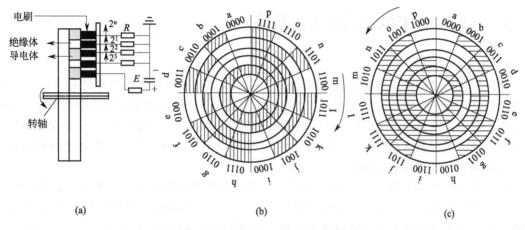

(a)　　　　　　　　(b)　　　　　　　　(c)

图 5.5　接触式 4 位二进制编码器

图 5.5(c) 为一个 4 位格雷码盘,与图 5.5(b) 所示码盘的不同之处在于,它的各码道的数码并不同时改变,任何两个相邻数码间只有一位是变化的,所以每次只切换一位数,把误差控制在最小单位内。

接触式码盘体积小,输出信号功率大,但易磨损,寿命短且转速不能太高。

(2)增量式脉冲编码器

增量式脉冲编码器分光电式、接触式和电磁感应式三种。就精度和可靠性来讲,光电式脉冲编码器优于其他两种,它的型号是用脉冲数/转（p/r）来区分,数控机床常用 2000p/r、2500p/r、3000p/r 等,现在已有每转发 10 万个脉冲的脉冲编码器。脉冲编码器除用于角度检测外,还可以用于速度检测。

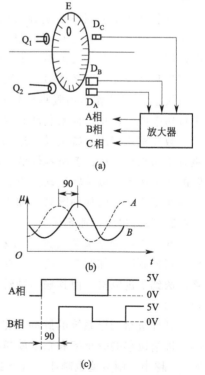

图 5.6　增量式光电脉冲编码器

图 5.6 为一光电式脉冲编码器。在图 5.6(a) 中,E 为等节距的辐射状透光窄缝圆盘,透光窄缝在圆周上等分,其数量从几百条到几千条不等;Q_1、Q_2 为光源,D_A、D_B、D_C 为光电元件（光敏二极管或光电池）,D_A 与 D_B 错开 $90°$ 相位角安装。圆盘 E 与工作轴连在一起转动,每转过一个缝隙就发生一次光线的明暗变化。当 E 旋转一个节距时,在光源照射下,通过 D_A、D_B 得到图 5.6(b) 所示的光电波形输出,A、B 信号为具有 $90°$ 相位差的正弦波。这组电信号,经放大器放大与整形后,得到图 5.6(c) 所示的输出脉冲信号,A 相比 B 相超前

90°，其电压幅值为 5V。设 A 相比 B 相超前时为正方向旋转，则 B 相超前 A 相就为负方向旋转，利用 A 相与 B 相的相位关系可以判别旋转方向。C 相产生的脉冲为基准脉冲，它是转轴旋转一周时在固定位置上产生一个脉冲。通过记录 A、B 相产生的脉冲数目，就可以测出转角；测出脉冲的变化率，即单位时间脉冲的数目，就可以求出速度。

增量式光电脉冲编码器的特点是没有接触磨损，寿命长，允许的转速高，精度较高。缺点为结构复杂，价格高，所用光源寿命短。

5.2　数控机床的进给伺服系统

5.2.1　概述

数控机床的伺服系统是指以数控机床移动部件（如工作台）的位置和速度作为控制量的自动控制系统，也就是位置随动系统。它的作用是接受来自数控装置中插补器或计算机插补软件生成的进给脉冲，经变换、放大将其转化为数控机床移动部件的位移，并保证动作的快速和准确。伺服系统的性能，在很大程度上决定了数控机床的性能，如数控机床的定位精度、跟踪精度、最高移动速度等重要指标。

对伺服系统的基本要求是：稳定性好、精确度高以及快速响应性。稳定性是指系统在给定输入或外界作用下，能在短暂的调节过程之后到达新的或者回到原有平衡状态的性能，它将直接影响到数控加工的精度和表面质量。伺服系统的精确度，是指输出量能复现输入量的精确程度。作为精密加工的数控机床，要求的定位或廓形加工精度都比较高，允许的偏差一般都在 0.01～0.001mm 左右。快速响应性是伺服系统动态品质的重要指标，反映了系统的跟踪精度，具体指伺服系统跟踪指令信号的响应要快，一般在 200ms 以内，甚至小于几十毫秒。

伺服系统由伺服驱动装置（也称为执行元件或伺服电机）和驱动控制线路构成。伺服系统按其控制方式分为开环伺服系统、闭环伺服系统和半闭环伺服系统。在开环伺服系统中，伺服驱动装置一般采用步进电机、功率步进电机或电液脉冲马达作为伺服驱动装置；而在闭环和半闭环伺服系统中，伺服驱动装置则采用直流伺服电动机、交流伺服电动机或电液伺服阀-液压马达作为伺服驱动装置。驱动控制线路的作用是先将数控装置发出的进给脉冲进行功率放大转化为伺服驱动装置所需的信号形式。

数控机床伺服系统按其用途和功能，可分为进给伺服系统和主轴伺服系统 2 种。进给伺服系统用来控制机床各坐标轴的切削进给运动，以直线运动为主；主轴伺服系统用来控制主轴的切削运动，以旋转运动为主。伺服系统按其控制原理和有无位置检测反馈环节，可分为开环伺服系统、闭环伺服系统和半闭环伺服系统。

5.2.2　开环进给伺服系统

开环进给伺服系统是数控机床中最简单的进给伺服系统，伺服驱动装置一般为步进电机，其控制原理如图 5.7 所示。在开环进给伺服系统中，数控装置发出的指令脉冲经驱动线路，送到步进电机，使其输出轴转过一定的角度，再通过齿轮副和丝杠螺母副带动机床工作台移动。

开环进给伺服系统的脉冲当量 δ，一般取 $\delta = 0.01 \sim 0.002$mm 或 $0.002° \sim 0.001°$。δ 越小，进给位移的分辨率和精度就越高；但由于进给速度 $v = 90 f \delta$，在同样的最高工作频率 f 时，δ 越小，则 v 值也越小。开环进给伺服系统由于没有检测反馈装置，系统中各个部分的误差，如步进电动机的步距误差、启停误差、机械系统的误差（反向间隙、丝杠螺距误差）

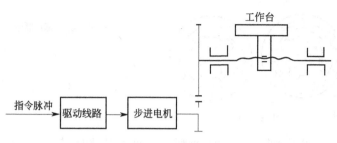

图 5.7 开环进给伺服系统控制原理

等，都合成为系统的位置误差，所以其精度较低，速度也受到步进电动机性能的限制。但由于其结构简单，易于调整，在精度要求不太高的场合中得到较广泛的应用。

（1）步进电机的工作原理和特性

步进电机又称电脉冲马达，它是一种将电脉冲信号变换成相应角位移或线位移的电磁装置。步进电机是一种特殊的电动机，一般电机通电之后都是连续转动的，而步进电机则有定位与运转两种状态。当有脉冲输入时，步进电机跟随输入脉冲一步一步地转动，每给它一个脉冲信号，它就转过一个固定的角度。步进电机的角位移和输入的脉冲信号的个数严格地成比例，在时间上与输入脉冲同步。因此，只需控制输入脉冲的数量、频率及电动机的绕组的通电顺序，便可获得所需的转角、转速及转动方向。在无脉冲输入时，通过绕组电源的激励作用，气隙磁场能使转子保持原有的位置，处于定位状态下。步进电机按其输出扭矩的大小，可分为快速步进电机与功率步进电机；按励磁相数可分为三相、四相、五相、六相甚至八相；按其工作原理可分为电磁式和反应式两大类。由于步进电机的转速随着输入脉冲频率的变化而变化，其调速范围较宽、灵敏度高、输出转角能够控制，而且输出精度比较高，又能实现同步控制，所以已广泛用于开环伺服系统和其他机构上。

1）步进电机的工作原理

步进电机种类虽很多，但其工作原理都是靠被励磁的定子电磁力吸引可回转的转子来产生扭矩而运动的，故其工作原理实质上就是电磁作用原理。

图 5.8 为三相反应式步进电机，在电动机定子上有 A、B、C 三对磁极，磁极上绕有绕组，而转子则是由若干等距齿的铁芯构成。若定子的 A 相、B 相、C 相绕组依次通电，则A、B、C 三对磁极依次轮流产生磁场吸引转子转动。对于三相步进电机，控制其转动的方式有单三拍、双三拍和三相六拍等。

当有一组绕组通电，如 A 相通电，则转子 1、3 两齿被磁极 A 吸引，转子就停留在图5.8（a）所示位置上；然后 A 相断电，B 相通电，则磁极 A 的磁场消失，磁极 B 产生磁场，又把离它最近的 2、4 齿吸引过去，停在图 5.8（b）的位置，这样转子逆时针旋转了30°；轮到了 B 相断电，C 相通电，根据同样的原理，转子又逆时针旋转 30°，停在图 5.8（c）的位置。这样按 A→B→C→A→… 的次序轮流通电，如图 5.8（d）所示，步进电机就一步一步地按逆时针方向旋转。如果步进电机的通电次序倒过来，即按 A→C→B→A→…的次序轮流通电，如图 5.8（e）所示，则根据上面相同的分析，可知步进电机就按顺时针方向旋转。这种控制方式由于每次只有一组绕组通电，在绕组通电切换的瞬间，电机将失去自锁力矩，容易造成失步，即每秒钟转过的角度和控制脉冲不相对应。此外，因为只有一相绕组吸引转子，易在平衡位置附近发生振荡，稳定性不佳，故这种单三拍控制方式很少采用。

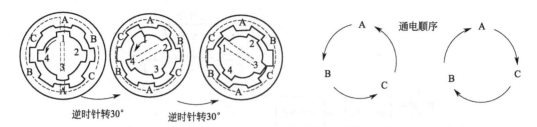

图 5.8　三相反应式步进电机工作原理

为了改善步进电机的工作性能，可采用双相轮流通电的方式，即每次同时有两相绕组通电，而三次转换为一个循环，称为双三拍控制。在这种控制方式下，若通电次序为 AB→BC→CA→AB→…，则步进电机就逆时针旋转；若通电次序为 AC→CB→BA→AC→…，则步进电机就顺时针旋转。双三拍控制方式中因为每次都有两组绕组同时通电，而且在转换过程中，始终有一组绕组保持通电，故工作较稳定，不易失步。还有一种称为三相六拍控制方式，六拍是指六次转换为一个循环，在这种控制方式下，若通电次序为 A→AB→B→BC→C→CA→A→…，则步进电机就逆时针旋转。若通电次序为 A→AC→C→CB→B→BA→A→…，则步进电机按顺时针旋转。这种控制方式是单双相轮流通电方式，在转换时也是始终有一组绕组保持通电，故工作也较稳定，且由于在相同频率的条件下，每相导通电流的时间增加，各相的平均电流增加，从而提高了步进电机的电磁转矩和其他性能，故三相步进电机较多采用这种方式。上面的分析中是假定步进电机的转子为 4 个齿，实际应用时齿数较多。

　2）步进电机的主要特性

　① 步距角。步进电机每接收一个脉冲信号，转子要相应转过一个固定的角度，即走了一步，这个固定的角度称为步距角，用 θ 表示，其计算公式为

$$\theta = 360°/mzk \tag{5.15}$$

　式中，m 为步进电机的相数；z 为转子齿数；k 为与通电方式有关的系数，当通电方式为单拍时 $k=1$，双拍时 $k=2$。

　② 最大静态转矩。所谓静态是指步进电机通以不变的直流电流，转子不动时的定位状态。在静态时，步进电机能达到的最大电磁转矩，称为最大静态转矩。其值愈大，则说明步进电机带动负载的能力愈强。

　③ 最大启动转矩。步进电机启动时，可能带动的最大负载转矩称为最大启动转矩。电机的负载转矩应小于此值，否则步进电机就不能启动。

　④ 最高启动、停止脉冲频率。步进电机所能接收的启、停指令脉冲系列的最高频率，称为最高启动、停止脉冲频率。它随加在电动机轴上的负载惯量及负载转矩的大小而变化。

　⑤ 连续运行的最高工作频率。步进电机连续运行时所能接受的最高控制频率叫做最高连续工作频率或称最高工作频率。最高工作频率远大于启动频率。

　（2）步进电机的驱动控制线路

　驱动控制线路的作用是将具有一定频率 f、一定数量和方向的进给脉冲转换成控制步进电机各绕组通断电的电平信号。它主要由脉冲分配器和功率放大器等组成。有些 CNC 系统，脉冲分配器功能由软件产生，在这种情况下，脉冲分配器就不包括在驱动线路中。

　1）脉冲分配器

　要使步进电机按要求运行，就要正确地分配脉冲加到功率放大器的输入端，这种

通过脉冲对电动机绕组按一定顺序进行通、断电控制的装置叫脉冲分配器，又称环形分配器。

2）功率放大器

从脉冲分配器来的进给控制信号的电流只有几毫安，而步进电机的定子绕组需要几安培的电流，因此，需要对从脉冲分配器来的信号进行功率放大。功率放大器一般由两部分组成，即前置放大器和大功率放大器。前者是为了放大脉冲分配器送来的进给控制信号并推动大功率驱动部分而设置的。它一般由几级反相器、射极跟随器或带脉冲变压器的放大器组成。在以快速可控硅或可关断可控硅作为大功率驱动元件的场合，前置放大器还包括控制这些元件的触发电路。大功率驱动部分进一步将前置放大器送来的电平信号放大，得到步进电机各相绕组所需的电流。它既要控制步进电机各相绕组的通断电，又要起到功率放大的作用，因而是步进电机驱动电路中很重要的一部分。这一般采用大功率晶体管、快速可控硅或可关断可控硅来实现。

（3）提高开环进给伺服系统精度的措施

在开环进给伺服系统中，步进电机的质量、机械传动部分的结构和质量，以及步进电机驱动控制线路的完善与否，均影响到进给伺服系统的工作精度。要提高系统的精度，应考虑以下几方面。

① 改善步进电机的性能，减少步距角。

② 采用精密传动副，减少传动链中的传动间隙等。

③ 通过实际测量机械传动部件间的间隙，如丝杠轴承轴向间隙、齿轮传动的齿侧间隙、丝杠螺母副之间的螺距误差等，将这些误差变换为步进电机的进给指令脉冲数，实现误差补偿。

④ 对步进电机采用细分驱动控制线路，如采用十细分线路，将原来输入一个进给脉冲时步进电机走一步，改变为输入 10 个进给脉冲时步进电机才走一步，这样相当于使脉冲当量缩小到原来的 1/10，提高了进给精度。

5.2.3　闭环进给伺服系统

（1）闭环进给伺服系统概述

开环系统的精度不能很好地满足数控机床的要求，为了保证精度，较好的办法是采用闭环控制方式，即采用位置检测装置进行反馈控制。按照位置检测装置的反馈位置，闭环进给伺服系统可分为全闭环进给伺服系统（也简称为闭环进给伺服系统）和半闭环进给伺服系统。

1）闭环进给伺服系统

闭环进给伺服系统是采用位置检测装置对数控机床工作台位移进行测量，并进行反馈控制的位置伺服系统，其控制原理如图 5.9 所示。

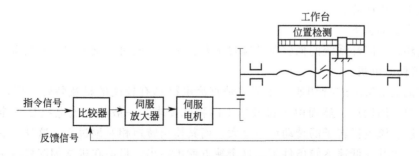

图 5.9　闭环进给伺服系统控制原理

　　在闭环进给伺服系统中，对数控机床移动部件的位移用位置检测装置进行检测，并将测量的实际位置反馈到输入端与指令位置进行比较。如果二者存在偏差，便将此偏差信号进行放大，控制伺服电机带动数控机床移动部件向着消除偏差的方向进给，直到偏差等于零为止。根据输入比较的信号形式以及反馈检测方式，又可分为鉴相式伺服系统、鉴幅式伺服系统和数字比较式伺服系统。在鉴相式伺服系统中，输入比较的指令信号和反馈信号是用相位表示的；而在鉴幅式伺服系统和数字比较式伺服系统中，输入比较的指令信号和反馈信号是数字脉冲信号。

　　该系统将数控机床本身包括在位置控制环之内，因此机械系统引起的误差可由反馈控制得以消除，但数控机床本身固有频率、阻尼、间隙等的影响，成为系统不稳定的因素，从而增加了系统设计和调试的困难。故闭环控制系统的特点是精度较高，但系统的结构较复杂、成本高，且调试维修较难，因此适用于大型精密机床。

　　2) 半闭环进给伺服系统

　　采用旋转型角度测量元件和伺服电动机按照反馈控制原理构成的位置伺服系统，称作半闭环进给伺服系统，其控制原理如图 5.10 所示。半闭环控制系统的检测装置有两种安装方式：一种是把角位移检测装置安装在丝杠末端；另一种是把角位移检测装置安装在电动机轴端。

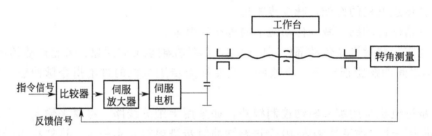

图 5.10　半闭环进给伺服系统控制原理

　　对于检测装置安装在丝杠末端的半闭环控制系统，由于丝杠的反向间隙和螺距误差等带来的机械传动部件的误差限制了位置精度，因此它比闭环系统的精度差；而且由于数控机床移动部件、滚珠丝杠螺母副的刚度和间隙都在反馈控制环以外，因此控制稳定性比闭环系统好。当检测装置安装在电动机轴端，和前一种半闭环控制相比，丝杠在反馈控制环以外，因此位置精度更低，但安装调试简单，控制稳定性更好，所以这种系统应用得更广泛。

　　半闭环进给伺服系统的精度比闭环要差一些，但驱动功率大，快速响应好，因此适用于各种数控机床。对半闭环控制系统的机械误差，可以在数控装置中通过间隙补偿和螺距误差补偿来减小系统误差。

　　(2) 伺服驱动装置

　　用于闭环、半闭环系统的伺服驱动装置常有直流伺服电机、交流伺服电机等。

　　1) 直流伺服电机

　　因为直流电机容易进行调速，尤其他励直流电机具有较硬的机械特性，所以直流电机是数控机床中使用较广。然而由于机械加工的特殊要求，一般的直流电机是不能满足需要的。首先一般直流电机转子的转动惯量过大，而其输出转矩相对地过小。这样，它的动态特性就比较差，尤其在低速运转条件下，这个缺点就更突出。目前在进给伺服机械中使用的都是近年发展起来的大功率直流伺服电机，如小惯量直流电机和宽调速直流电机等。

　　① 小惯量直流电机　小惯量直流电机的主要结构特点是电枢的转动惯量小。为此，要使电枢直径尽量小，做成细长形。而且无槽电枢绕组在电枢的外圆柱表面上，常用环氧树脂灌封固定。

　　由于小惯量直流电机在结构方面进行了改进，磁通密度可增大，电枢电流也可增大，其瞬间峰值转矩可为额定转矩的十倍。在加减速过程中，可充分利用瞬时过载能力强这一特点，以发挥峰值转矩的作用。因此，小惯量直流电机的转矩/惯量比很大，机械时间常数小。又由于转子上无槽，电枢线圈粘在电枢表面上，所以它的电感小，电枢电路的时间常数随着减小。机械电气时间常数小，决定了这种电机的动态特性好，响应快，加、减速能力强。这种电机的调速范围相当宽，其最低转速可达到 1r/min，额定转速为 1500～3000r/min，最大转矩约为 20N·m。这类电机的转动惯量小，一般与负载的转动惯量是同一个量级；另外，由于不存在有槽电动机因磁通密度不均匀而产生转矩脉动，所以这类电动机的转矩波动小，可保证低速运转平稳。

　　② 宽调速直流电动机（大惯量直流电机）　小惯量电动机是从减小电动机转动惯量来提高电机的快速性，而宽调速电动机则是用提高转矩的方法来改善其快速性。宽调速直流电动机用于数控机床是从 20 世纪 70 年代才开始的，它是一种很有发展前途的伺服驱动装置，常与测速发电机等配合用于闭环系统。它具有高转矩、过载能力强，动态响应好，调速范围宽且运转平稳等优点。宽调速直流电机在结构上和常规的直流电机相似，其工作原理相同。但宽调速直流电动机也有运行调整不如步进电机简便，快速响应性能不如小惯量电机的缺点。

　　2）交流伺服电动机

　　交流伺服电机驱动是最新发展起来的新型伺服系统，也是当前机床进给驱动系统方面的一个新动向。该系统克服了直流驱动系统中电机电刷和整流子要经常维修、电机尺寸较大和使用环境受限制等缺点。它能在较宽的调速范围内产生理想的转矩，结构简单，运行可靠，用于数控机床等进给驱动系统为精密位置控制的情况。

　　交流伺服电机的工作原理和两相异步电动机相似。由于它将交流电信号转换为轴上的角位移或角速度，所以要求转子速度的快慢能够反映控制信号的相位，无控制信号时它不转动。特别是当它已在转动时，如果控制信号消失，它立即停止转动。而普通的感应电动机转动起来以后，若控制信号消失，它往往不能立即停止而要继续转动一会儿。

　　交流伺服电机也是由定子和转子构成。定子上有励磁绕组和控制绕组，这两个绕组在空间上相差 90°电角度。若在两相绕组上加以幅值相等、相位差 90°电角度的对称电压，则在电机的气隙中产生圆形的旋转磁场。若两个电压的幅值不等或相位不为 90°电角度，则产生的磁场将是一个椭圆形旋转磁场。加在控制绕组上的信号不同，产生的磁场椭圆度也不同。例如，负载转矩一定，改变控制信号，就可以改变磁场的椭圆度，从而控制伺服电机的转速。

　　（3）速度调节

　　从系统的控制结构看，伺服系统可以看作是以位置调节为外环，速度调节为内环的双闭环自动控制系统。伺服系统从外部来看，是一个以位置指令输入和位置控制输出为目的的位置闭环控制系统。但从内部的实际工作过程来看，它是先把位置控制输入转换成相应的速度给定信号后，再通过调速系统驱动伺服电机，才实现实际位移的。数控机床要实现准确、快速和高效率，就规定了处于内环的调速系统必须是一个高性能的宽调速系统。在数控机床中，一般驱动系统的工作进给速度达到 3～6m/min，而精确定位时趋近速度仅为几毫米每分钟，有的快速移动时速度高达 15～20m/min。此时，该调速系统还必须具有承担工作负载，动态刚性好的特点。

1）直流伺服电动机的调速

为调节直流伺服电动机的转速，必须使其供电系统具有灵活控制直流电压的大小和方向的功能。数控机床伺服系统一般都是可逆的调速系统。调节直流伺服电动机的转速主要采用调整电枢电压法。为得到可调整的直流电源，可采用如下方法。

① 直流发电机-电动机组（简称 G-M 组）。这种方法因为机组复杂，笨重和噪声大，目前多数已被淘汰。

② 晶闸管直流调压电源加直流电动机组（简称 SCR-M 组）。这是目前应用较广泛的一种调速方法，常用于输出功率在 1kW 以上时。但这种方法在调速时，电枢电流的波形很差，使电动机的工作情况恶化，限制了调速范围的进一步提高。为了改善这种情况，不得不加大电枢电路中滤波电容的容量。

③ 晶体管脉宽调制器-直流电动机调速系统（简称 PWM-M 系统）。这种系统在数控机床上也广泛应用，常用于输出功率在 1kW 以下时。

PWM-M 系统和 SCR-M 系统相比，有一个显著的特点，即前者的开关频率高（2000 次/s），后者的开关频率低（100 次/s）。因此，前者仅靠电枢电感的滤波作用即可获得脉动很小的直流电流。与 SCR-M 系统相比，在平均电流相同，即输出转矩相同的情况下，PWM-M 系统的电动机电枢电流的谐波分量小，运行效率高，低速下限更小，可用的调速范围宽。

2）交流伺服电动机的调速

交流伺服驱动系统常用交流异步电动机作为伺服驱动装置。交流异步电动机由于结构简单、成本低廉、无电刷磨损问题、维修方便，一向被认为是一种理想的伺服电动机。但由于调速问题不能得到经济合理的解决，过去发展不快。而新型的交流伺服系统采用了计算机控制技术和现代控制方法，目前在数控机床中被广泛采用。

对交流异步电动机调速，采用晶闸管调压及变频调速，后又产生了磁场定向调速系统，即矢量变换控制。其基本原理是通过矢量变换，把交流电动机等效为直流电动机，因为异步电动机的电磁转矩难以直接控制，也就不易获得良好的控制性能，而直流电动机能对电磁转矩进行良好的控制，使直流调速系统具有良好的稳态和动态性能。其思路是按照产生同样的旋转磁场这一等效原则建立的。它先将三相对称绕组等效成两相对称绕组，再将其等效成旋转的两个直流正交绕组，这两个正交绕组组成正交坐标轴，一个相当于直流电机的等效磁通，另一个相当于直流电机的等效电枢电流。在旋转的正交坐标系，交流电动机的数学模型和直流电动机一样。这种等效要经过三相/二相变换、矢量旋转变换、直角坐标-极坐标变换等，才能得到所需的控制变量，使交流电动机能像直流电动机一样，对转矩进行有效的控制，故称其为矢量变换控制。又因为旋转的两个正交坐标轴是由磁通矢量方向决定的，所以又称磁场定向控制。

交流伺服电动机有幅值控制、相位控制以及幅值-相位混合控制三种控制方法。保持控制电压和励磁电压之间的相位差角为 90°，仅仅改变控制电压的幅值，这种方式称为幅值控制；保持控制电压和励磁电压之间的幅值不变，仅仅改变控制电压与励磁电压的相位差角，这种方式称为相位控制；在激磁电路串联移相电容，改变控制电压的幅值以引起励磁电压的幅值及其相对于控制电压的相位差发生变化，这种方式称为幅值-相位混合控制（或称电容控制）。

（4）反馈比较环节

在闭环和半闭环伺服控制系统中，按反馈与比较方法的不同可分为三种，即相位比较、幅值比较和脉冲比较。

1）相位比较和幅值比较

旋转变压器和感应同步器是在闭环和半闭环伺服系统中广泛使用的两种位置检测装置。它们依据电磁感应原理，在其中的一部分绕组上，施加适当的励磁信号后，就可以在另一部分绕组上获取与两者相对位置成函数关系的感应信号。依据励磁信号形式的不同，它们可以采取相位工作或幅值工作方式。

在相位比较伺服系统中，位置检测装置采取相位工作方式，指令信号与反馈信号都变成某个载波的相位，然后通过两者相位的比较，获得实际位置与指令位置的偏差，为实现位置闭环控制提供必要的信息。

在幅值比较伺服系统中，位置检测装置采取幅值工作方式，以感应信号的幅值（大小和极性）反映实际位置的情况。这时，通常把位置反馈的感应电势通过电压-频率器变换成数字脉冲信号，再与指令脉冲进行数字比较。

通常，相位或幅值比较的伺服系统都可获得满意的控制精度和频率响应，适合于高性能的连续数控伺服系统中。它们都采用感应式位置检测元件，特别是当采用相位方式时，由于反馈的是相位调制信号，当载波频率为 1kHz 时相当于每秒中测量 1 千次。因此，如果反馈信号中有干扰，只会暂时影响比较结果，在干扰消除后仍能恢复正确的相位，具有较强的抗干扰能力。

值得指出的是，在相位和幅值比较的闭环控制系统中，结构往往比较复杂，安装和维护的要求也比较高。

2）脉冲比较

在采用脉冲比较的伺服系统中，由数控插补器给出的以数字脉冲形式的指令信号（也称指令脉冲），以及由位置检测装置产生的反馈脉冲，在比较环节中都以数字脉冲的形式直接进行比较，以产生位置偏差信号。

当位置检测装置为光栅时，可实现全闭环的伺服控制。采用光电脉冲编码器产生反馈脉冲时，则构成半闭环的伺服系统。由于位置指令和位置反馈均为数字脉冲，所以可用可逆计数器直接对两种脉冲进行比较。因此，采用脉冲比较的伺服系统结构较为简单，容易实现，在一般数控伺服系统中应用十分普通。

5.2.4　进给系统的机械传动结构

数控机床进给系统的机械传动结构，包括引导和支承执行部件的导轨、丝杠螺母副、齿轮齿条副、蜗杆蜗轮副、齿轮或齿链副及其支承部件等。数控机床的进给运动是数字控制的直接对象，被加工件的最后轮廓精度和加工精度都会受到进给运动的传动精度、灵敏度和稳定性的影响。为此，在设计和选用机械传动结构时，必须满足下列要求。

① 传动精度高。从机械结构方面考虑，进给传动系统的传动精度主要取决于传动间隙和传动件的精度。传动间隙主要来自于传动齿轮副、丝杠螺母副之间，因此进给传动系统中广泛采用施加预紧力或其他消除间隙的措施。缩短传动链及采用高精度的传动装置，也可提高传动精度。

② 摩擦阻力小。为了提高数控机床进给系统的快速响应性能，必须减小运动件之间的摩擦阻力和动、静摩擦力之差。欲满足上述要求，数控机床进给系统普遍采用滚珠丝杠螺母副、静压丝杠螺母副、滚动导轨、静压导轨和塑料导轨。

③ 运动部件惯量小。运动部件的惯量对伺服机构的启动和制动特性都有影响。因此，在满足部件强度和刚度的前提下，应尽可能减小运动部件的质量、减小旋转零件的直径，以

降低其惯量。

下面主要介绍滚珠丝杠螺母副和导轨副两种机械传动结构。

(1) 滚珠丝杠螺母副

在数控机床上，将回转运动与直线运动相互转换的传动装置一般采用滚珠丝杠螺母副。

滚珠丝杠螺母副的特点是：传动效率高，一般为 $\eta = 0.92 \sim 0.98$；传动灵敏，摩擦力小，不易产生爬行；使用寿命长；具有可逆性，不仅可以将旋转运动转变为直线运动，亦可将直线运动变成旋转运动；轴向运动精度高，施加预紧力后，可消除轴向间隙，反向时无空行程；但制造成本高，不能自锁，垂直安装时需有平衡装置。

1) 滚珠丝杠螺母副的结构和工作原理

滚珠丝杠螺母副的结构有内循环与外循环两种方式。图 5.11 为外循环式，它由丝杠 1、滚珠 2、回珠管 3 和螺母 4 组成。在丝杠 1 和螺母 4 上各加工有圆弧形螺旋槽，将它们套装起来便形成螺旋形滚道，在滚道内装满滚珠 2。当丝杠相对于螺母旋转时，丝杠的旋转面经滚珠推动螺母轴向移动，同时滚珠沿螺旋形滚道滚动，使丝杠和螺母之间的滑动摩擦转变为滚珠与丝杠、螺母之间的滚动摩擦。螺母螺旋槽的两端用回珠管 3 连接起来，使滚珠能够从一端重新回到另一端，构成一个闭合的循环回路。

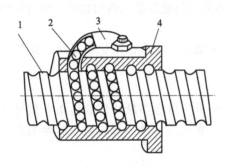 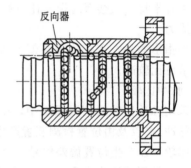

图 5.11　外循环滚珠丝杠螺母副　　　　　　　　图 5.12　内循环滚珠丝杠螺母副

1—丝杠；2—滚珠；3—回珠管；4—螺母

图 5.12 为内循环式。在螺母的侧孔中装有圆柱凸轮式反向器，反向器上铣有 S 形回珠槽，将相邻两螺纹滚道联结起来。滚珠从螺纹滚道进入反向器，借助反向器迫使滚珠越过丝杠牙顶进入相邻滚道，实现循环。

2) 滚珠丝杠螺母副间隙的调整方法

为了保证滚珠丝杠螺母副的反向传动精度和轴向刚度，必须消除轴向间隙。常采用双螺母预紧办法，其结构形式有三种，基本原理都是使两个螺母产生轴向位移，以消除它们之间的间隙和施加预紧力。须注意预紧力不能太大，预紧力过大会造成传动效率降低、摩擦力增大，磨损增大，使用寿命降低。

① 垫片调整间隙法：如图 5.13 所示，调整垫片 4 的厚度使左右两螺母产生轴向位移，从而消除间隙和产生预紧力。这种方法简单、可靠，但调整费时，适用于一般精度的机床。

② 齿差调整间隙法：如图 5.14 所示，两个螺母的凸缘为圆柱外齿轮，而且齿数差为 1，即 $z_2 - z_1 = 1$。两只内齿轮用螺钉、定位销紧固在螺母座上。调整时先将内齿轮取出，根据间隙大小使两个螺母分别向相同方向转过 1 个或几个齿，然后再插入内齿轮，使螺母在轴向彼此移动近了相应的距离，从而消除两个螺母的轴向间隙。这种方法的结构复杂，尺寸较

大，适应于高精度传动。

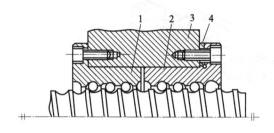 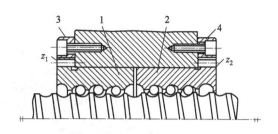

图 5.13　垫片调整间隙法　　　　　　　　　　图 5.14　齿差调整间隙法

1,2—单螺母；3—螺母座；4—调整垫片　　　　　　　1,2—单螺母；3,4—内齿轮

③ 螺纹调整间隙法：如图 5.15 所示，右螺母 2 外圆上有普通螺纹，再用两圆螺母 4、5 固定。当转动圆螺母 4 时，即可调整轴向间隙，然后用螺母 5 锁紧。这种结构的特点是结构紧凑、工作可靠，滚道磨损后可随时调整，但预紧量不准确。

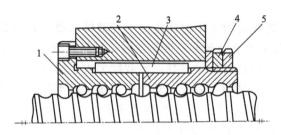

图 5.15　螺纹调整间隙法

1,2—单螺母；3—平键；4—调整螺母；5—锁紧螺母

（2）导轨副

导轨是数控机床的重要部件之一，它在很大程度上决定数控机床的刚度、精度与精度保持性。目前，数控机床上的导轨形式主要有滑动导轨、直线滚动导轨和液体静压导轨等。

1）滑动导轨

滑动导轨具有结构简单、制造方便、刚度好、抗振性高等优点，在数控机床上应用广泛。但对于金属对金属型式，静摩擦系数大，动摩擦系数随速度变化而变化，在低速时易产生爬行现象。为提高导轨的耐磨性，改善摩擦特性，可通过选用合适的导轨材料、热处理方法等。例如，导轨材料可采用优质铸铁、耐磨铸铁或镶淬火钢导轨，热处理方法采用导轨表面滚压强化、表面淬硬、镀铬、镀钼等方法提高机床导轨的耐磨性能。目前多数使用金属对塑料型式，称为贴塑导轨。贴塑滑动导轨的塑料化学成分稳定、摩擦系数小、耐磨性好、耐腐蚀性强、吸振性好、比重小、加工成形简单，能在任何液体或无润滑条件下工件。其缺点是耐热性差、导热率低、热膨胀系数比金属大、在外力作用下易产生变形、刚性差、吸湿性大、影响尺寸稳定性。

2）直线滚动导轨

图 5.16 为直线滚动导轨副的外形图，直线滚动导轨由一根长导轨（导轨条）和一个或几个滑块组成。当滑块相对于导轨条移动时，每一组滚珠（滚柱）都在各自的滚道内循环运动，其所受的载荷形式与滚动轴承类似。

直线滚动导轨的特点是摩擦系数小，精度高，安装和维修都很方便。由于直线滚动导轨是一个独立的部件，对机床支承导轨部分的要求不高，既不需要淬硬也不需要磨削或刮

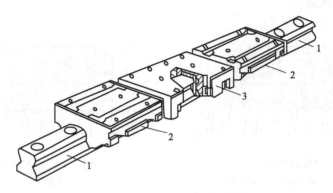

图 5.16　直线滚动导轨副的外形
1—导轨条；2—循环滚柱滑座；3—抗振阻尼滑座

研，只需精铣或精刨。因为这种导轨可以预紧，因此其刚度高。

3）**液体静压导轨**

液体静压导轨由于其导轨的工作面完全处于纯液体摩擦下，因而工作时摩擦系数极低（$f = 0.0005$）；导轨的运动不受负载和速度的限制，且低速时移动均匀，无爬行现象；由于液体具有吸振作用，因而导轨的抗振性好；承载能力大、刚性好；摩擦发热小，导轨温升小。但液体静压导轨的结构复杂，多了一套液压系统；成本高；油膜厚度难以保持恒定不变。故液体静压导轨主要用于大型、重型数控机床上。

液体静压导轨的结构型式可分为开式和闭式两种。图 5.17 为开式静压导轨工作原理图。来自液压泵的压力油经节流阀 4，压力降至 p_1，进入导轨面，借助压力将动导轨浮起，使导轨面间以一层厚度为 h_0 的油膜隔开，油腔中的油不断地穿过各封油间隙流回油箱。当动导轨受到外负荷 W 作用时，使动导轨向下产生一个位移，导轨间隙由 h_0 降至 h，使油腔回油阻力增大，油压增大，以平衡负载，使导轨仍在纯液体摩擦下工作。

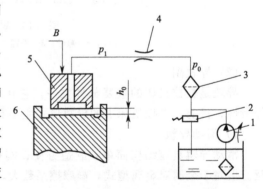

图 5.17　开式静压导轨工作原理
1—液压泵；2—溢流阀；3—过滤器；4—节流阀；
5—运动导轨；6—床身导轨

对于闭式液体静压导轨，其导轨的各个方向导轨面上均开有油腔，所以闭式导轨具有承受各方向载荷的能力，且其导轨保持平衡性较好。

5.3　数控机床主轴驱动及其机械结构

5.3.1　主轴驱动及其控制

（1）对主轴驱动的要求

数控机床的主轴驱动是指产生主切削运动的传动，它是数控机床的重要组成部分之一。随着数控技术的不断发展，传统的主轴驱动已不能满足要求，现代数控机床对主轴驱动提出了更高的要求。

① 数控机床主传动要有宽的调速范围及尽可能实现无级变速。数控加工时切削用量的选择，特别是切削速度的选择，关系到表面加工质量和机床生产率。对于自动换刀数控机床，为适应各种工序和不同材料加工的要求，更需要主传动有宽的自动变速范围。

数控机床的主轴变速是依指令自动进行的，要求能在较宽转速范围内进行无级变速，并减少中间传递环节，以简化主轴箱。目前数控机床的主驱动系统要求在（1∶100）～（1∶1000）范围内进行恒转矩和 1∶10 范围内的恒功率调速。由于主轴电动机与驱动的限制，为满足数控机床低速强力切削的需要，常采用分段无级变速的方法，即在低速段采用机械减速装置，以提高输出转矩。

② 功率大。要求主轴有足够的驱动功率或输出扭矩，能在整个速度范围内均能提供切削所需的功率或扭矩，特别是在强力切削时。

③ 动态响应性要好。要求主轴升降速时间短，调速时运转平稳。对有的数控机床需同时能实现正、反转切削，则要求换向时均可进行自动加减速控制，即要求主轴有四象限驱动能力。

④ 精度高。这里主要指主轴回转精度。要求主轴部件具有足够的刚度和抗振性，具有较好的热稳定性，即主轴的轴向和径向尺寸随温度变化较小。另外，要求主传动的传动链要短。

⑤ 旋转轴联动功能。要求主轴与其他直线坐标轴能同时实现插补联动控制，如在车削中心上，为了使之具有螺纹车削功能，要求主轴能与进给驱动实行联动控制，即主轴具有旋转进给轴（C 轴）的控制功能。

⑥ 恒线速切削功能。为了提高工件表面质量和加工效率，有时要求数控机床能实现表面恒线速度切削。如数控车床对大直径工件端面切削时，要求主轴转速随切削端面的直径变小而变快，并以切削表面为恒线速度的规律变化。

⑦ 加工中心上，要求主轴具有高精度的准停控制。在加工中心上自动换刀时，主轴须停在一个固定不变的方位上，以保证换刀位置的准确；以及某些加工工艺的需要，要求主轴具有高精度的准停控制。

此外，有的数控机床还要求具有角度分度控制功能。为了达到上述有关要求，对主轴调速系统还需加位置控制，比较多的采用光电编码器作为主轴的转角检测。

（2）主轴驱动方式

数控机床的主轴驱动及其控制方式主要有四种配置方式，如图 5.18 所示。

① 带有变速齿轮的主传动。如图 5.18(a) 所示，通过少数几对齿轮降速，增大输出扭矩，以满足主轴低速时对输出扭矩特性的要求。滑移齿轮的移动大都采用液压缸加拨叉，或直接由液压缸带动齿轮来实现。

② 通过带传动的主传动。如图 5.18(b) 所示，电动机与主轴通过形带或同步齿形带传动，不用齿轮传动，可以避免齿轮传动引起的振动和噪声。它适用于高速、低转矩特性要求的主轴。

③ 用两个电动机分别驱动主轴。如图 5.18(c) 所示，高速时通过皮带直接驱动主轴旋转；低速时，另一个电动机通过齿轮传动驱动主轴旋转，齿轮起降速和扩大变速范围的作用，这样使恒功率区增大，克服了低速时转矩不够且电动机功率不能充分利用的缺陷。

④ 内装电动机主轴传动结构。如图 5.18(d) 所示，这种主传动方式大大简化了主轴箱体与主轴的结构，提高了主轴部件的刚度，但主轴输出扭矩小，电动机发热对主轴影响

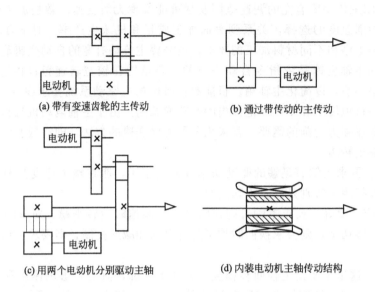

(a) 带有变速齿轮的主传动　　　　　　　　(b) 通过带传动的主传动

(c) 用两个电动机分别驱动主轴　　　　　　(d) 内装电动机主轴传动结构

图 5.18　数控机床的主轴驱动方式

较大。

（3）主轴调速方法

数控机床的主轴调速是按照控制指令自动执行的，为了能同时满足对主传动的调速和输出扭矩的要求，数控机床常用机电结合的方法，即同时采用电动机和机械齿轮变速两种方法。其中齿轮减速以增大输出扭矩，并利用齿轮换挡来扩大调速范围。

1）电动机调速

用于主轴驱动的调速电动机主要有直流电动机和交流电动机两大类。

① 直流电动机主轴调速。由于主轴电动机要求输出较大的功率，所以主轴直流电动机在结构上不适用永磁式，一般是他激式。为缩小体积，改善冷却效果，以免电动机过热，常采用轴向强迫风冷或采用热管冷却技术。

从电机拖动理论知，该直流电动机的转速公式 n 为：

$$n = \frac{U - RI_a}{KI_f} \tag{5.16}$$

式中，U 为电枢电压，V；R 为电枢电阻，Ω；I_a 为电枢电流，A；K 为常数；I_f 为励磁电流，A。

从式中可知，要改变电动机转速 n，可通过改变电枢电压 U（降压调速），或改变励磁电流 I_f（弱磁调速）。当采用降压调速时，从电动机转矩公式 $T = C_e K I_f I_a$ 中可得，它是属于恒转矩调速。而当采用弱磁调速时，根据功率公式 $P = nT$，并把上述 n 公式与 T 公式代入得，电动机的功率 $P = (U - RI_a) C_e I_a$，可知它是属于恒功率调速。

通常在数控机床中，为扩大调速范围，对直流主轴电动机的调速，同时采用调压和调磁两种方法。其典型的直流主轴电动机特性曲线如图 5.19 所示。在基本转速 n_j 以下时属于恒转矩调速范围，用改变电枢电压来调速；在基本转速以上属于恒功率调速范围，采用控制激磁电流来实现。一般来说，恒转矩速度范围与恒功率速度范围之比为 $1:2$。

另外，直流主轴电机一般都有过载能力，且大都以能过载 150%（即连续额定电流的 1.5 倍）为指标。至于过载时间，则根据生产厂的不同有较大差别，从 1min 到 30min

不等。

　　② 交流电动机主轴调速。大多数交流进给伺服电动机采用永磁式同步电动机，但主轴交流电动机则多采用笼型感应电动机，这是因为受永磁体的限制，永磁同步电动机的容量不允许做得太大，而且其成本也很高。另外，数控机床主轴驱动系统不必像进给系统那样，需要如此高的动态性能和调速范围。笼型感应电动机结构简单、便宜、可靠，配上矢量变换控制的主轴驱动装置则完全可以满足数控机床主轴的要求。

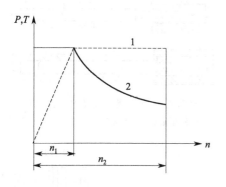

　　图 5.19　直流主轴电机特性曲线
　　1—功率特性曲线；2—转矩特性曲线

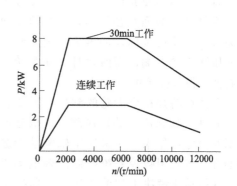

　　图 5.20　交流主轴电机特性曲线

　　交流主轴电机的性能可由图 5.20 所示的功率/速度关系曲线反映出来。从图中曲线可见，交流主轴电机的特性曲线与直流电机类似，即在基本速度以下为恒转矩区域，而在基本速度以上为恒功率区域。但有些电机，如图中所示那样，当电机速度超过某一定值之后，其功率/速度曲线又往下倾斜，不能保持恒功率。对于一般主轴电机，这个恒功率的速度范围只有 1∶3 的速度比。另外交流主轴电机也有一定的过载能力，一般为额定值的 1.2～1.5 倍，过载时间则从几分钟到半个小时不等。

　　交流主轴电动机的驱动目前广泛采用矢量控制变频调速的方法，并为适应负载特性的要求，对交流电动机供电的变频器，应同时有调频兼调压功能。有关交流感应电机矢量控制原理，这里不予介绍。

　　2) 机械齿轮变速

　　采用电动机无级调速，使主轴齿轮箱的结构大大简化，但其低速段输出力矩常常无法满足机床强力切削的要求。如单纯片面追求无级调速，势必要增大主轴电动机的功率，从而使主轴电动机与驱动装置的体积、重量及成本大大增加。因此数控机床常采用 1～4 挡齿轮变速与无级调速相结合的方式，即所谓分段无级变速。采用机械齿轮减速，增大了输出扭矩，并利用齿轮换挡扩大了调速范围。

　　数控机床在加工时，主轴是按零件加工程序中主轴速度指令所指定的转速来自动运行。数控系统通过两类主轴速度指令信号来进行控制，即用模拟量或数字量信号（程序中的 S 代码）来控制主轴电动机的驱动调速电路，同时采用开关量信号（程序上用 M41～M44 代码）来控制机械齿轮变速自动换挡的执行机构。自动换挡执行机构是一种电-机转换装置，常用的有液压拨叉和电磁离合器。

　　① 液压拨叉换挡。液压拨叉是一种用一只或几只液压缸带动齿轮移动的变速机构。最简单的二位液压缸实现双联齿轮变速。对于三联或三联以上的齿轮换挡则必须使用差动液压缸。图 5.21 为三位液压拨叉的原理图，其具有液压缸 1 与 5、活塞杆 2、拨叉 3 和套筒 4，

通过电磁阀改变不同的通油方式可获得如下三个位置：

a. 当液压缸 1 通入压力油而液压缸 5 卸压时，活塞杆 2 便带动拨叉 3 向左移至极限位置；

b. 当液压缸 5 通入压力油而液压缸 1 卸油时，活塞杆 2 和套筒 4 一起移至右极限位置；

c. 当左右缸同时通压力油时，由于活塞杆 2 两端直径不同使其向左移动，而由于套筒 4 和活塞杆 2 的截面直径不同，使套筒 4 向右的推力大于活塞杆 2 向左的推力，因此套筒 4 压向液压缸 5 的右端，而活塞杆 2 则紧靠套筒 4 的右面，拨叉处于中间位置。

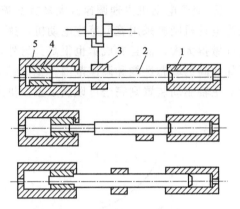

图 5.21　三位液压拨叉的工作原理
1,5—液压缸；2—活塞杆；3—拨叉；4—套筒

要注意的是每个齿轮的到位，需要有到位检测元件（如感应开关）检测，该信号能有效说明变挡已经结束。对采用主轴驱动无级变速的场合，可采用数控系统控制主轴电动机慢速转动或振动来解决上述液压拨叉可能产生的顶齿问题。对于纯有级变速的恒速交流电动机驱动场合，通常需在传动链上安置一个微电动机。正常工作时，离合器脱开，齿轮换挡时，主轴 M1 停止工作而离合器吸合，微电动机 M2 工作，带动主轴慢速转动。同时，油缸移动齿轮，从而顺利啮合，如图 5.22 所示。

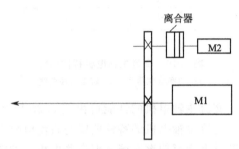

图 5.22　微电动机工作齿轮变挡原理

液压拨叉需附加一套液压装置，将信号转换为电磁阀动作，再将压力油分至相应液压缸，因而增加了复杂性。

② 电磁离合器换挡。电磁离合器是应用电磁效应接通或切断运行的元件，可便于实现自动化操作。但它的缺点是体积大，磁通易使机械件磁化。在数控机床主传动中，使用电磁离合器能简化变速机构，通过安装在各传动轴上离合器的吸合与分离，形成不同的运动组合传动路线，实现主轴变速。

在数控机床中常使用无滑环摩擦片式电磁离合器和牙嵌式电磁离合器。由于摩擦片式电磁离合器采用摩擦片传递力矩，所以允许不停车变速。但如果速度过高，会由于滑差运动产生大量的摩擦热。牙嵌式电磁离合器由于在摩擦面上做成一定的齿形，提高了传递扭矩，减少离合器的径向轴尺寸，使主轴结构更加紧凑，摩擦热减少。但牙嵌式电磁离合器必须在低速时（每分钟数转）变速。

5.3.2　主传动的机械结构

数控机床的主轴部件一般包括主轴、主轴轴承和传动件等。对于加工中心，主轴部件还包括刀具自动夹紧装置、主轴准停装置和主轴孔的切屑消除装置。

（1）主轴轴承的配置形式

数控机床主轴轴承主要有以下几种配置形式。

① 前支承采用双列短圆柱滚子轴承和 60°角接触双列向心推力球轴承，后支承采用向心推力球轴承，如图 5.23(a) 所示。该种配置形式的主轴刚性好，可以满足强力切削的要求，广泛用于各类数控机床的主轴。

② 前支承采用高精度双列向心推力球轴承，如图 5.23(b) 所示。该种配置形式的承载能力小，适用于高速、轻载和精密的数控机床主轴。

③ 前支承采用双列圆锥滚子轴承，后支承采用单列圆锥滚子轴承，如图 5.23(c) 所示。该种配置的承载能力强，安装和调整方便，但主轴的转速不能太高，适用于中等精度、低速和重载的数控机床。

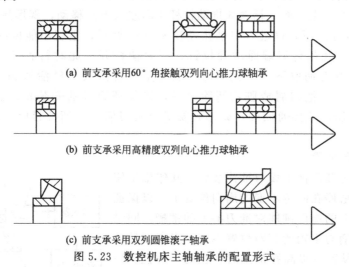

(a) 前支承采用60°角接触双列向心推力球轴承

(b) 前支承采用高精度双列向心推力球轴承

(c) 前支承采用双列圆锥滚子轴承

图 5.23　数控机床主轴轴承的配置形式

在主轴的结构上须处理好卡盘或刀具的安装、主轴的卸荷、主轴轴承的定位、间隙调整、主轴部件的润滑和密封等问题。对于某些立式数控加工中心，还须处理好主轴部件的平衡问题。

（2）主轴的自动装夹装置

在加工中心上，为了实现刀具在主轴上的自动装卸，其主轴必须设计有自动装夹装置。例如自动换刀数控立式镗铣床（JCS-018）的主轴部件如图 5.24 所示。

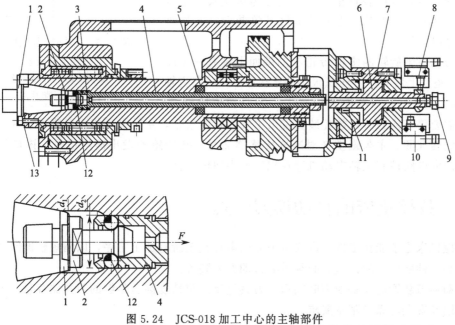

图 5.24　JCS-018 加工中心的主轴部件

1—刀柄；2—拉钉；3—主轴；4—拉杆；5—碟形弹簧；6—活塞；7—液压缸；
8,10—行程开关；9—压缩空气管接头；11—弹簧；12—钢球；13—端面键加工用的刀具通过刀柄 1 安装在主轴上，刀柄 1 以 7∶24 的锥度在主轴 3 前端的孔中定位，并通过拉钉 2 拉紧。夹紧刀柄时，液压缸右（上）腔接通回油路，弹簧 11 推动活塞 6 右（上）移，拉杆 4 在碟形弹簧 5 作用下向右（上）移动；由于此时装在拉杆前端径向孔中的四个钢球 12 进入主轴孔中直径较小的 d_2 处，被迫径向收拢而卡进拉钉 2 的环形凹槽内，因而刀柄被拉杆拉紧。切削扭矩由端面键 13 传递。换刀前需将刀柄松开，压力油进入液压缸的右（上）腔，活塞 6 推动拉杆 4 向左（下）移动，碟形弹簧被压缩；当钢球 12 随拉杆一起左（下）移进入主轴孔径较大的 d_1 处时，它就不能再约束拉钉的头部，紧接着拉杆前端内孔的台肩端面碰到拉钉，把刀柄松开。此时行程开关 10 发出信号，换刀机械手随即将刀柄取下。与此同时，压缩空气管接头 9 经活塞和拉杆的中心通孔吹入主轴装刀孔中，把切屑或脏物清除干净，以保证刀具的安装精度。机械手把新刀装上主轴后，液压缸 7 接通回油，碟形弹簧又拉紧刀柄。刀柄拉紧后，行程开关 8 发出信号。

　　（3）主轴准停装置

　　加工中心的主轴部件上设有准停装置，其作用是使主轴每次都准确地停在固定不变的周向位置上，以保证自动换刀时主轴上的端面键能对准刀柄上的键槽，同时使每次装刀时刀柄与主轴的相对位置不变，提高刀具的重复安装精度，从而可提高孔加工时孔径的一致性。另外，一些特殊工艺要求，如在通过前壁小孔镗内壁的同轴大孔，或进行反倒角等加工时，也要求主轴实现准停，使刀尖停在一个固定的方位上，以便主轴偏移一定尺寸后，使大刀刃能通过前壁小孔进入箱体内对大孔进行镗削。

　　目前，主轴准停装置很多，主要分为机械式和电气式两种。JCS-018 加工中心采用电气准停装置，其原理如图 5.25 所示。

　　在带动主轴旋转的多楔带轮 1 的端面上装有一个厚垫片 4，垫片上装有一个体积很小的永久磁铁 3，在主轴箱箱体的对应于主轴准停的位置上，装有磁传感器 2。

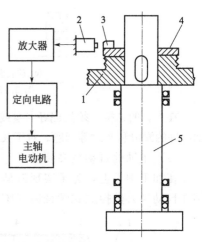

图 5.25　JCS-018 加工中心的
主轴准停装置
1—多楔带轮；2—磁传感器；
3—永久磁铁；4—垫片；5—主轴

当机床需要停车换刀时，数控装置发出主轴停转的指令，主轴电动机立即降速，在主轴以最低转速慢转几圈、永久磁铁 3 对准磁传感器 2 时，磁传感器发出准停信号，该信号经放大后，由定向电路控制主轴电动机停在规定的周向位置上。

5.4　数控机床的自动换刀装置

　　数控机床为了能在工件一次安装中完成多种甚至所有加工工序，以缩短辅助时间和减少多次安装工件所引起的误差，必须带有自动换刀装置。

　　自动换刀装置应具备换刀时间短、刀具重复定位精度高、足够的刀具储存量、刀库占地面积小以及安全可靠等基本要求。

5.4.1　自动换刀装置的结构类型

　　各类数控机床的自动换刀装置的结构取决于机床的类型、工艺范围、使用刀具种类和数量。目前数控机床使用的自动换刀装置的主要类型与结构如下。

（1）回转刀架换刀装置

回转刀架换刀装置是一种最简单的自动换刀装置，常用于数控车床。根据回转刀架上装刀数量的不同，可设计成四方、五方或六角回转刀架等形式；按其工作原理可分为螺旋回转刀架、十字槽回转刀架、凸台棘爪式回转刀架、电磁式回转刀架、液压式回转刀架等。其中的螺旋回转刀架使用较多，它的工作原理如图 5.26 所示，电动机经弹簧安全离合器至蜗轮副带动螺母旋转，螺母抬起刀架使定位用的端齿盘上盘与下盘分离，随即带动刀架旋转到位，然后给系统发信号使电机反转锁紧，完成刀架转位后，可进行数控加工。

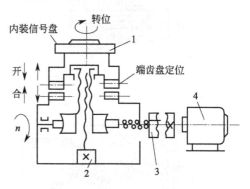

图 5.26　螺旋转位刀架工作原理
1—刀架；2—固定安装丝杠；
3—安全离合器；4—电机

图 5.27 为数控车床的六角回转刀架，它适用于盘类零件的加工。在加工轴类零件时，可换用四方回转刀架。由于两者底部的安装尺寸相同，更换刀架十分方便。该六角回转刀架的全部动作由液压系统通过电磁换向阀和顺序阀进行控制，其换刀过程如下。

① 刀架抬起：当数控装置发出换刀指令之后，压力油由 a 孔进入压紧液压缸的下腔，活塞 1 上升，刀架 2 抬起使定位活动插销 10 与固定插销 9 脱开。同时，活塞杆下端的端齿离合器 5 与空套齿轮 7 结合。

② 刀架转位：刀架抬起后，压力油由 c 孔进入转位液压缸左腔，活塞 6 向右移动，通过连接板 13 带动齿条 8 移动，使空套齿轮 7 作逆时针转动，通过端齿离合器 5 使刀架转过 60°。活塞的行程应等于齿轮 7 节圆周长的 1/6，并由限位开关控制。

③ 刀架压紧：刀架转位后，压力油由 b 孔进入压紧液压缸的上腔，活塞 1 带动刀架体 2 下降。缸体 3 的底盘上精确地安装着 6 个带斜楔的圆柱固定插销 9，利用活动插销 10 消除定位销与孔之间的间隙，实现反靠定位。刀架体 2 下降时，活动插销 10 与另一个固定插销 9 卡紧，同时缸体 3 与压盘 4 的锥面接触，刀架在新的位置定位并压紧。这时，端齿离合器 5 与空套齿轮 7 脱开。

④ 转位液压缸复位：刀架压紧后，压力油由 d 孔进入转位油缸右腔，活塞 6 带动齿条复位，由于此时端齿离合器 5 与空套齿轮 7 已脱开，齿条带动齿轮 7 在轴上空转。

若定位和压紧动作正常，推杆 11 与相应的接触头 12 接触，发出信号表示换刀过程已结束，可继续进行数控加工。

回转刀架换刀装置在结构上必须具有良好的强度和刚度，以承受粗加工时的切削抗力。由于车削精度在较大程度上取决于车刀刀尖位置，加工过程中刀具位置不进行人工调整，故需选择可靠的定位方案和合理的定位结构，以保证回转刀架在每次转位后，具有较高的定位精度，一般为 0.001～0.005mm。

（2）转塔头换刀装置

在带有旋转刀具的数控镗铣床中，转塔头换刀装置是一种比较简单的换刀方式。转塔头有卧式和立式两种，常通过转塔的转位来更换主轴头，以实现自动换刀。在转塔的各个主轴上，预先安装有各工序所需的旋转刀具，当发出换刀指令时，各主轴头依次转到加工位置，并接通主运动，使相应的主轴带动刀具旋转，而处于不加工位置的其他主轴都与主运动脱开。

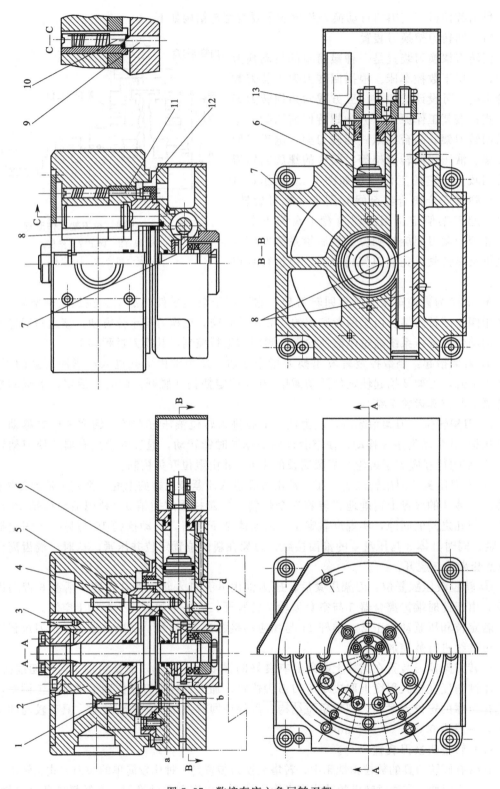

图 5.27　数控车床六角回转刀架

1—活塞；2—刀架；3—缸体；4—压盘；5—端齿离合器；6—转位液压缸活塞；7—空套齿轮；
8—齿条；9—固定插销；10—活动插销；11—推杆；12—触头；13—连接板

　　图 5.28 为转塔头换刀装置的结构，其转塔头的转位由槽轮机构实现，其换刀过程如下。

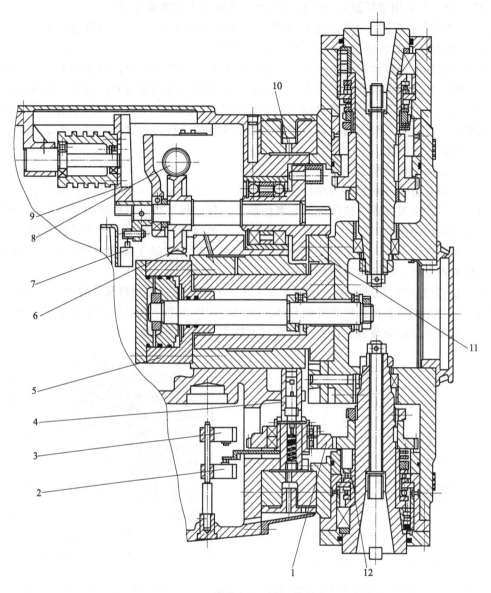

图 5.28　转塔头换刀装置的结构

1,12—齿轮；2,3,7—行程开关；4,5—液压缸；6—蜗轮；8—蜗杆；9—支架；10—鼠牙盘；11—槽轮

　　① 脱开主轴传动与转塔头抬起：液压缸 4 卸压，弹簧推动齿轮 1 向上，与主轴上的齿轮 12 脱开。当齿轮 1 脱开后，固定在其上的支板接通行程开关 3，控制电磁阀，使液压油进入液压缸 5 的左腔，液压缸活塞带动转塔头向右移动，直至活塞与液压缸端部接触，固定在转塔头体上的鼠牙盘 10 便脱开。

　　② 转塔头转位：当鼠牙盘脱开后，行程开关发出信号，启动转位电动机，经蜗杆 8 与蜗轮 6 带动槽轮机构的主轴曲拐使槽轮 11 转过 45°，并由槽轮机构的圆弧来完成主轴头的分度位置粗定位。主轴号的选定是通过行程开关组来实现。如处于加工位的主轴不是所需要的，转位电动机继续回转，带动转塔头间隙地回转 45°，直至选中主轴为止。主轴选好后，由行程开关 7 关停转位电动机。

③ 转塔头压紧：通过电磁阀使压力油进入液压缸 5 的右腔，转塔头向左返回，由鼠牙盘 10 精定位，并利用液压缸右腔的油作用力，将转塔头可靠地压紧。

④ 主轴传动重新接通：由电磁阀控制压力油进入液压缸 4，压缩弹簧使齿轮 1 与主轴上的齿轮 12 啮合，这时转塔头转位、定位的动作全部完成。

为改善这种换刀装置的结构工艺性，整个主轴部件装在套筒内，只要卸去螺钉，就可将整个主轴部件抽出。该换刀装置的优点是省去了自动装、卸刀及刀具搬运等一系列的复杂性操作，从而缩短了换刀时间，并提高了换刀的可靠性。但由于空间位置的限制，影响了主轴系统的刚度，限制了主轴数目，储存刀具的数量少，故该换刀装置只适应于工序较少，精度要求不太高的数控机床。

（3）带刀库的自动换刀系统

带刀库的自动换刀系统由刀库、选刀装置和刀具交换装置（机械手）3 部分组成，是目前应用最广泛的换刀方式。这种换刀装置的换刀过程比较复杂，首先把加工中所需要的全部刀具分别安装在标准的刀柄上，在机床外进行尺寸预调整后，按一定的方式放入刀库，换刀时先在刀库中进行选刀，并由刀具交换装置分别从刀库和主轴上取出刀具，在刀具交换后，将新刀具装入主轴，把旧刀具放回刀库。

图 5.29 为刀库装在机床的工作台（或立柱）上的整体式数控机床外观图；图 5.30 为刀库作为一个独立部件装在机床之外的分体式数控机床外观图，这时的刀库容量大，刀具可以较重，常需要附加运输装置，以完成刀库与主轴之间刀具的运输。

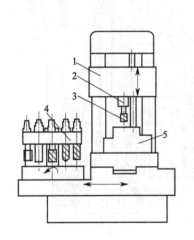 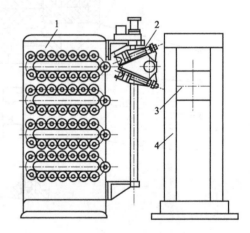

图 5.29　刀库与机床为整体式数控机床外观图　　　　图 5.30　刀库与机床为分体式数控机床外观图
1—主轴箱；2—主轴；3—刀具；4—刀库；5—工件　　　　1—刀库；2—机械手；3—主轴箱；4—立柱

与转塔头换刀装置相比较，带刀库的自动换刀数控机床主轴箱内只有一个主轴，主轴部件的结构刚度在设计时可以充分考虑，能满足精密和重切削加工的需要。另外，刀库可存放数量很多的刀具，故能够进行复杂零件多工序加工，提高了机床的适应性和生产效率。但这种换刀方式的动作较多，换刀时间长，系统较为复杂，降低了工作可靠性。

5.4.2　刀库及刀具的选择方式

（1）刀库

刀库用于存放刀具，它是自动换刀装置中的主要部件之一。根据刀库存放刀具的数目和取刀方式，刀库可设计成不同类型。图 5.31 为常见的几种刀库的形式。

① 直线刀库。如图 5.31(a) 所示，刀具在刀库中直线排列、结构简单，存放刀具数量

有限（一般 8～12 把），较少使用。

②　圆盘刀库。如图 5.31(b)～(g)所示，存刀量少则 6～8 把，多则 50～60 把，有多种形式。

图 5.31(b) 所示刀库，刀具径向布置，占有较大空间，一般置于机床立柱上端。

图 5.31(c) 所示刀库，刀具轴向布置，常置于主轴侧面，刀库轴心线可垂直放置，也可以水平放置，较多使用。

图 5.31(d) 所示刀库，刀具为伞状布置，多斜放于立柱上端。

上述三种圆盘刀库是较常用的形式，存刀量最多 50～60 把，存刀量过多则结构尺寸庞大，与机床布局不协调。

为进一步扩充存刀量，有的机床使用多圈分布刀具的圆盘刀库 ［图 5.31(e)］、多层圆盘刀库 ［图 5.31(f)］ 和多排圆盘刀库 ［图 5.31(g)］。多排圆盘刀库每排 4 把刀，可整排更换。后三种刀库形式使用较少。

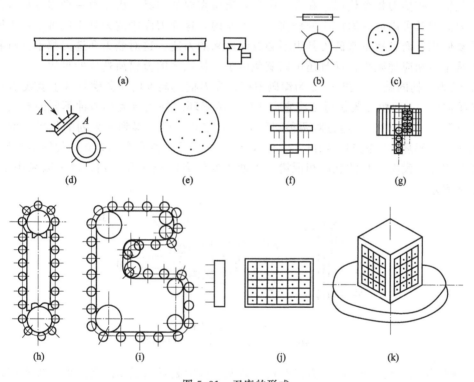

图 5.31　刀库的形式

③　链式刀库。它是较常使用的形式 ［图 5.31(h)、(i)］，这种刀库刀座固定在链节上，常用的有单排链式刀库 ［图 5.31(h)］，一般存刀量小于 30 把，个别达 60 把。若进一步增加存刀量，可使用加长链条的链式刀库 ［图 5.31(i)］。

④　其他刀库。刀库的形式还有很多，值得一提的是格子箱式刀库，如图 5.31(j)、(k)，刀库容量较大，可使整箱刀库与机外交换。为减少换刀时间，换刀机械手通常利用前一把刀具加工工件的时间，预先取出要更换的刀具，当然所配的数控系统应具备该项功能。图 5.31(j) 所示为单面式，图 5.31(k) 所示为多面式。

（2）刀具的选择方式

根据数控装置发出的换刀指令，刀具交换装置从刀库中挑选各工序所需刀具的操作称为自动选刀，自动选择刀具的方法主要有以下 3 种。

1) 顺序选择方式

刀具的顺序选择方式是将刀具按加工工序的顺序，依次放入刀库的每一个刀座内。每次换刀时，刀库按顺序转动一个刀座的位置，并取出所需要的刀具。已经使用过的刀具可以放回到原来的刀座内，也可以按顺序放入下一个刀座内。采用这种方式的刀库不需要刀具识别装置，而且驱动控制也比较简单，可以直接由刀库的分度机构来实现。因此刀具的顺序选择方式具有结构简单、工作可靠等优点。但由于刀库中的刀具在不同的工序中不能重复使用，因而必须相应的增加刀具的数量和刀库的容量，这样就降低了刀具和刀库的利用率。此外，人工装刀操作必须十分谨慎，如果刀具在刀库中的顺序发生差错，将会造成设备或质量事故。

2) 刀具编码选择方式

刀具编码选择方式采用一种特殊的编码刀柄结构，对每把刀具进行编码。换刀时通过编码识别装置，按换刀指令代码，在刀库中寻找出所需要的刀具。由于每一把刀具都有自己的代码，因而刀具可以放入刀库中的任何一个刀座内，这样刀库中的刀具不仅可以在不同的工序中重复使用，而且换下来的刀具也不必放回原来的刀座，这对装刀和选刀都十分有利，刀库的容量也可相应地减少，而且还可以避免由于刀具顺序的差错所造成的事故。

① 编码刀柄的结构。图 5.32 为编码刀柄。在刀柄的尾部的拉紧螺杆 3 上套装着一组等间隔的编码环 1，并由锁紧螺母 2 将它们固定。编码环的外径有大小两种不同的规格，分别表示二进制 "1" 和 "0"。通过对两种圆环的不同排列，可以得到一系列的代码。例如图中所示的 7 个编码环，就能够区别出 127 种（2^7-1）刀具。通常全部为 0 的代码不允许使用，以避免与刀座中没有刀具的状况相混淆。为便于操作者的记忆和认别，也可以采用二/八进制编码来表示。

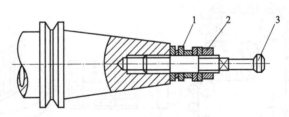

图 5.32　编码刀柄
1—编码环；2—锁紧螺母；3—拉紧螺杆

② 编码认别装置。图 5.33 为接触式刀具编码认别装置示意图。当刀库中带有编码环的刀具依次通过编码识别装置时，识别装置中的触针分别与编码环的大环接触，相应的继电器通电，其数码为 "1"；触针与小环不接触，相应的继电器不通电，其数码为 "0"。当识别装置的继电器读出的数码与所需刀具的编码一致时，控制装置发出信号，刀库停止运动，等待换刀。

接触式刀具编码识别装置结构简单，但由于触针有磨损，故寿命较短，可靠性较差，且难于快速选刀。

图 5.34 为非接触式磁性刀具编码认别装置示意图。编码环用直径相等的导磁材料（如软钢）和非导磁材料（如黄铜、塑料）制成，分别表示二进制 "1" 和 "0"。识别装置由一组感应线圈组成。刀库中的刀具通过识别装置时，对应软钢编码环的线圈感应出高电位（输出为 1），其余线圈则输出为低电位（表示 0），然后再经专门的识别电路选出所需刀具。磁

性识别装置没有机械接触和磨损，因此可以快速选刀，而且结构简单、工作可靠、寿命长和无噪声。

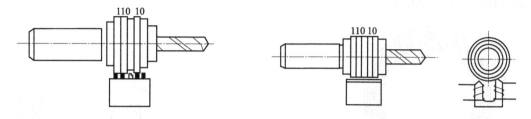

图 5.33　接触式刀具编码认别装置　　　　　　图 5.34　非接触式磁性刀具编码认别装置

如果在刀柄的磨光部位按二进制规律涂黑（表示"0"）或不涂黑（表示"1"）给刀具编码，利用光电装置也可识别刀具。近年来，由于图像识别技术在刀具识别中应用，刀具可不进行编码，利用光学系统将刀具的形状投影到由电子元件组成的屏板上，从而将刀具的形状变为光电信号（或直接利用电视摄像机将刀具的形状转变为电信号），经处理后存入记忆装置中。选刀时，在识别位置出现刀具图形时，与记忆装置中的图形进行比较，如果"信息图形"相一致，便发出信号，使刀具停在换刀位置等待换刀。但图像识别选刀系统价格昂贵，限制了它的使用。

3）刀座编码选择方式

刀座编码选择方式是对刀库的刀座进行编码和对刀具进行编号。装刀时，将与刀座编码相对应的刀具放入刀座中，然后根据刀座的编码选取刀具。刀座编码的识别原理与上述刀具编码的识别原理完全相同。刀座编码方式取消了刀柄中的编码环，使刀柄的结构大为简化。因此刀具认别装置的结构不受刀柄尺寸的限制，而且可以放置在较为合理的位置上。采用这种编码方式时，当操作者把刀具误放入编码不符的刀座内，仍然会造成事故。刀具在自动交换过程中必须将用过的刀具放回原来的刀座内，增加了刀库动作和复杂性。与顺序选择相比，刀座编码选择方式最突出的优点是可以在加工过程中重复多次选用。

图 5.35 为圆盘形刀库的刀座编码装置。圆盘周围均布若干个刀座，其外侧边缘上装有相应的刀座编码块 1，在刀库的下方装有固定不动的刀座识别装置。刀库旋转，刀具（刀座）通过识别装置时，选中所需刀具（刀座）时刀库停止转动等待换刀。

刀座编码方式分永久性编码和临时性编码。永久性编码是将一种与刀座编号相对应的刀座编码板安装在每个刀座的侧面，它的编码是固定不变的。

临时性编码，也称钥匙编码，它采用了一种专用的代码钥匙［图 5.36（a）］，并在刀座旁设专用的代码钥匙孔［图 5.36（b）］。编码时先按加工程序的规定给每一把刀具系上表示该刀具号码的代码钥匙，在刀具任意放入刀座的同时，将对应的代码钥匙插入该刀座旁的代码钥匙孔内，通过钥匙把刀具的代码记到该刀座上，从而给刀座编上了代码。

图 5.36（a）所示的代码钥匙两边最多可带有 22 个方齿，前 20 个齿组成了一个 5 位的二-十进制代码，4 个二进制代码代表 1 位十进制数，以便于操作者识别。这种代码钥匙就可以给出从 1 到 9999 之间的任何一个号码，并将对应的号码打印在钥匙的正面。采用这种方法可以给大量的刀具编号。每把钥匙的最后两个方齿起定位作用，只要钥匙插入刀库，就发出信号表示刀座已编上了代码。

刀座编码原理如图 5.36（b）所示。钥匙 1 沿水平方向的钥匙缝插入钥匙孔座 4，然后顺时针方向旋转 90°，处于钥匙齿 3 的接触片 2 被撑起，表示代码"1"，处于无齿部分的接触片 5 保持原状，表示代码"0"。刀库上装有数码读取装置，它由两排成 180°分布的炭刷组成。当刀库转动选刀时，钥匙刀孔的两半排接触片依次通过炭刷，依次读出刀座的代码，直到寻找到所需要的刀具。

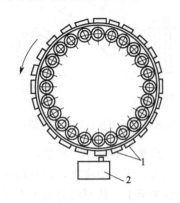

图 5.35　永久性编码
1—编码块；2—刀座识别装置

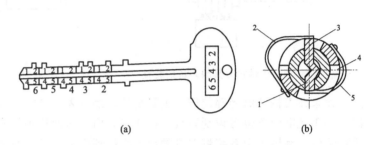

(a)　　　　　　　　　　(b)

图 5.36　钥匙编码
1—钥匙；2,5—接触片；3—钥匙齿；4—钥匙孔座

这种编码在从刀座中取出刀具时，刀座中的编码钥匙也取出，刀座中的编码随之消失，故称为临时编码方式，具有更大的灵活性，在刀具装入刀库时，不容易发生人为的差错。但是，钥匙编码方式仍然必须把用过的刀具放回原来的刀座中，这是其主要缺点。

近年来由于计算机技术的发展，软件选刀已代替了传统的编码环和识刀器。在这种选刀与换刀方式中，刀库上的刀具与主轴上的刀具直接交换，即随机任意选刀换刀。主轴上换上的新刀号及还回刀库中的刀具号，均在计算机（或可编程序控制器）内部相应的存储单元记忆，不论刀具放在哪个地址，都始终能跟踪记忆。这种刀具选择方式需在计算机内部设置一个模拟刀库的数据表，其长度和表内设置的数据与刀库的刀座位置数和刀具号相对应。这种方法主要用软件完成选刀，从而消除了由于识刀装置的稳定性、可靠性所带来的选刀失误。

5.4.3　刀具交换装置

数控机床的自动换刀装置中，实现刀库与机床主轴之间传递和装卸刀具的装置称为刀具交换装置。刀具的交换方式和它们的具体结构对机床的生产率和工作可靠性有着直接的影响。

刀具的交换方式很多，一般可分为以下 2 大类。

（1）无机械手换刀

无机械手换刀是由刀库和机床主轴的相对运动实现刀具交换。换刀时，必须首先将用过的刀具送回刀库，然后再从刀库中取出新刀具，这两个动作不可能同时进行，因此换刀时间长。图 5.29 所示的数控立式镗铣床就是采用这类换刀方式的实例。它的选刀和换刀由三个坐标轴的数控定位系统来完成，因此每交换一次刀具，工作台和主机箱就必须沿着三个坐标轴作两次来回运动，因而增加了换刀时间。另外，由于刀库置于工作台上，减少了工作台的有效使用面积。

（2）机械手换刀

采用机械手进行刀具交换的方式应用得最为广泛，这是因为机械手换刀有很大的灵活性，而且可以减少换刀时间。图 5.30 为采用机械手换刀的实例。

在各种类型的机械手中，双臂机械手集中地体现以上优点，图 5.37 所示为双臂机械手中最常用的几种结构，分别是钩手 [图 5.37(a)]、抱手 [图 5.37(b)]、伸缩手 [图 5.37 (c)] 和扠手 [图 5.37(d)]。这几种机械手能够完成抓刀、拔刀、回转、插刀以及返回等全部动作。为了防止刀具掉落，各机械手的活动爪都必须带有自锁机构。双臂回转机械手 [图 5.37(a)、(b)、(c)] 的动作比较简单，而且能够同时抓取和装卸机床主轴和刀库中的刀具，因此换刀时间可以进一步缩短。图 5.37(d) 所示的双臂回转机械手虽不是同时抓取刀库和主轴上的刀具，但换刀准备时间及将刀具送回刀库的时间（图中实线所示位置）与机械加工时间重合，因而换刀（图中双点划线所示位置）时间也较短。

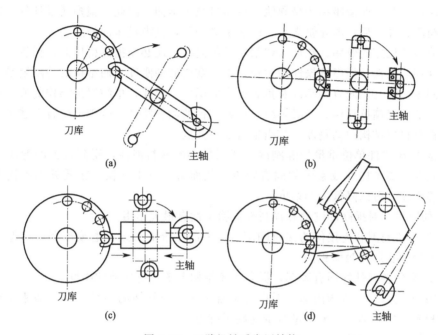

图 5.37　双臂机械手常用结构

5.5　数控机床的总体结构

5.5.1　数控机床的结构要求

（1）具有大切削功率，高的静、动刚度及良好的抗振性

由于数控机床价格昂贵，投资较大，为取得较好的经济效益，应使数控机床的使用率高、传动功率大、承载能力大。机床上通常采用重切削，最大限度地提高切削功率。因此，数控机床在结构上要有高的静、动刚度、良好的抗振性和承载能力。

如果一台机床的控制系统精度很高，各导轨面的几何精度也很高，但机床基础件及整体刚性不足，当总件移动或加工时，由于负载变化产生变形，刀具与工件的相对位置改变，也不能保证机床定位精度和加工精度。

要提高机床的刚度，必须提高其支承部件的整体刚度、主轴部件的刚度、各部件之间的接触刚度及刀具部件的刚度等。

机床结构的刚度特性就整体而言，取决于机床结构特点、连接方式、负载的分布与传递等。因此，提高机床的静刚度、减小静变形，重要途径是合理布置各部件间相对位置，改善受力情况，如采用箱形或框架结构、减少结构层次，尽可能避免悬臂受力状态，有效地进行受力平衡等，把因重力和切削力等产生的变形控制在最小的限度之内，就能显著提高机床整体刚度。

数控镗铣床可有双立柱和单立柱两种布局形式。其他条件相同，仅由于主轴箱在立柱上布局不同，效果也不一样。双立柱式的主轴放在立柱中间，单立柱式的主轴放在侧面。由受力分析，主柱在承受切削力后，要产生扭转和弯曲变形。双立柱布局要比单立柱布局少一个扭矩和一个弯矩，因而受力后变形小，有利于提高加工精度，故一般数控镗铣床和自动换刀数控机床大都采用双立柱布局形式。

在数控坐标镗床、立式铣床以及自动换刀数控镗床上，对工作台在整个行程范围内不要伸出滑座或床身，而滑座在床身导轨上应尽量减少延伸，因此，很多新设计的机床均加宽床身导轨跨距，并采用辅助导轨支承，以减少静变形，提高机床的静刚度。

为充分发挥机床的效率，在加大切削用量的同时，还必须提高机床的抗振性，避免在切削时发生共振或颤振。提高抗振性的途径是提高结构的动刚度，而结构的动刚度是机械结构的质量、刚度、阻尼、固有频率以及负载频率的函数。因此，单纯提高结构的静刚度，并不一定都能有效地提高抗振性，还必须综合分析结构的动态特性，合理地配置上述各变量，才能有效地提高机械结构的动刚度，其措施有如下几点。

① 提高机床构件单位重量的静刚度，即用最小的材料消耗，得到最大的弯曲和扭转刚度，这就同时提高了构件或系统的固有频率，从而避免发生共振。在低频率干扰力的作用下，提高静刚度，可以降低振动幅度。

② 增加阻尼，对提高动刚度和提高颤振稳定性有很大作用。

③ 提高各滑动副和连接件的接触刚度。构件的结合面必须配磨或配刮，以保证接触点分布均匀和增加实际接触面积。

④ 合理配置各部件的固有频率，提高机床结构系统薄弱环节的刚度。

⑤ 减少干扰力。在机床内部，干扰力来自机床高速旋转的不平衡件、高速往复运动件以及间隙和阻压的脉动性，要尽量减少这些干扰力。

（2）良好的热稳定性

由于数控机床利用率较高，切削加工时间比重增加，则热稳定性问题较为突出。如在切削过程中，由于发热而使主轴中心发生变化，即使伺服系统能保证坐标移动精度，也无法确保机床的加工精度，因此，在考虑机床总体布局时，应充分注意发热问题。在数控机床中各种传动机构如齿轮副、滚珠丝杆、轴与轴承、电磁离合器和导轨等，都消耗一定的功率，其消耗功率的绝大部分转化为了热能。

润滑系统、液压系统以及电气控制系统，都是机床的热源。由于机床结构的差异，热量对机床各部分的传导不同，使机床各部分间产生温差，致使机床部件之间产生相对位移，即为机床的热变形。

降低热变形的措施有以下几种。

① 控制热源的产生。机床主轴部分是主要热源之一，一般采用循环润滑或油脂润滑，以减少发热。近来很多数控机床采用制冷装置，控制主轴部件的温度，如 JCS-103 型自动换刀数控镗铣床等。

② 隔离热源。一般数控机床的液压装置除直接驱动部件外，多制成独立部件，需对油温进行控制。主传动系统采用分离式、半分离式传动，使变速箱产生的热量与主轴部件隔离，达到隔离热源的作用。当然隔离办法是多种多样的，只要经济又管用，在总体布局时就采用。

③ 进行热变形补偿。预测热变形的规律，建立变形的数学模型，或测定其变形的具体

数值，存入数控装置的内存中，用以进行实时补偿校正。如传动丝杠的热伸长误差，导轨平行度或平直度的热变形误差等，都可以采用软件实时补偿来消除其影响。

另外，对工件和刀具也要采用措施，防止由于切削热产生热变形。

（3）高的运动精度和低速运动的平稳性

数控机床各坐标轴进给运动的精度极大地影响零件的加工精度。在开环进给系统中，运动精度（或定位精度）取决于系统各组成环节，特别是机械传动部件的精度。通常开环进给系统中设定的脉冲当量为 0.01mm 时，实际的定位精度一般也只能达到 ±0.02mm。在闭环和半闭环进给系统中，位置检测装置的分辨率和分辨精度对运动精度有决定性的影响，机械传动部件的特性对运动精度也有一定的影响。通常闭环系统中设定的脉冲当量为 0.001mm 时，实际的定位精度一般只能达到 ±0.003mm，当指令进给系统作单步进给时，对于开始一两个单步指令，进给部件并不动作，到第三个单步指令时才突跳一段距离，以后又如此重复。这是由进给系统的低速爬行现象造成的，该现象又取决于机械传动部件的特性。

要提高数控机床的运动精度，应设法提高进给运动的低速运动平稳性，主要措施以下。

① 降低执行部件的质量，减少动、静摩擦之差。执行部件所受的摩擦阻力主要来自导轨副，一般的滑动导轨副不仅静、动摩擦系数大，而且其差值 Δf 也大。因此，一般数控机床上广泛采用滚动导轨、卸荷导轨、静压导轨、塑料导轨；精度要求高的数控机床，则多采用气浮导轨、滚动导轨。滚动导轨虽然 Δf 小，但其阻尼小，因而它的抗振性差，一般应采取预紧措施。对于一般精度要求的数控机床，可以采用塑料导轨、这种导轨制造简单，价格低廉，此外可采用具有防爬作用的导轨润滑油，在导轨润滑油中加有极性添加剂，能在导轨表面形成一层不易破裂的油膜，从而改善了导轨的摩擦特性。另外在进给传动系统中，广泛采用滚珠丝杠螺母副或静压丝杠螺母副，也是为了减少 Δf。

② 提高传动系统的传动刚度。进给系统中从伺服驱动装置到执行部件之间必定要经过由齿轮、丝杠螺母副或蜗杆蜗轮副等组成的传动链。所谓传动刚度是指这一传动链的扭转和拉压刚度。为了提高其刚度，应尽可能缩短传动链，适当加大传动轴的直径，加强支承和支承座的刚度。此外，对轴承、丝杠螺母副和丝杠本身进行预紧，也可以提高传动刚度。

（4）满足人性化要求

数控机床是一种高效率的自动化机床，在一个零件的加工时间中，辅助时间占有较大比重，因此，压缩辅助时间可大大提高生产率。目前已有许多数控机床采用多主轴、多刀架及自动换刀装置，如对于加工中心，可在一次装夹下完成多工序的加工，节省了大量装夹换刀时间，切削加工不需人工操作，加工自动化程度很高，故可采用封闭与半封闭式。要有明快、干净、协调的人机界面，要尽可能改善操作者的观察，要注意提高机床各部分的互锁能力，并设有紧急停车按钮，要留有最有利于工件装夹的位置。将所有操作都集中在一个操作面板上，操作面板要一目了然，不要有太多的按钮和指示灯，以减少误操作。

5.5.2 数控车床

（1）数控车床概述

1）数控车床的用途

数控车床能对轴类或盘类等回转体零件自动地完成内、外圆柱面，圆锥面，圆弧面和直、锥螺纹等工序的切削加工，并能进行切槽、倒角钻、扩和铰等工作。它是目前国内使用极为广泛的一种数控机床，约占数控机床总数的 25%。

2) 数控车床的组成及布局

① 数控车床的组成及特点。图 5.38 为济南第一机床厂生产的 MJ-50 全功能型数控车床，数控车床一般由以下几个部分组成。

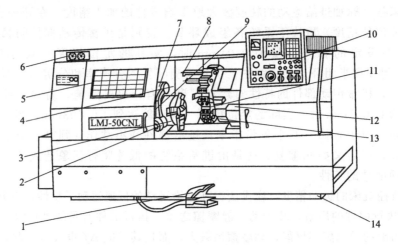

图 5.38　MJ-50 全功能型数控车床

1—主轴卡盘松、夹开关；2—对刀仪；3—主轴卡盘；4—主轴箱；5—机床防护门；
6—压力表；7—对刀仪防护罩；8—导轨防护罩；9—对刀仪转臂；10—操作面板；
11—回转刀架；12—尾座；13—床鞍；14—床身

a. 主机。它是数控车床的机械部件，包括床身、主轴箱、刀架尾座、进给机构等。

b. 数控装置：它是数控车床的控制核心，其主体是有数控系统运行的一台计算机（包括 CPU、存储器、CRT 等）

c. 伺服驱动系统。它是数控车床切削工作的动力部分，主要实现主运动和进给运动，由伺服驱动电路和伺服驱动装置组成。伺服驱动装置主要有主轴电动机和进给伺服驱动装置（步进电机或交、直流伺服电动机等）。

d. 辅助装置。它是指数控车床的一些配套部件，包括液压、气压装置及冷却系统、润滑系统和排屑装置等。

与普通车床相比较，数控车床的结构有不少特点。由于数控车床刀架的纵向（Z 向）和横向（X 向）运动分别采用两台伺服电动机驱动经滚珠丝杠传到滑板和刀架，不必使用挂轮、光杠等传动部件，所以它的传动链短；多功能数控车床是采用直流或交流主轴控制单元来驱动主轴，它可以按控制指令作无级变速，与主轴间无须再用多级齿轮副来进行变速，其床头箱内的结构也比普通车床简单得多。故数控车床的结构大为简化，其精度和刚度大大提高。另外，数控车床还具有轻拖动（刀架移动采用了滚珠丝杠副），加工时冷却充分、防护较严密等特点。

② 数控车床的布局。数控车床的布局形式与普通车床基本一致，但数控车床的刀架和导轨的布局形式有很大变化，直接影响着数控车床的使用性能及机床的结构和外观。此外，数控车床上都设有封闭的防护装置。

a. 床身和导轨的布局。数控车床床身导轨水平面的相对位置如图 5.39 所示。

如图 5.39(a) 所示为平床身的布局。它的工艺性好，便于导轨面的加工。水平床身配上水平放置的刀架，可提高刀架的运动精度。这种布局一般可用于大型数控车床或小型精密

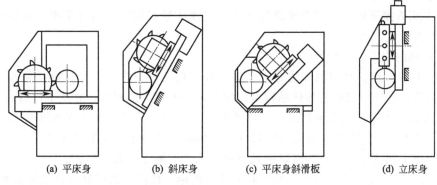

(a) 平床身   (b) 斜床身   (c) 平床身斜滑板   (d) 立床身

图 5.39　数控车床的布局形式

数控车床上。但是水平床身由于下部空间小，故排屑困难。从结构尺寸上看，刀架水平放置使滑板横向尺寸较长，从而加大了机床宽度方向的结构尺寸。

如图 5.39(b) 所示为斜床身的布局。其导轨倾斜的角度分别为 30°、45°、60° 和 75° 等。当导轨倾斜的角度为 90° 时，称为立床身，如图 5.39(d) 所示。倾斜角度小，排屑不便；倾斜角度大，导轨的导向性及受力情况差。其倾斜角度的大小还直接影响机床外形尺寸高度与宽度的比例。综合考虑以上因素，中小规格的数控车床，其床身的倾斜度以 60° 为宜。

如图 5.39(c) 所示为平床身斜滑板的布局。这种布局形式一方面具有水平床身工艺性好的特点，另一方面机床宽度方向的尺寸较水平配置滑板的要小，且排屑方便。

平床身斜滑板和斜床身的布局形式，被中、小型数控车床所普遍采用。这是由于此两种布局形式排屑容易，热切屑不会堆积在导轨上，也便于安装自动排屑器；操作方便，易于安装机械手，以实现单机自动化；机床占地面积小，外形美观，容易实现封闭式防护。

b. 刀架的布局。它分为排式刀架和回转式刀架两大类。目前两坐标联动数控车床多采用回转刀架。

3）数控车床的分类

随着数控车床制造技术的不断发展，形成了产品繁多、规格不一的局面，因而也出现了几种不同的分类方法。

① 按数控系统的功能分类

a. 经济型数控车床。它一般采用步进电机驱动形成开环伺服系统，其控制部分采用单板机或单片机来实现。此类车床结构简单，价格低廉，无刀尖圆弧半径自动补偿和恒线速切削等功能。

b. 全功能型数控车床。如图 5.38 所示，它一般采用闭环或半闭环控制系统，具有高刚度、高精度和高效率等特点。

c. 车削中心。它是以全功能型数控车床为主体，并配置刀库、换刀装置、分度装置、铣削动力头和机械手等，实现多工序的复合加工的机床，在工件一次装夹后，它可完成回转类零件的车、铣、钻、铰、攻螺纹等多种加工工序，其功能全面，但价格较高。

d. FMC 车床。它实际上是一个由数控车床、机器人等构成的柔性加工单元。它能实现工件搬运，装卸的自动化和加工调整准备的自动化。

② 按加工零件的基本类型分类

a. 卡盘式数控车床。这类车床未设置尾座，适于车削盘类零件。其夹紧方式多为电动或液压控制，卡盘结构多数具有卡爪。

　　b. 顶尖式数控车床。这类车床设置有普通尾座或数控尾座，适合车削较长的轴类零件及直径不太大的盘、套类零件。

　　③ 按主轴的配置形式分类

　　a. 卧式数控车床。其主轴轴线处于水平位置，它又可分为水平导轨卧式数控车床和倾斜导轨卧式数控车床（其倾斜导轨结构可以使车床具有更大的刚性，并易于排屑）。

　　b. 立式数控车床。其主轴轴线处于垂直位置，并有一个直径很大的圆形工作台，供装夹工件用。这类机床主要用于加工径向尺寸大、轴向尺寸较小的大型复杂零件。

　　具有两根主轴的车床，称为双轴卧式数控车床或双轴立式数控车床。

　　④ 其他分类。按数控系统的不同控制方式等指标，数控车床可分为直线控制数控车床、轮廓控制数控车床等；按特殊或专门的工艺性能可分为螺纹数控车床、活塞数控车床、曲轴数控车床等；按刀架数量可分为单刀架数控车床和双刀架数控车床；另外也有把车削中心列为数控车床一类的。

　　(2) 数控车床的典型结构

　　下面主要介绍全功能型数控车床的典型结构。

　　如图 5.38 所示，MJ-50 数控车床为两坐标连续控制的全功能型卧式车床。床身 14 为平床身，床身导轨面上支承着 30°倾斜布置的床鞍 13，排屑方便。导轨的横截面为矩形，支承刚性好，且导轨上配置有防护罩 8。床身的左上方安装有主轴箱 4，主轴由交流伺服电动机驱动，免去变速传动装置，因此主轴箱的结构变得十分简单。为了快速而省力地装夹工件，主轴卡盘 3 的夹紧与松开是由主轴尾端的液压缸来控制的。床身右方安装有尾座 12。滑板的倾斜导轨上安装有回转刀架 11，其刀盘上有十个工位，最多安装十把刀具。滑板上分别安装有 X 轴和 Z 轴的进给传动装置。

　　为方便对刀和刀具检测，主轴箱前端面上可安装对刀仪 2，用于机床的机内对刀。检测刀具时，对刀仪转臂 9 摆出，其上端的接触式传感器测头对所用刀具进行检测。检测完成后，对刀仪转臂摆回至图 5.38 所示的原位，且测头被锁在对刀仪防护罩 7 中。

　　1) 主轴结构与主传动系统

　　① 主轴结构。图 5.40 为 MJ-50 数控车床的主轴箱结构，主轴交流伺服电动机（11kW）通过带轮 15 把运动传给主轴 7。主轴采用两支承结构，前支承由一个双列圆柱滚子轴承 11 和一对角接触球轴承 10 组成，轴承 11 用来承受径向载荷，两个角接触球轴承一个大口朝向主轴前端，另一个大口朝向主轴后端，用来承受双向的轴向载荷和径向载荷。前支承轴承的间隙用螺母 8 来调整。螺钉 12 用来防止螺母 8 回松。主轴的后支承为双列圆柱滚子轴承 14，轴承间隙由螺母 1 和 6 来调整。螺钉 17 和 13 是防止螺母 1 和 6 回松的。主轴的支承形式为前端定位，主轴受热膨胀向后伸长。前后支承所用双列圆柱滚子轴承的支承刚性好，允许的极限转速高。前支承中的角接触球轴承能承受较大的轴向载荷，且允许的极限转速高。主轴所采用的支承结构适宜高速大载荷切削的需要。主轴的运动经过同步带轮 16 和 3 以及同步带 2 带动脉冲编码器 4，使其与主轴同速运转。脉冲编码器用螺钉 5 固定在主轴箱体 9 上。

　　② 主传动系统。数控车床主运动要求速度在一定范围内可调，有足够的驱动功率，主轴回转轴心线的位置准确稳定，并有足够的刚性与抗振性。

　　全功能型数控车床的主轴变速是按照加工程序指令自动进行的。为确保机床主传动的精度，降低噪声，减少振动，主传动链要尽可能地缩短；为保证满足不同的加工工艺要求并能

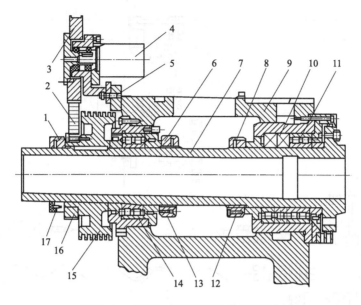

图 5.40　MJ-50 数控车床的主轴箱结构

1,6,8—螺母；2—同步带；3,16—同步带轮；4—脉冲编码器；5,12,13,17—螺钉；
7—主轴；9—主轴箱体；10—角接触球轴承；11,14—双列圆柱滚子轴承；15—带轮

获得最低切削速度，主转动系统应能无级地大范围变速；为提高端面加工的生产率和加工质量，还应能实现恒切削速度控制。此外，主轴应能配合其他构件实现工件自动装夹。

图 5.41 为 MJ-50 数控车床的传动系统，其中主运动传动系统由功率为 11kW 的 AC 伺服电动机驱动，经一级 1∶1 的带传动带动主轴旋转，使主轴在 35～3500r/min 的转速范围内实现无级调速，主轴箱内部省去了齿轮传动变速机构，因此减少了齿轮传动对主轴精度的影响，并且维修方便。另外，在主轴箱内还安装有脉冲编码器，主轴的运动通过同步带轮以及同步带 1∶1 的传到脉冲编码器。当主轴旋转时，脉冲编码器便发出检测脉冲信号给数控系统，使主轴电动机的旋转与刀架的切削进给保持同步关系，即实现加工螺纹时主轴转一转，刀架 Z 向移动一个工件导程的运动关系。

2）进给传动系统

数控车床进给传动系统是用数字控制 X、Z 坐标轴的直接对象，工件最后的尺寸精度和轮廓精度都直接受进给运动的传动精度、灵敏度和稳定性的影响。为此，数控车床的进给传动系统应充分注意减少摩擦力，提高传动精度和刚度，消除传动间隙以及减少运动件的惯量等。

为使全功能型数控车床进给传动系统要求高精度、快速响应、低速大转矩，一般采用交、直流伺服进给驱动装置，通过滚珠丝杠螺母副带动刀架移动。刀架的快速移动和进给移动为同一条传动路线。

如图 5.41 所示，MJ-50 数控车床的进给传动系统分为 X 轴进给传动和 Z 轴进给传动。X 轴进给由功率为 0.9kW 的交流伺服电动机驱动，经 20/24 的同步带轮传动到滚珠丝杠，其螺母带动回转刀架移动，滚珠丝杠螺距为 6mm。Z 轴进给由功率为 1.8kW 的交流伺服电动机驱动，经 24/30 的同步带轮传动到滚珠丝杠，其上螺母带动滑板移动。滚珠丝杠螺距为 10mm。

滚珠丝杠螺母轴向间隙可通过预紧方法消除，预紧载荷以能有效地减小弹性变形所带来

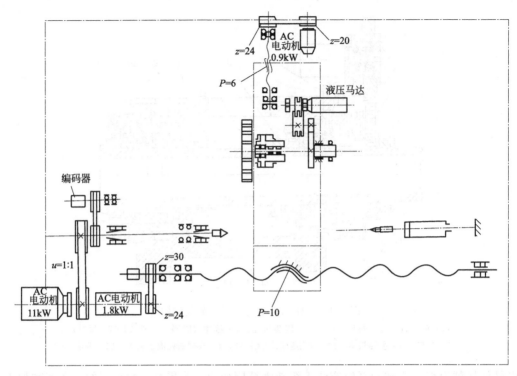

图 5.41　MJ-50 数控车床的传动系统

的轴向位移为度，过大的预紧力将增加摩擦阻力，降低传动效率，并使寿命大为缩短。所以，一般要经过几次仔细调整才能保证机床在最大轴向载荷下，既消除间隙，又能灵活运转。目前，丝杠螺母副已由专业厂生产，其预紧力由制造厂调好后供用户使用。

3）机床尾座

如图 5.42 所示为 MJ-50 数控车床出厂时配置的标准尾座结构简图。尾座体的移动由滑板带动实现。尾座体移动后，由手动控制的液压缸将其锁紧在床身上。

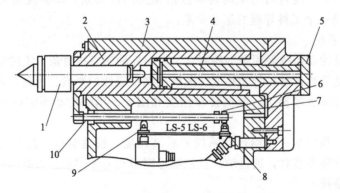

图 5.42　MJ-50 型数控车床尾座结构简图

在调整机床时，可以手动控制尾座套筒移动。顶尖 1 与尾座套筒 2 用锥孔连接，尾座套筒可带动顶尖一起移动。在机床自动工作循环中，可通过加工程序由数控系统控制尾座套筒的移动。当数控系统发出尾座套筒伸出的指令后，液压电磁阀动作，压力油通过活塞杆 4 的内孔进入套筒液压缸的左腔，推动尾座套筒伸出。当数控系统指令其退回时，压力油进入套筒液压缸右腔，从而使尾座套筒退回。图中 5 为端盖，3 为尾座体。

尾座套筒移动的行程，靠调整套筒外部连接的行程杆 10 上面的移动挡块 6 来完成。图中所示移动挡块的位置在右端极限位置时，套筒的行程最长。

当套筒伸出到位时，行程杆上的挡块 6 压下确认开关 9，向数控系统发出尾座套筒到位信号。当套筒退回时，行程杆上的固定挡块 7 压下确认开关 8，向数控系统发出套筒退回的确认信号。

5.5.3　数控铣床与加工中心

（1）数控铣床

1）数控铣床的用途

数控铣床是出现和使用最早的数控机床，它的加工精度高、生产效率高，精度稳定性好，操作劳动强度低，用途广泛，能完成各种平面、沟槽、螺旋槽、成形表面、孔、螺纹、平面与空间曲线等复杂型面的加工，适合于加工各种模具、凸轮、板类及箱体类的零件。

2）数控铣床分类与结构特点

① 按机床主轴的布置形式及机床的布局特点分类，可分为龙门数控铣床、卧式数控铣床和立式数控铣床等。

a. 龙门数控铣床。对于大尺寸的数控铣床，一般采用对称的双立柱结构，保证机床的整体刚性和强度，即数控龙门铣床，有工作台移动和龙门架移动两种形式。它适用于加工飞机整体结构件零件、大型箱体零件和大型模具等，如图 5.43 所示。

b. 卧式数控铣床。如图 5.44 所示，它的主轴与机床工作台面平行，加工时不便观察，但排屑顺畅。一般配有数控回转工作台，便于加工零件的不同侧面。单纯的数控卧式铣床现在已比较少，而多是在配备自动换刀装置（ATC）后成为卧式加工中心。

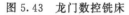
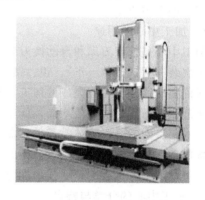

图 5.43　龙门数控铣床　　　　　图 5.44　卧式数控铣床

c. 立式数控铣床。它的主轴与机床工作台面垂直，工件安装方便，加工时便于观察，但不便于排屑。立式数控铣床有立式床身型和立式升降台型两种。图 5.45 为立式床身型数控铣床，一般采用固定式立柱结构，工作台不升降，主轴箱作上下运动，并通过立柱内的重锤平衡主轴箱的重量。为保证机床的刚性，主轴中心线距立柱导轨面的距离不能太大，因此这种结构主要用于中小尺寸的数控铣床。在经济型或简易型数控铣床上，可采用升降台型结构，如图 5.46 所示，但其进给精度和速度不高。

② 按数控系统的功能分类，可分为经济型数控铣床、全功能数控铣床和高速铣削数控铣床等。

a. 经济型数控铣床。一般采用经济型数控系统，如 SIEMENS 802S 等，采用开环控制，可以实现三坐标联动。这种数控铣床成本较低，功能简单，加工精度不高，适用于一般复杂

图 5.45　立式床身型数控铣床　　　　　图 5.46　立式升降台型数控铣床

零件的加工。一般有工作台升降式和床身式两种类型。

　　b. 全功能数控铣床。采用半闭环控制或闭环控制，数控系统功能丰富，一般可以实现 4 坐标以上联动，加工适应性强，应用最广泛。

　　c. 高速铣削数控铣床。高速铣削是数控加工的一个发展方向，技术已经比较成熟，已逐渐得到广泛的应用。这种数控铣床采用全新的机床结构、功能部件和功能强大的数控系统并配以加工性能优越的刀具系统，加工时主轴转速一般在 8000～40000r/min，切削进给速度可达 10～30m/min，可以对大面积的曲面进行高效率、高质量的加工。但目前这种机床价格昂贵，使用成本比较高。

　　(2) 加工中心

　　1) 加工中心的用途

　　加工中心是带有刀库和自动换刀装置的数控机床。它的综合加工能力强，加工精度高，能在一次装夹后进行铣（车）、镗、钻、扩、铰、锪、攻螺纹等多种工序的加工，特别是它能完成许多普通设备不能完成的加工，对形状较复杂、精度要求高的单件加工或中小批量多品种生产更为适用；加工效率高，就中等加工难度的批量工件，其加工效率一般是普通设备的 5～10 倍；它适合于箱体类零件，盘、套、板类零件，异形件和复杂曲面零件（型面、叶轮、螺旋桨、模具）等数控加工。因此，它是目前世界上产量最高、应用最广泛的数控机床之一，可从一个方面判断企业技术能力和工艺水平的高低。

　　2) 加工中心的分类与特点

　　① 按机床形态分类，可分为立式加工中心、卧式加工中心、龙门加工中心和五面加工中心。

　　a. 立式加工中心。其主轴中心线为垂直状态设置，有固定立柱式和移动立柱式等两种结构形式，多采用固定立柱式结构。固定立柱式加工中心由工作台实现 X、Y 坐标运动，由主轴箱实现 Z 坐标运动，如图 5.47 所示；移动立柱式加工中心工作台固定，X、Y 和 Z 坐标运动由立柱和主轴箱实现。立式加工中心一般具有三个直线运动坐标，并可在工作台上安装一个水平轴的数控回转台，用以加工螺旋线类零件。

　　立式加工中心装夹工件方便，便于操作，易于观察加工情况，调试程序容易，应用广泛。但受立柱高度及换刀装置的限制，不能加工太高的零件；在加工型腔或下凹的型面时切屑不易排除，严重时会损坏刀具，破坏已加工表面，影响加工的顺利进行；立式加工中心的结构简单，占地面积小，价格相对较低。故它最适宜加工高度方向尺寸相对较小的工件。

　　b. 卧式加工中心。其主轴中心线为水平状态设置，如图 5.48 所示。卧式加工中心多采用移动式立柱结构，通常都带有可进行回转运动的正方形分度工作台，一般具有 3～5 个运动坐标，常见的是三个直线运动坐标加一个回转运动坐标（回转工作台），它能够使工件在一次装夹后完成除安装面和顶面以外的其余四个面的加工，最适合加工箱体类零件。

图 5.47　立式加工中心　　　　　　　　　　　图 5.48　卧式加工中心

　　卧式加工中心在调试程序及试切时不宜观察，加工时不便监视，零件装夹和测量不方便；与立式加工中心相比较，卧式加工中心的结构复杂，占地面积大，价格也较高；但加工时排屑容易，对加工有利。

　　c. 龙门加工中心。其形状与龙门铣床相似，主轴多为垂直设置，除自动换刀装置以外，还带有可更换的主轴头附件，数控装置的软件功能也较齐全，能够一机多用，尤其适用于大型或形状复杂的工件，如汽车模具、飞机的梁、框、壁板等整体结构件，如图 5.49 所示。

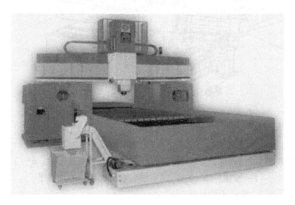

图 5.49　龙门加工中心

　　对于有些龙门加工中心具有五面加工的功能，即工件一次安装后能完成除安装面外的所有侧面和顶面等五个面的加工，具有立式加工中心和卧式加工中心的功能，也称为万能加工中心或复合加工中心。它有两种形式，一种是其主轴可以旋转 90°，可以进行立式和卧式加工；另一种是其主轴不改变方向，而由工作台带着工件旋转 90°，完成对工件五个表面的加工。

　　龙门五面加工中心可以最大限度地减少工件的装夹次数，减小工件的形位误差，从而提高生产效率，降低加工成本。但是由于其结构复杂、造价高、占地面积大等缺点，所以它的使用远不如其他类型的加工中心。

② 按运动坐标数和同时控制的坐标数分类，加工中心可分为三轴二联动，三轴三联动，四轴三联动，五轴四联动，六轴五联动等。

③ 按工作台数量和功能分类，加工中心可分为单工作台加工中心、双工作台加工中心和多工作台加工中心。

3）加工中心的典型结构

下面主要介绍立式加工中心的典型结构。

① 加工中心的组成。图 5.50 为 TH5632A 型立式加工中心的外观图，它的控制轴为 X、Y、Z 共 3 个轴，同时控制轴数为 2，脉冲当量为 0.001mm，X、Y、Z 工作行程为 750mm×400mm×470mm，可配日本 FANUC-6M、FANUC-0M 系统、德国 SIEMENS 系统、西班牙 FAGOR 系统和美国 DYNAPATH 系统等，刀库容量为 20 把。

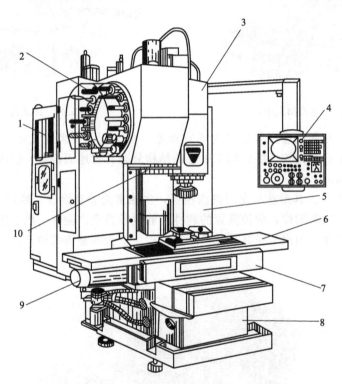

图 5.50　TH5632A 型立式加工中心外观图

1—数控柜；2—刀库；3—主轴箱；4—操纵盘；5—强电柜；6—工作台；
7—滑座；8—床身；9—伺服电动机；10—机械手

该加工中心主要由床身 8、滑座 7、工作台 6、主轴箱 3、刀库 2、换刀机械手 10、强电柜 5、数控柜 1、伺服电动机 9、操纵盘 4 及滚珠丝杠、气动系统、润滑系统和冷却系统等组成。滑座 7 在床身横向导轨上面运动为 Y 轴，纵向工作台为 X 轴。

该加工中心的组成及主要尺寸，如图 5.51 所示。主轴箱沿立柱导轨上下移动为 Z 轴。机械手位于刀库 2 和主轴之间。

② 加工中心的主要部件

a. 床身及底座。床身是机床的基础部件，床身的刚度和导轨质量直接影响机床的精度，通过合理设计床身外形和合理安排加强肋位置，可减小机床质量和提高刚度。该机床床身不

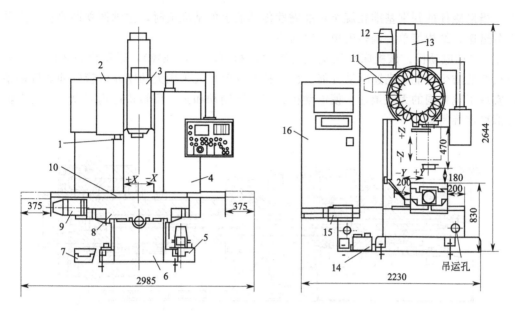

图 5.51　TH5632A 型立式加工中心的组成及主要尺寸
1—机械手；2—刀库；3—主轴箱；4—强电柜（伺服装置等）；5—冷却液箱；6—床身；7—切屑箱；
8—滑座；9—X 轴电动机；10—工作台；11—刀库电动机；12—Z 轴电动机；13—主轴电动机；
14—润滑油箱；15—Y 轴电动机；16—数控柜

但承受滑座、工作台等运动部件的重量和运动的冲击，而且还要承受立柱及挂在立柱两侧的
强电柜、数控柜、机械手及刀库等部件的重量，故该机床采用整体床身底座。

为提高导轨耐磨性，延长机床使用寿命，导轨采用高频感应加热淬火，淬火硬度为 50～
55HRC，淬深 1.5mm 左右，淬火后进行周边磨削。为进一步减少导轨的磨损和提高运动性
能，在与床身导轨相配的滑坐导轨上粘接上动静摩擦系数基本相同、防爬、耐磨、吸振的聚
四氟乙烯塑料软带。

b. 主轴部件

ⅰ. 主轴传动。交流无级调速的主轴电动机通过传动带把运动传给主轴，可得到两种范
围的主轴转速，即标准速度 22.5～2250r/min 和高速型速度 45～4500r/min。

ⅱ. 主轴结构。该机床主轴如图 5.52 所示，主轴前支承配置高精度三列组合式角接触
球轴承，后支承采用两列角接触球轴承。这种轴承配置方式避免了高速旋转下主轴发热对加
工精度的影响。另外，对轴承进行预加负荷调整，从而提高了轴承的接触刚度。主轴前端锥
孔采用专门淬火工艺，硬度达到 60HRC 以上。在主轴中部装有运动传入的带轮，尾部装有
松刀液压缸及压缩空气输入管等。

ⅲ. 刀具自动夹紧机构。如图 5.52 所示，它由拉杆 3、碟形弹簧 2、松刀液压缸 1 及拉
杆钢球 4 等部件组成。碟形弹簧 2 通过拉杆钢球 4 拉住刀柄拉杆螺钉 5，拉刀力为 10^4N；松
刀时，松刀液压缸 1 的活塞在压力油的作用下推动拉杆，压缩碟形弹簧 2 向前移动，使钢球
4 落入主轴前端槽内；拉杆继续前进，将刀具锥柄推出主轴锥孔约 0.5mm。松刀力为 $1.3×$
10^4N。在松刀过程中，压缩空气进入拉杆 3 中部孔中，并从主轴孔中吹出，吹净新装入刀
具柄上的灰尘。

ⅳ. 主轴定向机构。在带轮端部装有主轴定向用的发磁体和磁性传感器等电子定向元
件，组成准停定向机构，以实现主轴快速定向。当主轴定向指令发出后，主轴立即处于定向

状态,当发磁体的判别基准孔旋至对准磁性传感器上的基准槽时,主轴便立即停止,这种定向十分迅速,结构简单,调整简单,定向力大。

Ⅴ.主轴电动机。该机床采用交流变频电动机（5.5/7.5kW）,采用全封闭结构,因此具有很好的防尘性能和高速驱动性能。由于控制伺服单元采用大功率晶体管脉冲宽度调整方法,实现了宽范围的无级调速,使电动机具有高速制动和正、反转快速响应以及大功率输出时性能稳定等特点。

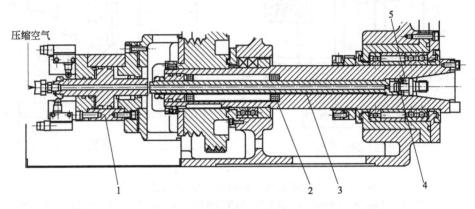

图 5.52　主轴结构
1—液压缸；2—碟形弹簧；3—拉杆；4—钢球；5—拉杆螺钉

习　题　5

5.1　试述感应同步器和旋转变器的工作原理,并说明它们在应用上有什么不同?

5.2　数控机床常用位置检测装置有哪些?各有何应用特点?

5.3　脉冲编码器有哪几类?各有何特点?

5.4　提高开环进给伺服系统精度的措施有哪些?

5.5　欲设计一步进开环伺服系统,已知系统选定的脉冲当量为 0.03mm/脉冲,机床丝杠与工作台以螺杆螺母传动,螺杆的螺距为 7.2mm。试问:

(1)　步进电机的步距角选多大为佳?

(2)　若已选步进电机的转子上开有 40 个小齿,试决定脉冲分配器的输出应为几相几拍,并写出正向和反向进给脉冲分配器输出信号状态的变化顺序。

5.6　进给伺服驱动装置有哪些?各有什么特点?

5.7　交流伺服电机的调速有哪些方法?

5.8　在设计数控机床进给系统的机械传动结构时有哪些要求?

5.9　滚珠丝杠螺母副有何特点?其间隙的调整结构形式有哪些?各有什么应用特点?

5.10　数控机床对导轨有哪些要求?常用的导轨有哪些?

5.11　数控机床对主轴驱动有哪些要求?

5.12　主轴调速方法有哪些?数控机床如何实现主轴分段无级变速及控制?

5.13　带刀库的自动换刀系统一般由哪些组成?

5.14　刀具的交换方式有哪些?各有何特点?

5.15　对数控机床的结构要求有哪些?如何降低热变形?

5.16　数控车床的布局有哪些?各有何特点?

5.17　数控铣床有哪些分类?各有何特点?

5.18　加工中心与一般数控铣床的主要区别在哪里?加工中心有哪些用途?

第6章 数控技术综合应用

6.1 数控机床的选用

数控机床的拥有量在很大程度上代表了一个企业的机械加工水平，数控加工的高质量、高效率早已成为人们的共识。因此，用户如何合理地利用有限的资金，选用适合本单位的数控机床就显得十分重要。

6.1.1 选用依据

各单位的使用要求与侧重点各不相同，但最基本的出发点是相同的，就是满足使用要求，包括典型加工对象的类型、加工范围、内容和要求、生产批量及坯料情况等。使用要求不同，选用的侧重点也不同，具体有以下一些原则。

（1）数控机床的适用范围

数控机床与普通机床相比具有许多优点，应用范围不断扩大。但是数控设备的初始投资费用比较高，技术复杂，对编程、维修人员的素质要求也比较高。在实际选用中，一定要充分考虑其技术经济效益。当零件不太复杂，生产批量又较少时，适合采用通用机床；当生产批量很大时，宜采用专用机床；而当零件形状复杂、加工精度要求高和中小批量轮番生产或产品更新频繁、生产周期要求短时，适合采用数控机床。

（2）工件的加工批量应大于经济批量

在普通机床上加工中小批量工件时，由于种种原因，纯切削时间只能占实际工时的 10%～20%，但如采用数控机床，则使这个比例可能上升到 70%～80%。因此，与普通机床相比，数控机床的单件机动加工工时要短得多，但准备调整工时又要长得多。所以用来加工批量太小的工件是不经济的，而且生产周期也不一定缩短。

经济批量可参考下列公式估算：

$$经济批量 = \frac{数控机床准备工时 - 普通机床准备工时}{K（普通机床单件工时 - 数控机床单件工时）}$$

式中，K 为修正系数。

数控机床准备工时应包括工艺准备、程序准备、现场准备（机床调整、工件加工程序试运行和试切削等），对重复性生产的零件，工艺准备和程序准备工时应再除以重复投产次数。

普通机床单件工时应包括对应数控机床各加工工序的工时总和，再适当考虑工序集中后对工件整个加工周期缩短的影响。

修正系数 K 是考虑到数控机床的工时成本要比普通机床高得多，希望一台数控机床能顶替几台普通机床使用，所以 K 一般取 2 以上。

经济批量与数控机床准备工时成正比，而准备工时又取决于使用机床的技术水平、管理水平和配置的附件等情况。随着使用水平的提高，配置工具和手段的齐全，经济批量的基数是可以越来越小的。对一般复杂程度的工件，有 10 件左右的批量，就可以考虑使用数控机床了。

（3）根据典型加工对象选用数控机床的类型

用户在确定典型加工对象时，应根据添置设备技术部门的技术改造或生产发展要求，确定哪些零件的哪些工序准备用数控机床来完成，然后采用成组技术把这些零件进行归类。在归类时往往遇到零件的规格大小相差很多，各类零件的综合加工工时大大超过机床满负荷工时等问题。因此，要做进一步的选择，确定比较满意的典型加工对象后，再来选择适合加工的机床。

每一种数控机床都有其最佳加工的典型零件。如卧式加工中心适用于加工箱体、泵体、阀体和壳体等箱体类零件，可以利用机床上回转工作台，能一次安装对工件的四个面进行加工；立式加工中心适用于加工箱盖、盖板、法兰、壳体、平面凸轮等板类零件，实现一个面的加工；加工模具一般用立卧主轴转换的数控铣床、电火花机床与线切割机床；轴类盘类零件用数控车床；孔多且有较高的形状及位置要求的用数控钻镗床。若卧式加工中心的典型零件在立式加工中心上加工，零件的多面加工则需要更换夹具和倒换工艺基准，这就会降低生产效率和加工精度；若立式加工中心的典型零件在卧式加工中心上加工，则需要增加弯板夹具，这会降低工件加工工艺系统刚性和工效。同类规格的机床，一般卧式的价格要比立式的贵 80%～100%，所需加工费也高，所以这样的加工是不经济的。然而，卧式加工中心的工艺性比较广泛，据国外资料统计，在工厂车间设备配置中，卧式机床占 60%～70%。

6.1.2　选用内容

选用数控机床的大致方向确定后，接下来就是对具体机床的选用。选用内容包括机床主参数、精度和功能等。

（1）机床主参数

在机床所有的参数中，坐标轴的行程是最主要的参数。基本轴 X、Y、Z 三个坐标轴的行程反映了机床的加工范围。一般情况下加工件的轮廓尺寸应在机床坐标轴的行程内，个别情况也可以有工件尺寸大于机床坐标轴的行程范围，但必须要求零件上的加工区处在机床坐标轴的行程范围之内，而且要考虑机床工作台的允许承载能力，以及工件是否与机床换刀空间干涉及其在工作台上回转时是否与护罩等附件干涉等一系列问题。加工中心的工作台面尺寸和坐标轴的行程都有一定的比例关系，如工作台面尺寸为 $500mm \times 500mm$ 的机床，X 轴行程一般为 $700 \sim 800mm$、Y 轴为 $550 \sim 700mm$、Z 轴为 $500 \sim 600mm$。

主轴转速、进给速度范围和主轴电动机也是主参数，它代表了机床的加工效率，也从一个侧面反映了机床的刚性。如果加工过程中以使用小直径刀具为主，则一定要选择高速主轴，否则加工效率无法提高。

（2）机床精度

影响零件加工精度的因素很多，但主要有两个，即机床因素和工艺因素。在一般情况下，零件的加工精度主要取决于机床。在机床因素中，主要有主轴回转精度、导轨导向精度、各坐标轴间的相互位置精度、机床的热变形特性等。

不同类型的机床，对精度的侧重点是不同的。车床、磨床类机床主要以尺寸精度为主，镗铣类机床主要以位置精度为主。国产加工中心按精度可分为普通型和精密型两种，其精度项目较多，关键的项目有单轴定位精度、单轴重复定位精度和铣圆精度。定位精度和重复定位精度综合反映了该轴各运动部件的综合精度。尤其是重复定位精度，反映了该控制轴在行程范围内任意定位点的定位稳定性，是衡量该控制轴能否稳定可靠工作的基本指标。铣圆精度是综合评价数控机床有关控制轴的伺服跟随运动特性和数控系统插补功能的指标。由于数控机床具有一些特殊功能，因此在加工中等精度的典型工件时，一些大孔径、圆柱面和大圆弧面可以采用高切削性能的立铣刀铣削。测定机床的铣圆精度的方法是用一把精加工立铣刀铣削一个标准圆柱试件（中小型机床圆柱试件的直径一般在 $\phi200\sim\phi300mm$ 左右），将该试件放到圆度仪上，测出加工圆柱的轮廓线，取其最大包络圆和最小包络圆，两者间的半径差即为其精度。

从机床的定位精度可估算出该机床在加工时的相应精度。如在单轴上移动加工两孔的孔距精度约为单轴定位精度的 1.5～2 倍。普通型加工中心可以批量加工出 8 级精度的零件，精密型加工中心可以批量加工出 6～7 级精度的零件。

（3）机床功能

数控机床的功能包括坐标轴数和联动轴数、辅助功能、数控系统功能选择等许多内容。

在所有功能中，坐标轴数和联动轴数是主要选择内容。对用户来说，坐标轴数和联动轴数愈多，则机床功能愈强。每增加一个标准坐标轴，则机床价格约增加 30%～40%，故不能盲目追求坐标轴数量。例如，要选择一台通用的卧式加工中心，可能会遇到各种零件，应该在基本轴 X、Y、Z 的基础上选择 B 轴（旋转工作台）。由于增加了一个轴，加工范围从一个面变成了任意角度，四轴联动完全可以加工大多数零件。除了极少数零件外，选择 A 轴的价值就很低了。

数控机床的辅助功能很多，如零件在线测量、机上对刀、砂轮修正与自动补偿、断刀监测、刀具磨损监测、刀具内冷却方式、切屑输送装置和刀具寿命管理等。选择辅助功能要以实用为原则，如砂轮修正与自动补偿对数控磨床来说很重要，刀具冷却方式对镗孔和深孔钻削来说十分必要。相反，断刀监测、刀具磨损监测、刀具寿命管理就不是零件加工中必不可少的功能。

在选择数控机床功能的时候，还有一个较难处理的功能预留问题。要处理好功能预留问题，应结合企业的产品结构、发展与投资规划，对于生产线上用的数控机床，主要考虑效率和价格指标问题，则可不必考虑功能预留。对中小批量生产用的数控机床，要考虑产品经常变化及适合各种零件的加工，功能比效率和价格更为重要，则数控机床必须考虑功能预留。

在选用数控系统时，除需有快速运动、直线及圆弧插补、刀具补偿和固定循环等基本功能外，还需结合使用要求，可选择几何软件包、切削过程动态图形显示、参数编程、自动编程软件包和离线诊断程序等功能。目前在我国使用较广泛的有德国 SIEMENS 公司、日本 FANUC 公司、美国 A-B 公司等的数控系统，此外国产的数控系统功能（如华中 I 型）也日渐完善。

（4）其他

除了上述内容外，数控机床选用还要考虑机床的刚度、可靠性、厂商知名度与信誉、售后服务等因素。

机床刚度取决于机床结构和质量。以加工中心为例，大致有两种结构形式，一种是由工具铣床演变而来的，主要由立柱、升降台和滑枕组成。滑枕运动为 Z 轴，一般可进行立卧主轴转换。另一种是由卧式镗床演变而来的，立柱在导轨上作前后运动为 Z 轴，铣头在立柱上作上下运动为 Y 轴，一般不能进行立卧主轴转换。就这两种结构来说，后者刚度较高，但万能性较差。

机床运转的可靠性包括两个方面的含义，一是在使用寿命期内故障尽可能少，二是机床连续运转稳定可靠。在选购数控机床时，一般选择正规或著名厂家的品牌机床，并通过走访老用户了解使用情况和售后服务情况的方法，对所选择机型的可靠性作出估计。定购多台数控机床时，应尽可能选用同一厂家的机床或同一厂家的数控系统，这样会在定购备件、故障诊断与维修方面带来方便，同样可提高机床的运行可靠性。

6.1.3　购置订货时应注意的问题

在选型工作完成后，接下来就是签订供货合同，还应注意以下方面。

（1）要订购一定数量的备件

有一定数量的备件储备，对数控机床的维修来说是十分重要的。一般可采用厂家推荐的备件清单，优先选择易损件。

（2）要求供方提供尽可能多的技术资料和较充分的操作维修培训时间

订货时可要求供方提供一套说明书，以供翻译、整理和操作维修人员学习使用。这样，在供方提供培训及安装调试时，可学到更多的东西。

（3）复杂零件的加工问题

如果将来加工的零件较复杂，且有较大批量，可要求供方提供全套的刀具、夹具和程序，并加工出合格零件，作为机床的加工试件列入验收项目。

（4）配置必要的附件和刀具

为充分发挥数控机床的作用，增强其加工能力，必须配置必要的附件和刀具，如刀具预调仪、测量头、自动编程器、中心找正器和刀具系统等。这些附件和刀具一般在数控机床说明书中都有介绍，在选购时应考虑本单位加工产品的特点，以满足加工要求。

（5）优先选择国内生产的数控机床

在价格性能比相当的情况下，优先选择国内生产的数控机床，一方面是对国内机床制造业的支持；另一方面在技术培训、售后服务、附件配套和备件补充等方面要方便一些。

6.2　数控机床的安装与调试

数控机床的安装与调试是使机床恢复和达到出厂时的各项性能指标的重要环节。由于数控机床价值很高，其安装与调试工作比较复杂，除作好相配套的准备工作、配合工作和组织工作外，还需要进行数控机床的检测与验收，以及设备管理等工作。

6.2.1　安装调试的准备工作

准备工作主要有：

① 厂房设施、必要的环境条件。

② 地基准备：按照地基图打好地基，并预埋好电、油、水管线。

③ 工具仪器准备：起吊设备、安装调试中所用工具、机床检验工具和仪器。

④ 辅助材料：如煤油、机油、清洗剂、棉纱棉布等。

⑤ 将机床运输到安装现场，但不要拆箱。拆箱工作一般要等供方服务人员到场。如果有必要提前开箱，一要征得供方同意，二要请商检局派相关人员到场，以免出现问题发生争执。

6.2.2　安装调试的配合工作

在安装调试期间，要做的配合工作有以下方面。

① 机床的开箱与就位，包括开箱检查、机床就位、清洗防锈等工作。

② 机床调水平、附加装置组装就位。

③ 接通机床运行所需的电、气、水、油源：电源电压与相序、气水油源的压力和质量要符合要求。这里主要强调两点，一是要进行地线连接，二是要对输入电源电压、频率及相序进行确认。

数控设备一般都要进行地线连接。地线要采用一点接地型，即辐射式接地法。这种接地法要求将数控柜中的信号地、强电地、机床地等直接连接到公共接地点上，而不是相互串接连接在公共接地点上。并且，数控柜与强电柜之间应有足够粗的保护接地电缆，如截面积为 $5.5\sim14mm^2$ 的接地电缆。而总的公共接地点必须与大地接触良好，一般要求地电阻小于 $4\sim7\Omega$。

对于输入电源电压、频率及相序的确认，有如下几个方面。

a. 检查确认变压器的容量是否满足控制单元和伺服系统的电能消耗。

b. 检查电源电压波动范围是否在数控系统的允许范围之内。一般日本的数控系统允许在电压额定值的 110％～85％ 范围内波动，而欧美的一些系统要求较高一些，否则需要外加交流稳压器。

c. 对于采用晶闸管控制元件的速度控制单元和主轴控制单元的供电电源，一定要检查相序。在相序不对的情况下接通电源，可能使速度控制单元的输入熔断器熔体烧断。相序的检查方法有两种：一种是用相序表测量，当相序接法正确时，相序表按顺时针方向旋转；另一种是用双线示波器来观察两相之间的波形，两相波形在相位上相差 120°。

④ 检查各油箱油位，需要时给油箱加油。

⑤ 机床通电并试运转：机床通电操作可以是一次各部件全面供电，或各部件分别供电，然后再作总供电试验。分别供电比较安全，但时间较长。检查安全装置是否起作用，能否正常工作，能否达到额定的工作指标。例如启动液压系统时先判断液压泵电动机转动方向是否正确，液压泵工作后管路中是否形成油压，各液压元件是否正常工作，有无异常噪声，各接头有无渗漏；气压系统的气压是否达到规定范围值等。

⑥ 机床精度检验、试件加工检验。

⑦ 机床与数控系统功能检查。

⑧ 现场培训：包括操作、编程与维修培训，保养维修知识介绍，机床附件、工具、仪器的使用方法等。

⑨ 办理机床交接手续：若存在问题，但不属于质量、功能、精度等重大问题，可签署机床接收手续，并同时签署机床安装调试备忘录，限期解决遗留问题。

6.2.3　安装调试的组织工作

在数控机床安装调试过程中，作为用户要做好安装调试的组织工作。

安装调试现场均要有专人负责，赋予现场处理问题的权力，做到一般问题不用请示即可现场解决，重大问题经请示研究要尽快答复。

安装调试期间，是用户操作与维修人员学习的好机会，要很好地组织有关人员参与，并及时提出问题，请供方服务人员回答解决。

对待供方服务人员，应原则问题不让步，但平时要热情，招待要周到。

6.2.4　数控机床的检测与验收

数控机床的检测验收是一项复杂的工作。它包括对机床的机、电、液和整机综合性能及单项性能的检测，另外还需对机床进行刚度和热变形等一系列试验，检测手段和技术要求高，需要使用各种高精度仪器。对数控机床的用户，检测验收工作主要是根据订货合同和机床厂检验合格证上所规定的验收条件及实际可能提供的检测手段，全部或部分地检测机床合格证上的各项技术指标，并将数据记入设备技术档案中，以作为日后维修时的依据。现将机床检测验收中的一些主要工作加以介绍。

（1）开箱检查

开箱检查的主要内容有以下方面。

  ① 检查随机资料：装箱单、合格证、操作维修手册、图纸资料、机床参数清单及软盘等。

  ② 检查主机、控制柜、操作台等有无明显碰撞损伤、变形、受潮、锈蚀、油漆脱落等现象，并逐项如实填写"设备开箱验收登记卡"和入档。

  ③ 对照购置合同及装箱单清点附件、备件、工具的数量、规格及完好状况。如发现上述有短缺、规格不符或严重质量问题，应及时向有关部门汇报，并及时进行查询、取证或索赔等紧急处理。

  特别需注意的是，对于进口数控机床，开箱检查时，除了用户和供应商技术人员在场外，还需要海关人员在场进行开箱检查。

  （2）机床几何精度检查

  数控机床的几何精度综合反映了该机床各关键部件精度及其装配质量与精度，是数控机床验收的主要依据之一。数控机床的几何精度检查与普通机床的几何精度检查基本类似，使用的检测工具和方法也很相似，只是检查要求更高，主要依据与标准是厂家提供的合格证（精度检验单）。

  常用的检测工具有：精密水平仪、直角尺、精密方箱、平尺、平行光管、千分表、测微仪、高精度主轴检验芯棒等。检测工具和仪器的精度必须比所测几何精度高一个等级。

  现以普通立式加工中心为例，列出其几何精度检测的内容：

  ① 工作台面的平面度；

  ② 各坐标方向移动的相互垂直度；

  ③ X、Y 坐标方向移动时工作台面的各平行度；

  ④ X 坐标方向移动时工作台面 T 形槽侧面的平行度；

  ⑤ 主轴孔的经向圆跳动；

  ⑥ 主轴的轴向窜动；

  ⑦ 主轴箱沿 Z 轴坐标方向移动时主轴轴心线的平行度；

  ⑧ 主轴回转轴心线对工作台面的垂直度；

  ⑨ 主轴箱在 Z 坐标方向移动时的直线度。

  各种数控机床的检测项目也略有区别，如卧式机床要比立式机床多几项与平面转台有关的几何精度。各项几何精度的检测方法按各机床的检测条件规定。

  需要注意的是，几何精度必须在机床精调后一次完成，不允许调整一项检测一项，因为有些几何精度是相互联系、相互影响的。另外，几何精度检测必须在地基及地脚螺栓的混凝土完全固化以后进行。考虑地基的稳定时间过程，一般要求在机床数月到半年后再精调一次水平。

  （3）机床定位精度检查

  数控机床的定位精度是指机床各坐标轴在数控系统的控制下运动所能达到的位置精度。因此，根据实测的定位精度数值，可判断出该机床自动加工过程中能达到的最好的零件加工精度。

  定位精度的主要检测内容如下：

  ① 各直线运动轴的定位精度和重复定位精度；

  ② 各直线运动轴参考点的返回精度；

  ③ 各直线运动轴的反向误差；

  ④ 旋转轴的旋转定位精度和重复定位精度；

⑤ 旋转轴的反向误差；

⑥ 旋转轴参考点的返回精度。

测量直线运动的检测工具有：测微仪、成组块规、标准长度刻线尺、光学读数显微镜及双频激光干涉仪等。标准长度测量以双频激光干涉仪为准。旋转运动检测工具有：360 齿精密分度的标准转台或角度多面体、高精度圆光栅及平行光管等。

（4）机床切削精度检查

机床切削精度检查是在切削加工条件下对机床几何精度和定位精度的综合检查。一般分为单项加工精度检查和加工一个综合性试件检查两种。对于卧式加工中心，其切削精度检查的主要内容是形状精度、位置精度和表面粗糙度，具体项目有：

① 镗孔尺寸精度及表面粗糙度；

② 镗孔的形状及孔距精度；

③ 端铣刀铣平面的精度；

④ 侧面铣刀铣侧面的直线精度；

⑤ 侧面铣刀铣侧面的圆度精度；

⑥ 旋转轴转 90°侧面铣刀铣削的直角精度；

⑦ 两轴联动的加工精度。

被切削加工试件的材料除特殊要求外，一般都采用一级铸铁，使用硬质合金刀具按标准切削用量切削。

（5）数控机床功能检查

数控机床功能检查包括机床性能检查和数控功能检查两个方面。

1）机床性能检查

以立式加工中心为例，介绍机床性能检查内容如下。

① 主轴系统性能：用手动方式试验主轴动作的灵活性和可靠性；用数据输入方式，使主轴从低速到高速旋转，实现各级转速，同时观察机床的振动和主轴的温升；试验主轴准停装置的可靠性和灵活性。

② 进给系统性能：分别对各坐标轴进行手动操作，试验正反方向不同进给速度和快速移动的启、停、点动等动作的平衡性和可靠性；用数据输入方式或 MDI 方式测定点定位和直线插补下的各种进给速度。

③ 自动换刀系统性能：检查自动换刀系统的可靠性和灵活性，测定自动交换刀具的时间。

④ 机床噪声：机床空转时总噪声不得超过标准规定的 80dB。机床噪声主要来自于主轴电机的冷却风扇和液压系统液压泵等处。

除了上述的机床性能检查项目外，还有电气装置（绝缘检查、接地检查）、安全装置（操作安全性和机床保护可靠性检查）、润滑装置（如定时定量润滑装置可靠性、油路有无渗漏等检查）、气液装置（封闭、调压功能等）和各附属装置的性能检查。

2）数控功能检查

数控功能检查要按照订货合同和说明书的规定，用手动方式或自动方式，逐项检查数控系统的主要功能和选择功能。检查的最好方法是自己编一个检验程序，让机床在空载下自动运行 8～16h。检查程序中要尽可能把机床应有的全部数控功能、主轴的各种转速、各轴的各种进给速度、换刀装置的每个刀位、台板转换等全部包含进去。对于有些选择功能要专门检查，如图形显示、自动编程、参数设定、诊断程序、参数编程、通信功能等。

6.2.5 数控机床的设备管理

设备管理是一项系统工程，应根据企业的生产发展及经营目标，通过一系列技术、经济、组织措施及科学方法来进行。前面所介绍的设备选用、安装、调试、检测与验收等只属于该工作的前期管理部分，接下来它还应包括使用、维修以及改造更新，直至设备报废整个过程中的一系列管理工作。

在设备管理的具体运用上，可视各企业购买和使用数控机床的情况，选择下面的一些阶段进行。

① 在使用数控机床的初期阶段，尚无一套成熟的管理办法和使用设备的经验，编程、操作和维修人员都较生疏，在这种情况下，一般都将数控机床归生产车间管理，重点培养几名技术人员学习编程、操作和维修技术，然后再教给操作工，并在相当长的时间内让技术员与操作工人一样顶班操作，挑选本企业典型的关键零件，进行编制工艺、选择刀具、确定夹具和编制程序等技术准备工作，程序试运行，调整刀具，首件试切，工艺文件和程序归档等。

② 在掌握一定的应用技术及数控机床有一定数量之后，可对这些设备采用专业管理、集中使用的方法。工艺技术准备由工艺部门负责，生产管理由工厂统一平衡和调度，数控设备集中在数控工段或数控车间，在数控车间无其他类型普通机床的情况下，数控车间可只承担"协作工序"。

③ 企业数控机床类型和数量较多，各种辅助设施比较齐全，应用技术比较成熟，编程、操作和维修等方面的技术队伍比较强大，可在数控车间配备适当的普通机床，使数控车间扩大成封闭的独立生产车间，具备独立生产完整产品件的能力。必要时可实行设备和刀具的计算机管理，使机床的开动率较高，技术、经济效益都比较好。

无论处于哪个阶段，设备管理都必须建立各项规章制度，根据各设备特点，制定各项操作和维修安全规程。在设备保养上，要严格执行记录，即对每次的维护保养都要作好保养内容、方法、时间、保养部位状况、参加人员等有关记录；对故障维修要认真做好有关故障记录和说明，如故障现象、原因分析、排除方法、隐含问题和使用备件情况等，并做好为设备保养和维修用的各类备品配件的采购、管理工作，各类常用的备品配件主要有各种印刷电路板、电气元器件（如各类熔断器、直流电动机电刷、开关按钮、继电器、接触器等）和各类机械易损件（如皮带、轴承、液压密封圈、过滤网等）。此外，要做好有关设备技术资料的出借、保管、登记工作。

6.3 数控机床的维修

6.3.1 数控机床维修概述

（1）数控机床的可靠性与维修

1）数控机床的可靠性概念

要发挥数控机床的高效益，首先要求数控机床中的机械执行部分有良好的刚度和精度保持性，能准确无误地执行数控系统发布的每一个动作命令。其次，要求数控系统和伺服系统工作稳定可靠。由于数控机床所使用的元件繁多、原理复杂，因而容易出现故障。这就对数控机床提出了稳定性、可靠性的要求。

可靠性是系统的内在特性，是衡量其质量的重要指标。系统的可靠性，是指在规定的工作条件（即设计时提出的该系统的使用环境温度、使用方法、使用条件等）下，系统维持无故障工作的能力。衡量可靠性的指标，常用以下几种指标。

① 平均无故障时间 MTBF：它是指一台数控机床在使用中两次故障间隙的平均时间，即数控机床在寿命范围内总工作时间和总故障次数之比，即 MTBF 等于总工作时间/总故障次数。

② 平均修复时间 MTTR（Mean Time To Restore）：它是指一台数控机床从出现故障开始直至能正常使用所用的平均时间。显然，要求这段时间越短越好。

③ 有效度 A：这是从可靠度和可维修度对数控机床的正常工作进行综合评价的尺度，即可维修的机床在某特定的时间内维持其性能的概率，即：

$$A = \frac{MTBF}{MTBF + MTTR}$$

从上式可见，有效度 A 是小于 1 的值，且 A 越接近 1 越好。

对一般用途的数控系统，其可靠性的指标至少应达到的要求为：

平均无故障时间　　MTBF ≥ 300h

有效度　　　　　　A ≥ 0.95

对于有特殊要求或用于 FMS 和 CIMS 的 CNC 系统，其可靠性的要求高得多。

2）维修的概念

为了发挥数控机床的高效益，就要保证它的开动率。这不仅对数控机床的各部分提出了很高的稳定性和可靠性要求，而且对数控机床的使用与维修提出了很高要求。

维修包含两个方面的含义：一是日常维护与保养（预防性维修），这可以有效延长 MTBF；二是故障维修，在出现故障后尽快修复，尽量缩短 MTTR 时间，提高机床的有效度 A 指标。

3）对维修工作的基本要求

数控机床属于技术密集和知识密集的设备，其故障往往不是简单易见的，这对维修人员提出了很高的要求。它不仅要求维修人员有电子技术、计算机技术、电气自动化技术、检测技术、机械理论和机械加工工艺、液压与气动等技术知识，还要求具有综合分析和解决问题的能力，能尽快查明故障原因，及时排除故障，提高数控机床的开动率。要做好维修工作，必须首先熟悉数控机床的有关说明书等资料，对数控机床的系统、结构布置等有详细的了解，并对数控机床的故障规律有所熟悉。

（2）数控机床的故障规律

与一般设备相同，数控机床的故障率随时间变化的规律可用图 6.1 所示的浴盆曲线（或称故障率曲线）表示。在整个使用寿命期内，数控机床的故障频度大致可分为三个阶段，即早期故障期、偶发故障期及耗损故障期。

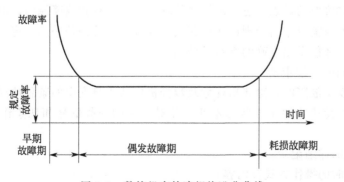

图 6.1　数控机床故障规律浴盆曲线

早期故障期出现故障与设计、制造和装配及元器件的质量有关，一般其故障频度较高，且随着使用时间的增加而迅速下降。在用户购置数控机床的质保期一年内，应让机床满负荷运行，尽量让早期故障暴露出来，让机床生产厂或代理商来保修，同时用户要很好地利用这一期间，进行技术培训，消化机床资料，尽快掌握操作与维修的基本技能。

偶发故障期（相对稳定运行期）的故障率低且稳定，主要是因为操作或维护不良造成的。在此期间，一方面要不断提高使用与管理水平，让数控机床创造更高的价值；另一方面，要进行良好的保养，并适时维修，尽量避免大故障的发生，以延长机床的使用寿命。

耗损故障期（寿命终了期）的故障率随着机床运转时间的增加而升高，是由于年久失修和磨损而产生的故障，说明机床的寿命将尽。

（3）数控机床日常维护与保养

数控机床的日常维护与保养主要包括以下几方面的内容。

① 保持设备的清洁。要坚持不懈地做好数控机床的清洁工作。主要部位如工作台、裸露的导轨、操作面板等，应每班擦一次。每周对整机进行一次较彻底的清扫与擦拭。要特别注意导轨、台板转换器及刀库中刀具上的切屑，要及时清扫。有些部位需要定期清扫和擦拭，如冷却装置的防尘垫、压缩空气系统的过滤器芯、冷却液箱中残存的切屑等。必要时对各个电路板、电气元件采用吸尘法进行卫生清扫等。由于数控机床的结构一般都比较复杂，因此要坚持按照说明书上的要求做好清洁工作，并不是一件容易的事。

② 定期对各部位进行检查。需要经常检查的主要部位有：液压、润滑、冷却装置的油（液）位；气压、空气过滤装置、油雾润滑装置；各紧急停车按钮、各轴的限位开关等。

需定期检查的主要部位有：传动皮带的磨损及松紧情况；液压油、润滑油及冷却液的洁净度；电机及测速发电机碳刷、整流子的磨损情况；导轨间隙等。

③ 进行必要的调整与更换。根据检查情况，必要时进行调整与更换，如：导轨间隙的调整、皮带松紧度的调整。如果传动皮带磨损严重、碳刷短于规定的长度、液压油的洁净度不够等问题出现，则必须进行相应的更换。

以上所述的日常维护与保养工作，必须严格按照说明书上规定的方法与步骤进行。否则，可能会出现设备或人身事故，造成严重后果。

6.3.2　数控机床的故障诊断

在上面介绍了数控机床维修的一个方面，即数控机床的日常维护与保养。在下面将介绍数控机床维修的另一方面，即数控机床的故障诊断与维修。

数控机床故障维修的难点，也是最重要的环节，就是查找故障原因，即故障诊断。为了确定故障原因，不仅需要丰富的理论知识和实践经验，而且必须采用一定的方法，在经过充分的调查分析后，才能做出准确的判断和处理。

（1）故障诊断的一般步骤

当数控机床发生故障时，除非出现危及数控机床或人身安全的紧急情况，一般不要关断电源，要尽可能保持机床原来的状态不变，并对出现的一些信号和现象作好记录，这主要包括：

① 故障现象的详细记录；

② 故障发生时的操作方式及内容；

③ 报警号及故障指示灯的显示内容；

④ 故障发生时机床各部分的状态与位置；

⑤ 有无其他偶然因素，如突然停电、外线电压波动较大、打雷、某些部位受潮或进水等。

无论数控机床工作多么可靠，在使用过程中总会出现这样或那样的故障。数控机床一旦发生故障，首先要沉着冷静，根据故障情况进行全面的分析，确定查找故障源的方法和手段，然后有计划、有目的地一步步仔细检查，切不可急于动手，乱查一通。这样做具有很大的盲目性，即使查出故障也是碰巧，很可能越查越乱，走很多弯路，甚至造成严重的后果。

故障诊断一般按下列步骤进行。

① 充分调查故障现场。一方面维修人员要向操作者调查，详细询问出现故障的全过程，查看故障记录单，了解发生过什么现象，曾采取过什么措施等；另一方面要对现场作细致的勘查。从系统的外观到系统内部各线路板都应细心地察看是否有异常之处。在确认系统通电无危险的情况下，方可通电，观察系统有何异常以及 CRT 显示的内容等。

② 根据故障情况进行分析，缩小范围，确定故障源查找的方向和手段。对故障现象进行全面了解后，下一步可根据故障现象分析故障可能存在的位置。有些故障与其他部分联系较少，容易确定查找的方向；而有些故障原因很多，难以用简单的方法确定出故障源查找方向，这就要仔细查阅有关的数控机床资料，弄清与故障有关的各种因素，确定若干个查找方向，并逐一进行查找。

③ 由表及里进行故障源查找。故障查找一般是从易到难，从外围到内部逐步进行。所谓难易，是指技术上的复杂程度和拆卸装配方面的难易程度。

（2）故障诊断的一般方法

数控机床是一个十分复杂的系统，加之数控系统和机床本身的种类繁多，功能各异，根本不可能找出一种适合各种机床和数控系统的通用诊断方法。这里仅对一些常见的一般性方法作介绍。这些方法互相联系，在实际的故障诊断中，往往要对这些方法综合运用。

1）CNC 系统故障诊断的一般方法

① 根据 CRT 上或 LED 灯或数码管的指示进行故障诊断。CNC 系统大都具有很强的自诊断功能。当机床发生故障时，可对整个机床包括数控系统自身进行全面监控，并将诊断到的故障或错误以报警号或错误代码的形式显示在荧光屏 CRT 上。

一般包括下列方面的故障报警号（错误代码）信息：

a. 程序编制错误或操作错误；

b. 存储器工作不正常；

c. 伺服系统故障；

d. 可编程控制器 PC 故障；

e. 连接故障，如保险丝熔断、反馈断线等；

f. 温度、压力、液位等不正常；

g. 行程开关（或接近开头）状态不正确。

对于华中Ⅰ型数控系统，可操作数控系统界面菜单，从基本功能菜单开始，按 F10（扩展功能）→F4（故障诊断）→F6（报警显示）键，则在正文窗口中显示出当前错误报警信息。根据此报警信息，查看华中Ⅰ型数控系统的报警信息类型，以进行故障诊断。

另外，控制系统的发光二极管 LED 或数码管，也可根据系统的自诊断功能，指示相应的故障信息。如果 LED 或数码管和 CRT 上的故障报警号同时报警，综合二者的报警内容，可更加明确地指示出故障的位置。在 CRT 上的报警号未出现或 CRT 不亮时，LED 或数码管指示就是唯一的报警内容了。

利用在 CRT 和 LED 或数码管上指示的故障报警信息，可立即指示出故障的大致起因和大致部位，是数控机床故障诊断最有效的一种方法。

② 根据 PC 状态或梯形图进行故障诊断。PC 控制器几乎都应用于数控机床中，只不过有的与 CNC 系统合并起来。但在多数数控机床上，二者还是相互独立的，通过接口相联系。无论形式如何，PC 控制器的作用却是相同的，即主要进行开关量的控制与管理，其控制对象一般是换刀系统、工作台板转换系统、液压、冷却、润滑系统等。这些系统中具有大量的开关量测量反馈元件，发生故障的概率极大，因此，要熟悉各测量反馈元件的位置、作用及发生故障时的现象与后果。同时要弄清楚 PC 控制器的梯形图或逻辑图，这样才能更深层次认识故障的实质。

PC 控制器输入输出状况的确定方法是每一个维修人员所必须掌握的。因为在进行故障诊断时，经常需确定某一反馈元件是什么状态以及 PC 控制器的某个输出是什么状态。用传统的方法进行测量非常麻烦，有时甚至难以做到。一般数控机床都能从 CRT 上或根据 LED 灯非常方便地确定其输入输出状态。

例如，华中Ⅰ型数控系统可通过系统的主菜单，按 F10→F1→F4 键，即可调出 PC 状态。

③ 用诊断程序进行故障诊断。绝大多数数控系统都有诊断程序。所谓诊断程序，就是对数控机床各部分包括数控系统本身进行状态和故障检测的软件。当数控机床发生故障时，可利用该程序诊断出故障所在的范围或具体位置。

诊断程序一般分为三种，即启动诊断、在线诊断（也称后台诊断）和离线诊断。

启动诊断是指从每次通电开始到进入正常的运行准备状态止，CNC 内部诊断程序自动执行的诊断，一般在数秒内即可完成。其目的是确认系统的主要硬件可否正常工作，主要检查的硬件包括：CPU、存储器、总线、I/O 单元等电路板或模块，CRT/MDI 单元，软驱等装置或外设。若被检测正常，则 CRT 显示正常的基本画面（一般是位置显示画面），否则显示报警信息。

在线诊断是指在系统通过启动诊断进入运行状态后，由内部诊断程序对 CNC 及与之相连接的外设、各伺服单元及附加装置的状态进行的自动检测和诊断。只要系统不断电，在线诊断在系统正常工作后就一直处于工作状态。其诊断范围很大，显示信息的内容也很多。一台带刀库和工作台板转换器的加工中心，其报警内容约有五六百条。前面介绍的根据 CRT 或 LED 指示灯就是启动诊断和在线诊断的内容显示。

离线诊断是利用专用的检测诊断程序进行的高层次诊断，其目的是最终查明故障原因，精确确定故障部位。离线诊断的程序存储及使用方法一般不相同，如美国辛辛那提公司（Cincinnati Acramatic）的 850 及 950 系统则把离线诊断程序与 CNC 控制程序一同存入 CNC 中，维修人员可随时用键盘调用这些程序并使之运行，在 CRT 上观察诊断结果。而 A-B 公司的 8200 系统在作离线诊断检查时，才把专用的诊断程序输入 CNC 中作检查运行。离线诊断是数控机床故障诊断的一个非常重要的手段，它能够较准确地诊断出故障源的具体位置，而许多故障仅靠传统的诊断方法是不易确定的。

④ CNC 系统故障诊断的其他新方法。随着 CNC 技术的成熟与完善，更高层次的诊断技术已出现。其中有"自修复系统"（Self-Repair System）、"专家诊断系统"（Trubleshooting Guidance Expert System）及 "通讯诊断系统"（Diagnostic Communication System）等。

自修复系统，就是在控制系统内装一套备用板，当某一台电路板发生故障时，控制系统通过诊断程序进行判断，确定故障板后，即将该板与系统隔离，并启动备用板，机床就可继续进行加工，同时发出报警信号，通知维修人员更换故障板。这种系统的优点是，发生故障不停机，修理工作不占机时。缺点是成本较高。

专家诊断系统一般由数控机床及数控系统的生产厂家设计制造，主要是一套软件及一些必要的硬件。由于该诊断系统的设计者就是数控系统或机床的各方面设计人员或高级维修人员，故可认识到故障的根本原因，并针对不同情况提出专家意见。数控机床发生故障时，和专家诊断系统连接起来进行诊断，一般都可得到满意的结果。

通讯诊断系统是指数控机床具有的一种通讯功能，可以通过电话线与制造厂家的专家诊断系统直接联机，接受诊断，并将诊断结果通知用户。用户维修人员在专家诊断系统的直接指导下进行维修。

2）根据机床参数进行故障诊断

机床参数也称为机床常数，是通用的数控系统与具体的机床相匹配时所确定的一组数据，它实际上是数控系统的系统程序中未确定的数据或可选择的方式。机床参数通常存于 RAM 中，由机床厂家根据所配机床的具体情况进行设定，部分参数还要通过调试来确定。机床参数大都向用户提供，提供的方式有参数表、参数纸带、数据磁带或软盘等多种。

由于某种原因，如误操作、系统干扰等，存于 RAM 中的机床参数可能发生改变甚至丢失，从而导致机床故障。在维修过程中，有时也要利用某些机床参数对机床进行调整，还有的参数须根据机床的运行情况及状态进行必要的修正。因此，维修人员对机床参数应尽可能地熟悉，理解其含义。

机床参数的内容广泛，其设置因系统不同而异。SINUMERIK 3 系统的机床参数分为以下 5 个大类：

① 与伺服轴有关的参数（100～279）；

② 与 PC 控制器有关的参数（280～309）；

③ 与控制系统有关的参数（330～393）；

④ 数控系统位型参数（400～449）；

⑤ PC 控制器位型参数（450～479）。

其部分参数含义及取值范围如表 6.1 所示。

表 6.1　SINUMERIK 3 系统参数

参 数 号	意 义	取 值 范 围
N100～103	各轴到位宽度	0～32000μm
N130～133	各轴最大速度(G0)	0～15000mm/min
N150～153	各轴位置环增益(KV 系数)	0～10000
N160～163	各轴正向软件位置极限	±0～99999999μm
N180～183	各轴参考点坐标	±0～99999999μm
N190～193	各轴背隙补偿值	±0～255μm
N210～213	参考点偏移	±0～9999μm
N352	跟随误差	
N353	位置检查等待时间	0～16000ms
N370	最大主轴转速	1～9999r/min

　　修改华中Ⅰ型数控系统的机床参数，从基本功能菜单开始，按 F3（参数）→F1（参数索引）键，在输入正确的参数修改口令后，即可修改机床有关参数。

　　3）其他诊断方法

　　① 经验法。虽然数控系统都有一定的自诊断能力，但仅靠这些有时还不能全部解决问题，须要求维修人员根据自己的知识和经验，对故障进行更深入更具体的诊断。

　　在对数控系统和机床组成有了充分的了解之后，根据故障现象大都可以判断出故障诊断的方向。一般说来，驱动系统故障应首先检查反馈系统、伺服电机本身、伺服驱动板及指定电压。自动换刀不能执行则应首先检查换刀基准点的到位情况、液压气压是否正常及有关的限位开关动作是否正常等。

　　知识和经验是靠平时的学习和维修实践的总结与积累，并无捷径可走。作为维修人员，在平时就要抓紧业务技术的不断学习，逐步提高有关专业知识和实践水平。特别是要充分熟悉机床资料，不放过任何有价值的内容。每次故障排除之后，要总结经验，尽量将故障原因和处理方法分析清楚，并作好记录。这样，维修水平才会不断提高。

　　② 换板法。它是一种简单易行的方法，也是数控维修，特别是故障诊断中常用的方法之一。所谓换板法，就是将怀疑目标用备件板进行更换，或与相同型号的电路板互换，然后启动机床，观察故障现象是否消失或转移，以确定故障的具体位置。如故障现象依然存在，说明故障与所更换的电路板无关，而在其他部位；如果故障消失或转移，则说明更换之板为故障板。

　　在交换备件板之前，应仔细检查备件板是否完好，并且备件板的状态应与原板状态完全一致，包括检查板上的选择开关、短路棒的设定位置以及电位器的位置。在置换 CNC 装置的存储板时，往往还需要对系统作存储器的初始化操作，重新设定各种数控数据，否则系统仍将不能正常工作。

6.3.3　数控机床的故障维修

　　在上面介绍了如何查找数控机床的故障，即故障诊断。在查出故障后，应尽快进行故障维修，有以下几方面。

　　（1）数控系统的故障维修

　　由于各类数控机床所配的数控系统硬软件越来越复杂，加之制造厂商不完全向用户提供硬软件资料，因此数控系统的故障维修是很困难的。作为用户级的维修人员，其主要任务是：正确处理数控系统的外围故障，用换板法修复硬件故障或根据故障现象及报警内容，正确判断出故障电路板或故障部件。至于换下来的故障电路板，可尽量作一些检查与修理工作。

　　下面以 FANUC 10/11/12 数控系统为例，说明数控系统的几个常见故障维修。

　　1）数控系统不能接通电源

　　数控系统的电源输入单元（Input Unit）有电源指示灯（绿色发光二极管），如果此灯不亮，说明交流电源未加到输入单元，可检查电源变压器是否有交流电源输入；如果交流电源已输入，应检查输入单元的保险是否烧断。

　　如果输入单元上的故障指示灯（红色发光二极管）亮，应检查数控系统的电源单元。一般是由于电源单元的工作允许信号 EN（Enable Signal）消失，输入单元切断了电源单元的供电。在此情况下，可能有两种原因：电源单元故障所致或电源单元的负载（即数控系统）故障所致。当然，输入单元故障也会引起故障指示灯亮，不过这种情况较为少见。

此外，数控系统操作面板上的电源开关中的 OFF 状态接触不良，造成电源输入无法自保持，使得一旦松开 ON 按钮，电源即被切断，其现象也造成数控系统不能接通电源。

2）数控系统的电池问题

绝大部分数控系统都装有电池，在系统断电期间，作为 RAM 保持或刷新的电源。常用的电池有两种：一种是可充电的镍镉电池（或其他种类的蓄电池），另一种是不可充电的高能电池。电压等级也是各种各样。

如果使用的是可充电电池，则数控系统本身有充电装置，在系统通电时由直流电源提供 RAM 的工作电压并给电池充电；在系统断电时，用电池储存的能量来保持 RAM 中的数据。如果使用的是不可充电的高能电池，则在系统通电时，由直流电源提供 RAM 的工作电压；系统断电时，由高能电池提供能量来保持 RAM 中的数据。

无论使用哪种电池，当电池电压不足时，数控系统都会发出报警信号，提醒操作人员或维修人员及时更换电池。

更换电池一定要在数控系统通电的情况下进行。否则，存储器中的数据就会丢失，造成数控系统的瘫痪。

有些进口数控机床使用的电池很难买到，且价格也很贵。一般情况下可进行国产化代用。代用的原则是：电压相等、容量（安时数）基本相同。如果形状、体积与原电池不同，可焊两根引线，将电池置于合适的地方。

（2）伺服驱动系统的故障维修

伺服驱动系统可分为直流伺服系统和交流伺服系统，目前生产的数控机床所采用的绝大多数是交流伺服系统。

伺服驱动系统是一个完整的闭环自动控制系统。其中任一环产生故障或性能有所改变，都会导致整个系统的性能下降或发生故障。加之驱动部分的电流大，易发热；机械部分的间隙、摩擦等因素的改变，也都对系统产生影响。测量反馈元件及反馈环的性能改变也会导致系统故障。因此，伺服驱动系统是整个数控机床的主要故障源之一。

下面列举两例常见的伺服驱动系统故障维修。

1）飞车

这里所说的飞车，是指伺服电机在运行时，转速持续上升或急剧上升，控制系统无法进行控制，最后造成紧急停车。

造成飞车的原因可能是：

① 从测量反馈元件来的信号异常：测量反馈信号的丢失、畸变或极性反向，均会引起上述故障。一旦发生飞车，可进行如下检查：

a. 检查接线，确认是否有正反馈现象，测量反馈元件到电路板之间的连接是否可靠，有无接触不良和断路现象；

b. 检查测量反馈元件能否正常工作，光电编码盘输出脉冲的频率或测速机输出电压是否与转速成正比；

c. 检查电机与反馈元件之间的连接是否松动或脱落；光栅尺读数头与运动部件的连接是否松动或脱落；

② 伺服驱动系统的电路板故障：用换板法检查与伺服控制有关的电路板，有无发热、变色及其他异常之处。还可应用其他高级诊断方法进行检查，如使用诊断程序等。

③ 从 CNC 来的指令信号异常：这类故障多数是由于 D/A 转换器损坏所致，无论数字指令是多少，D/A 转换器输出总是最大值，则就会产生貌似飞车但实际并非飞车的现象。

检查方法采用测量模拟指令电压法。

2）振动

振动是一个比较复杂的问题，因为引起振动的原因是多方面的。在分析振动问题时，要注意到振动的振幅和频率，可能会有助于进行故障诊断。

下面是几个常见的引起故障的原因。

① 设定原因。检查与速度、位置有关的参数，若有误，则修正。按照说明书的规定，检查速度控制系统的短路线设定、开关设定、电位器设定是否有误。

② 振动频率与进给速度成正比变化时，可能有以下原因：

a. 速度反馈元件（如测速发电机）或电机本身有问题；

b. 与转动有关的机械部分有问题。

③ 振动频率不随进给速度变化，可能有以下原因：

a. 伺服驱动系统电路板设定或调整不良；

b. 伺服系统电路板有故障。

④ 机械振动。车床的刀杆刚性不足，切削刃不锋利，机械连接的松动，轴承、齿轮、同步皮带的损坏，导轨的爬行等，都可能引起振动。

（3）机械系统故障维修

数控机床的各运动部分都是电动或液动（气动）驱动的，由各部分的共同作用来完成机械移动、转动、夹紧松开、变速和刀具转位等各种动作。当机床工作时，它们各项功能相结合，发生故障时也混在一起。有些故障形式相同，但引起故障的原因却不同。这给故障诊断和排除带来了很大困难。

各种机械故障通常可通过细心维护保养、精心调整来解决。对于已磨损、损坏或者已失去功能的零部件，可通过修复或更换部件来排除故障。由于床身结构刚性差、切削振动大、制造质量差等原因而产生的故障，则难以排除。

下面以加工中心机床上主轴锥孔内弹性夹头的调整为例，说明机械故障处理情况。

主轴锥孔内的弹性夹头用来将安装在主轴锥孔内的刀柄拉紧，其拉紧力靠碟形弹簧产生，松开靠液压油缸克服碟形弹簧力。该弹性夹头如果由于调整不当，或由于长期使用造成各部分的磨损，有可能引起刀柄在锥孔内拉得不紧，刀柄锥度部分与主轴锥孔不能很好地贴合，因而造成刀柄松动，以致影响加工精度甚至根本不能加工。在少数情况下，也可能会出现释放刀具时，由于弹性夹头未完全张开，造成取下刀柄困难。

产生上述故障的根本原因是由于弹性夹头的位置不合适，对其进行适当的调整即可解决。调整时一般以弹性夹头底部与主轴锥孔外沿平面的距离作为控制尺寸来进行，当然最终要以实际的装刀卸刀柄来检验。

（4）液压系统故障维修

液压系统是整个数控机床的重要组成部分，一般用于完成主轴抓刀机构的释放、换刀机械手的驱动、某些部位的夹紧等。数控机床的液压系统一般并不复杂（大型数控机床和使用液压伺服系统的数控机床除外），故障处理也不困难。

液压系统的故障大多数是由于维护保养不当所致。因此，平时按规定对液压系统进行维护和保养，液压系统的大多数故障都可避免发生。液压系统的日常维护保养内容一般在说明书上都有详细的规定，在此不作进一步说明。需要注意的是，当液压系统更换液压油品种时，要将系统中原有的油全部放掉并清洗系统，然后再加入新油，千万不要将不同牌号的油混合使用。

（5）压缩空气系统故障处理

气动系统在数控机床上担任辅助工作。如换刀时，用来清洗刀柄和主轴锥孔；更换工作台板时，用来清洗导轨、定位孔和定位销；有安全工作间（封闭式机床的防护罩）的，用来驱动工作间的门进行起闭；更换工作台板时，抬起安全防护罩等。还有的机床利用气动系统实现旋转工作台的制动解除。在数控机床上，还常常使用气动卡盘、自动转位刀架等。

气动系统较为简单，一般不易出现故障，即使出现故障也比较容易解决。

气动系统的多数故障是由于杂质（主要为铁锈）与水分引起的。

由压缩空气系统中的杂质引起的故障一般是过滤器阻塞。发生这种故障时，要对过滤器进行清洗。数控机床上的空气过滤器使用的多为金属或陶瓷烧结滤芯。清洗时首先取出滤芯，用毛刷和汽油清洗，再用压缩空气从里往外吹，这样反复进行，直到清洗干净。有条件的单位，最好用超声波清洗机进行清洗，这样既快又干净。

保持压缩空气的干燥方能保证气动系统不受水分的影响。这就要求在压缩空气进入机床前进行干燥处理。简单的方法是加一个气水分离器（水分滤气器）。有条件的单位，可将压缩空气进行冷却干燥，使压缩空气的温度低于机床安装厂房的环境温度，这样可有效地防止压缩空气中的水分遇冷而产生冷凝水。

另外，雾化油杯中的油面要经常检查，不能缺油。因为雾化油杯担负着整个气动系统运动零部件的润滑任务。如果雾化油杯缺油，就会加速磨损，甚至造成运动不灵活、锈蚀等问题。

（6）其他系统故障处理

数控机床一般还包括：冷却及通风系统、润滑系统等。这些系统也都是数控机床的重要组成部分，无论哪一部分出现问题，数控机床都不能正常运行。

下面对这些系统作简单介绍。

1）冷却及通风系统

多数数控机床的控制柜采用风冷。对风冷系统要经常检查风扇运转是否正常，进风口的空气过滤垫是否需要清洗等。

有些系统采用制冷装置对控制柜进行冷却，其作用原理与一般空调相同。对冷却装置，需要经常进行检查，主要检查冷却装置的制冷效果，如果制冷效果不佳或根本不制冷，应赶快进行修理。

2）润滑系统

有的数控机床有两套润滑系统，一套是主轴润滑系统，另一套是中心润滑系统。

主轴润滑系统专门用来对主轴传动机构进行润滑。由油泵出来的油通过流量计到供油管，流量计预先被调到一定的流量，若出现异常（如油流中断），则发出报警信号。

中心润滑系统用来对数控机床所有的滑动面（如导轨副）和运动部件进行润滑。油管中装有压力继电器，当中心润滑系统出现故障时，压力继电器就会切断所有的进给驱动回路的电源，使机床停止工作，同时显示报警内容。

润滑系统维护保养的特点是：选用合适的润滑油品，经常检查油位，不能缺油。在更换润滑油品牌时，一定要将原有的油放掉，并加入煤油至少运行半小时，将管路清洗干净，再加入新油运行。

6.3.4　故障诊断与维修综合实例

本部分以基于华中Ⅰ型数控系统下的数控机床为例，具体说明数控机床的故障诊断与维修问题。

（1）简易数控机床"掉步"问题的处理

由于简易数控机床属于开环数控机床，伺服驱动装置采用步进电机，故简易数控车、铣床在某些情况下存在着"掉步"。解决此问题，一般可从如下方面进行故障诊断与处理。

① 查看是属于哪个方向（X、Y、Z 向）出现"掉步"。

② 若某个方向出现"掉步"，再查看这个方向是正方向还是反方向出现"掉步"。

③ 查看出现"掉步"方向的步进电机或驱动板（电源）是否正常。若正常，且某个方向的正（负）向不"掉步"，而其负（正）向出现"掉步"，则可断定为步进电机的传动同步带磨损或撕裂，或此方向的最高快移速度设置太高，或工作环境不好。

④ 若步进电机传动的同步带磨损或撕裂，应换成同规格的新同步带。

⑤ 若某方向的最高快移速度设置太高，则按前述修改机床参数的方法，修改此参数为合适值（一般低于 3000mm/min）。

⑥ 若工作环境不好，一般为连续工作时间太长，致使机床工作温度太高，或移动部件润滑不充分，或太潮湿且灰尘太多等。解决办法是停机，待工作环境好后，再开机工作。

（2）某工作轴不动作

使数控机床工作在点动工作方式，在操作面板上点动不动作的进给轴方向键，若此轴仍不动作，则需检查维修如下方面：

① 使用皮带传动的，检查皮带是否脱落或断裂。

② 检查从驱动电机→电柜中驱动单元或驱动电源→电缆信号线各环节工作是否正常，有无松脱，电源开关是否跳闸等。

（3）急停报警

对于简易数控机床，出现急停报警的原因一般为两个：因安全问题，人为按压"急停"按钮；超程引起的急停。对于半闭环或闭环数控机床，产生急停报警的原因还有其他因素，如伺服驱动系统出现故障产生的飞车急停等。这里主要讨论简易数控机床的急停报警处理，可按下述进行。

① 因安全原因，人为按压"急停"按钮后，要解除急停报警，则要顺着"急停"按钮箭头指示的方向转抬，即可解除。

② 超程引起的急停，一般有急停报警显示在 CRT 上，且"超程"指示灯亮，为进给轴超程引起。超程有两种：一种是硬超程，另一种是软超程。

对于硬超程，则表示行程开关碰到了超程位置处的行程挡块。解除硬超程，需在点动工作方式下，按住"超程解除"键不放，再按超程的反方向进给键，使工作台（铣床）或刀架（车床）向超程的反方向移动，直至"超程"指示灯灭为止。

对于软超程，是指进给轴实际位置超出了机床参数中设定的进给轴极限位置。解除软超程，须按如下步骤进行：从数控系统基本功能菜单开始，按 F3（参数）→F3（输入权限）→选"数控厂家"菜单项→输入密码"×××"（"×××"为数控厂家给定用户的密码）→F1（参数索引）→轴＊（＊为软超程的轴序号，如"1"、"2"或"3"）→ ＊ 向软极限位置（＊为软超程的正极限位置或负极限位置方向，如"＋x"、或"－x"等）→输入值×1000（输入值的绝对值比原来值要小）→按两次 F10，选"保存退出"菜单项→Alt－X（退出数控系统）→E，回车（从内存中退出）→n，回车（重新启动数控系统），即可解除软超程。

当上述硬超程或软超程解除后，屏幕上的"急停报警"信息即可消除。

（4）切削刀具路径未显示在 CRT 工作区域中央

在进行程序校验或空运行或试切削或加工时，往往需要将切削刀具路径显示在 CRT 图形显示窗口中央，以观察切削路径的正确性，避免产生加工故障。

当切削刀具路径未显示在 CRT 图形显示窗口中央时，可通过如下步骤进行：

① 在数控系统功能菜单区，选择 F9（显示方式）；

② 在弹出式菜单下，选择"图形显示参数"项；

③ 在"请输入显示起始坐标（X，Y，Z）："提示行下，输入屏幕右边显示的工件指令坐标或工件坐标零点值；

④ 在"请输入 X，Y，Z 轴放大系数："提示行下，输入合适的放大系数值；

⑤ 观察图形显示窗口中的红点是否在中央，若在中央，则可正常进行切削刀具路径的显示。

（5）联机不通

在联机不通时，数控机床操作面板上"联机"指示灯不亮，可从如下方面进行检查和维修。

① 计算机并口和操作面板上的接口是否正常，联结电缆是否松动。

② 电源输入单元有无问题，输入单元的保险是否烧断。

③ 电源单元的工作允许信号 EN 是否消失；NC 板是否有 12VAC 信号。一般通过测量比较法进行。

④ 光电隔离板工作是否正常。

⑤ 操作面板上的电源开关（ON，OFF 按钮）是否损坏或接触不良。

（6）加工零件时出现表面烧伤现象

加工零件时出现表面烧伤后，除零件不合格外，严重时会损坏刀具或机床。解决此故障，可从如下检查和维修。

① 选用的切削用量和切削刀具是否合适，冷却是否充分。

② NC 指令中 M03（主轴正转）和 M04（主轴反转）是否用反了，应选刀具切削刃（而不是刀背）切入工件的方向为主轴旋转方向。

③ 数控机床的动力电源（380V）的相位是否接反，造成了指令 M03 本应主轴正转而实际上主轴反转。这时应采用测量比较法，将电源的相位调正确。

6.4　数控自动编程技术简介

6.4.1　数控自动编程概述

数控自动编程是借助计算机及其外围设备自动完成从零件图构造、零件加工程序编制到控制介质制作等工作的一种编程方法。目前，除工艺处理仍主要依靠人工进行外，编程中的数学处理、编写程序单、制作控制介质、程序校验等各项工作均通过自动编程来完成。与手工编程相比，自动编程解决了手工编程难以处理的复杂零件的编程问题，既减轻劳动强度、缩短编程时间，又可减少差错，使编程工作简便。

（1）实现自动编程的环境要求

1）硬件环境

根据所选用的自动编程系统，配置相应的计算机及其外围设备硬件。不同的自动编程系统，其硬件环境有些差异，需根据具体要求配置。

2）软件环境

软件是指程序、文档和使用说明书的集合，它包括系统软件和应用软件两大类。

① 系统软件是直接与计算机硬件发生关系的软件，起到管理系统和减轻应用软件负担的作用，如操作系统软件等。

② 应用软件是指直接形成和处理数控程序的软件，它需要通过系统软件才能与计算机硬件发生关系。应用软件可以是自动编程软件，包括识别处理由数控语言编写的源程序的语言软件（如 APT 语言软件）和各类计算机辅助设计/计算机辅助制造（CAD/CAM）软件；其他工具软件和用于控制数控机床的零件数控加工程序也属于应用软件。

在自动编程软件中，按所完成的功能可分为前置计算程序和后置处理程序两部分。前置计算程序是用来完成工件坐标系中刀位数据计算的一部分程序，如在图形交互式自动编程中，前置计算程序主要为图形 CAD 和零件 CAM 部分。

后置处理程序也是自动编程软件中的一部分程序，其作用主要有两点：一是将前置计算形成的刀位数据转换为与加工工件所用 CNC 控制器对应的数控加工程序运动指令值，二是将前置计算中未作处理而传递过来的编程要求编入数控加工程序中。在图形交互式自动编程系统中，有多个与各 CNC 控制器对应的后置处理程序可供选择调用。

（2）自动编程的分类

自动编程技术发展迅速，至今已形成繁多的种类。按计算机硬件的种类规格分类，可分为微机自动编程，大、中、小型计算机自动编程，工作站自动编程，以及依靠机床本身的数控系统进行自动编程等；按编程信息的输入方式分类，可分为批处理方式自动编程，人机对话式自动编程等；按加工中采用的机床坐标数及联动性分类，可分为自动编程可以点位自动编程、点位直线自动编程、轮廓控制机床自动编程等。对于轮廓控制机床的自动编程，依照加工中采用的联动坐标数量，又有 2—2.5—3—4—5 坐标加工的自动编程。美国 CNC 软件公司的 MasterCAM 软件，属于微机自动编程。

6.4.2　图形交互式自动编程系统

在数控自动编程系统中，图形交互数控自动编程系统是目前国内外普遍采用的 CAD/CAM 软件，它具有速度快、精度高、直观性好、实用简便、便于检查等优点，其编程内容和步骤的流程如图 6.2 所示。

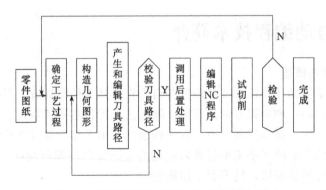

图 6.2　图形交互式自动编程系统编程流程

目前使用较多的图形交互数控自动编程系统有：国内北航海尔软件有限公司的 CAXA 软件，美国 UNIGRAPHICS 公司的 UGⅡ 软件，以色列的 Cimatron 软件，美国 PTC 公司的 Pro/E 软件和 CNC 软件公司的 MasterCAM 软件等。本书主要介绍 MasterCAM 软件的自动编程。

（1）MasterCAM 的主要功能

　　MasterCAM 软件具有较强的绘图（CAD）功能、图档转换功能、CAM 功能、仿真与分析和后置处理等功能。

　　（2）MasterCAM 产生 NC 的工作内容

　　MasterCAM 产生 NC 程序时包含三个主要的内容：电脑辅助设计 CAD，电脑辅助制造 CAM 和后置处理。

　　电脑辅助设计 CAD 时，首先要分析工件图，根据要加工的工件特征和原料的尺寸，可以决定需要切除的材料数量，然后用有关的指令产生一个 CAD 图形。

　　电脑辅助制造 CAM 时，则根据 CAD 图形，再结合加工方案，输入切削加工数据，以产生和输出一个刀具位置数据档（NCI），这个文件包含一系列刀具路径的坐标值，以及加工信息，如进给量、主轴转速、冷却液控制指令等。

　　后置处理则是选择加工工件所用的 CNC 控制器后置处理程序，将 NCI 档案转换为该 CNC 控制器可以识别的 NC 代码程序。

　　（3）MasterCAM 工作环境

　　1）进入 MasterCAM

　　进入 MasterCAM 按如下步骤进行。

　　① 进入 Windows 98 环境　启动计算机，进入 Windows 98 操作平台，得到其视窗系统。由于在计算机装入的程序不同，则在启动 Windows 98 后，屏幕上可能有不同的应用程序和图像。

　　② 进入 MasterCAM　使用鼠标，两次点击应用程序视窗中的 MasterCAM 应用程序，即 Mill 8 图像，得到如图 6.3 的 MasterCAM 屏幕。

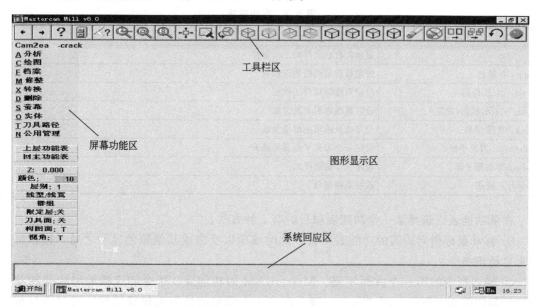

图 6.3　MasterCAM 屏幕

　　2）MasterCAM 屏幕

　　图 6.3 中，整个屏幕划分为四个区：图形显示区、系统回应区、工具栏区和屏幕功能表区。

　　① 图形显示区：这是产生或修改几何图形的工作区（见右边的空白区域）。

　　② 系统回应区：这个区位于屏幕的下方，用一行或两行的文字显示指令的状态。在使

用时，应注意这个区，它也许要求从键盘输入相关的信息或数据。

③ 工具栏区：这个区位于屏幕上方，为 MasterCAM 的使用快捷工具项。

④ 屏幕功能表区：本区位于屏幕左边，包括一个主功能表和一个次功能表。主功能表是用于选择系统的主要功能，如绘图、修整或产生刀具路径等，如表 6.2 所示。次功能表则是用于改变系统的参数，如使用者常需调整 Z 深度或者颜色，如表 6.3 所示。

表 6.2　主功能表

Main Menu 主菜单	功　能　描　述
Analyze　分析	将所选物体的坐标或数据信息显示在屏幕上。这对于确认已经存在的物体相当有用，如使用者可决定一个元的半径或者一条线的角度
Create　绘图	产生几何物体存入数据库并且显示在图形显示区
File　档案	处理图档，例如存档，取档，档案转换，传输，或者接受
Modify　修整	用倒圆角，修剪延伸，打断，连接等指令修整几何物体
Xform　转换	用镜射、旋转、缩放和补正等指令转换已经存在的几何物体
Delete　删除	从屏幕上和系统的数据库中删除一个或者一组图表
Screen　屏幕	从某一侧角观看几何物体，显示图表数目，视窗放大缩小，改变视区数目和组态
Toolpath 刀具路径	用钻孔、外形铣削、挖槽等指令产生 NC 刀具路径
NC utile 公用管理	修改和处理 NC 刀具路径
BACKUP　上层功能表	将主功能表带回到上一级菜单
Main Menu 回主功能表	将主功能表带到最上层菜单

表 6.3　次功能表

主　要　项　目	功　能　描　述
Z：0.0000	显示和改变现行的工作深度
Color：10 颜色	设定目前系统的预设颜色
Level：1　工作层	设定系统的现行工作层
Style/Width：线型/线宽	设定画线的型式及宽度
Mask：off 限定层	设定系统的限定层是关或开
Tplane：off 刀具平面	设定一个刀具平面是关或开
Cplane：T 构图平面	设定一个构图平面
Gview：T 视角	改变系统视角

在从功能表区选择某一个功能表项目时有 2 种方法：

① 移动鼠标指向所需的功能表项目，此时该项以反白或其他颜色显示之后，按鼠标按钮来启动该指令。

② 输入指令的第一个大写字母。MasterCAM 的功能表，指令和选择的结构是树状排列。例如，图 6.4 所示为用"两点"指令产生一个图形的功能表树状结构。通过鼠标按图 6.4 所示依次点选，并注意系统回应区内的提示，按规定选择或输入。

对如图 6.4 所示的指令选择，本书约定表示为：

绘图（Create）→矩形（Rectangle）→两点（2 points）

3）MasterCAM 的热键

为了提高操作的速度，在 MasterCAM 中有一些快速键和一些即时键，这些统称为热键。部分热键及其含义如表 6.4 所示。

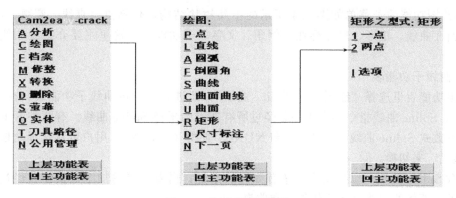

图 6.4 绘图的树状结构

表 6.4 功能键及其含义

功 能 键	功 能 键 的 含 义
F1＝Zoom(放大视图)	将给定区域内的图形放大
F2＝Unzoom(缩小视图)	将图形整体缩小
F3＝Repaint(重画)	将屏幕上的图形重画一次
F10	显示设置功能键
Alt＋F1＝Fit	将全部几何图形显示于整个屏幕上
Alt＋F2	将屏幕上的图形缩小为原来的 4/5
Alt＋F4＝Exit	退出 MasterCAM 系统
Alt＋F5	删除视窗内的图形元素
Alt＋F9	显示视角中心、构图平面轴和当前的刀具平面轴
Alt＋B＝Tool Bar	显示或隐藏工具条
Alt＋D	打开尺寸标注参数对话框
Alt＋F	打开字型对话框
Alt＋H	打开系统的求助窗口
Alt＋L	设置线型和线宽
Alt＋U	恢复
Alt＋Z	打开图层管理对话框
Alt＋0	设置工作深度
Alt＋4	设置刀具平面
Alt＋Tab	切换视窗控制
Esc	中断执行

注：以上功能键在任何菜单下均有效。

4）退出 MasterCAM

在需做其他事情或关机前，为避免数据丢失等意外情况，应退出 MasterCAM，按下列步骤进行操作：

① 回到主功能表的根页；

② 选择"档案"项；

③ 选择"下一页"项；

④ 选择"离开系统"项；

⑤ 确定退出 MasterCAM，选择"是"。

也可以通过鼠标点击系统界面右上角的【×】按钮或 Alt＋F4 热键，退出 MasterCAM 系统。

6.4.3 基本构图与编辑

（1）2D 基本几何绘图

2D 绘图功能的子菜单如图 6.4 所示的中间树状结构，包括点、直线、圆弧、倒圆角、曲线、曲面曲线、矩形、尺寸标注、倒角、文字等子功能表。这里主要介绍绘曲线和文字功能。

1）曲线子功能表

从主功能表里选择"绘图"→"Spline 曲线"，即进入 Spline 曲线子功能表。在 MasterCAM 中，Spline 曲线指令会产生一条经过所有选点的平滑 Spline 曲线。有两种 Spline 曲线型式：参数式 Spline 曲线（型式 P）和 NURBS 曲线（型式 N）。用户可从选择功能表中的"曲线型式"来切换。

参数 Spline 曲线可以被想作一条有弹性的条带，借着适当的加上重量使它经过所给的点，要求点两侧的曲线有同样的斜率和曲率。

NURBS 是 NON-Uniform Rational B-Spline 曲线或曲面的缩写。一般而言，NURBS 比一般的 Spline 曲线光滑且较易编辑，只要移动它的控制点就可以了。

产生一个 Spline 曲线有 3 种方法：

- 手动：人工选择 Spline 曲线的所有控制点。
- 自动：自动选择 Spline 曲线的控制点。
- 转成曲线：串联现有的图表以产生 Spline 曲线。

Spline 曲线功能表的最后一项是"端点状态"。这是一个切换选择，让你可以调整 Spline 曲线起始点和终止点的斜率，预设值是"关（N）"。

2）文字子功能表

文字图形可用于在饰板上切出文字。进入文字指令的顺序是"绘图"→"下一页"→"文字"，会得到其三个子项目：真实字型、标注尺寸、档案。

① 真实字型：该选项是用真实字型 True Type 构建文字，只限于现在已安装在计算机内的真实字型号。关于真实字型，参看 Windows 可得到更多的信息。从主功能表里选择"绘图"→"下一页" →"文字" →"真实文字"，出现相应的对话框，可选取所需的真实字型 True Type。

选择字型和字体后，系统提示输入要构建的文字和字高。在有些情况下，实际字高可与输入的值不匹配，可用"转换 Xform"中比例功能来改变字型的尺寸。

构建真实字型 True Type 文字几何图形，要选择一个方向，可选择下列方法。

a. 水平 Horizontal：构建文字平行构图平面的 X 轴。

b. 垂直 Vertical：构建文字平行构图平面的 Y 轴。

c. 圆弧顶部 Top of arc：构建文字以一个半径环绕成一个圆弧，按顺时针方向排列，文字在圆弧上方。

d. 圆弧底部 Bottom of arc：构建文字以一个半径环绕成一个圆弧，按逆时针方向排列，文字在圆弧下方。

输入方向后，文本框显示了一个缺省的字间距，MasterCAM 是根据字高计算的，推荐接受该字间距，但如有需要，可输入不同的字间距。

构建真实字型 True Type 在绘图区的位置，若构建的文字是水平或垂直方向的，只输入文字的起点；若构建的文字是沿着圆弧顶部或底部的，则必须输入中心和半径。

② 标注尺寸：该选项用于 MasterCAM 构建标注尺寸的全部参数（字体，倾斜，字高等），它包括了线，圆弧和 Spline 曲线。

用标注尺寸构建文字步骤：

a. 从主菜单中选"绘图"→"文字"→"下一页"→"标注尺寸"。

b. 在显示的文本框输入文字，然后按回车，显示点输入菜单。

c. 输入文字的起点，构建标注尺寸文字。

③ 档案：从主功能表里选择"绘图"→"下一页"→"文字"→"档案"，可从选取 MasterCAM 现有的文字图形来构建文字，有单线字、方块字、罗马字、斜体字四种。使用"其他"项，可从指定子目录文档中调用文字、符号来使用或编辑。

（2）3D 基本几何构图

1）3D 几何造型的基本概念

① 线框架模型（Wireframe Models）：在构造曲面之前，通常都应先绘制线框架模型。线框架模型是以物体的边界（线）来定义物体，如图 6.5 所示。为了能正确地表现出物体的形状，常需把"非平面的表面"以线框架图素为基准来构造曲面。线框架模型不能直接产生 3D 曲面刀具路径，但它能表示曲面的边界和曲面的横断面特性。

② 曲面模型（Surface Models）：它用于定义曲面的形状，包括每一曲面的边界（线），这是把线框架模型再进一步处理之后所得到的结果。也就是说，曲面模型不仅显示曲面的边界（线），而且能呈现出曲面的真实形状。曲面模型可直接产生曲面刀具路径去加工曲面，拥有比线框架模型更多的资料，并且能够被编修和上色。如图 6.6 所示为呈现的曲面模型，它与图 6.5 所呈现的是同一物体，只是改用曲面的方式来呈现。

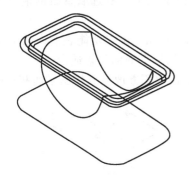

图 6.5 线框架模型　　　　　　　图 6.6 曲面模型

③ 构图平面（Construction Plane）：它用于定义平面的方向，几何图形就是要绘制于所定义的构图平面上。在使用 CAD 系统绘制任何图素之前，必须先指定构图平面。Mastercam 提供俯视图（Top Cplane）、前视图（Front Cplanre）、侧视图（Side Cplane）、空间绘图（3D Cplane）、两线定面（2-Line Cplane）和法线面（Normal Cplane）6 种基本的构图平面。

a. 三种基本构图平面：如图 6.7 所示为三种基本构图平面：top［俯视图］、front［前视图］、side［侧视图］。［俯视图］构图平面是最常用的构图平面，注意当把［构图面］更改为［前视图］或［侧视图］时，它们的轴向所发生的变化。决定每一平面之轴向的原则如下：

● 当正面对着所选定平面时，此构图平面的 X 轴总是朝向"水平"的方向。

● 当正面对着所选定平面时，此构图平面的 Y 轴总是朝向"垂直"的方向。

● Z 轴总是垂直于 X 轴和 Y 轴。

b. 空间构图平面（3D Cplane）：3D Cplane［空间绘图］构图平面的轴向和 Top Cplane［俯视图］构图平面的轴向很类似，唯一的不同是：3D Cplane［空间绘图］构图平面允许直线的两端面可以落在"不平行于三个基本构图平面中的任一个",也就是说,在此构图平面上绘制直线图素,其两端点的深度可以不一样,故叫做立体的空间构图平面,如图6.8所示。

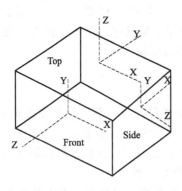

图6.7　三种基本构图平面

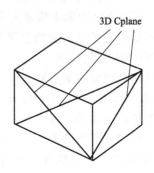

图6.8　3D Cplane 构图平面

c. 两线定面（2—Line Cplane）：在空间上的任意两条垂直的直线都可定义构图平面。此时,所选取的第一直线就代表X轴,第二条直线就成为Y轴,而Z轴是垂直于X和Y轴。

d. 法线面（Normal Cplane）：它的法线方向的平面是在垂直所选取直线的端点上而被定义出来。

④ Z-深度的控制：Mastercam 系统是在 Secondary Menu［第二功能表］内的 Z 命令去控制几何图素的深度,图6.9进行 Z-深度的控制,以使构图平面的位置适当。

对于三维的几何造型,需在构图过程中,根据作图需要不断改变其构图平面和构图工作

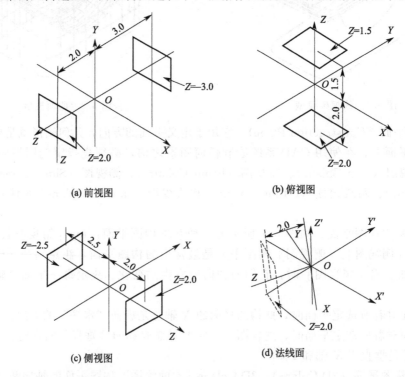

(a) 前视图　　　　　　　　　　(b) 俯视图

(c) 侧视图　　　　　　　　　　(d) 法线面

图6.9　Z-深度的控制

深度 Z，并且为了能清楚表示屏幕上的所作图形中的各种图素和制图时抓点方便，也需随时选用视角、颜色或层功能。

2）曲面类型与形式

面（Surface）是由 Coons 曲面、Bezier 曲面、B-Spline 曲面和 NURBS 曲面四种数学化方程式计算所得到的基本曲面类型。

曲面的形式可分为三大类型：geometrical surfaces（几何图形曲面）、free-form surfaces（自由型式的曲面），derived surfaces（编辑过的曲面）。

① 几何图形曲面：有 draft surfaces（牵引曲面）和 revolved surfaces［旋转曲面］。

② 自由型式曲面：可分为 constrained surfaces［拘束式曲面］和 unconstrained surfaces［非拘束式曲面］两类。拘束式曲面有举升曲面（Lofted Surface）、扫描曲面（Swept Surface）、昆式曲面（Coons Surface）、直纹曲面（Ruled Surface）等；非拘束式曲面有 Bezier、B-spline、NURBS 曲面等。

③ 编辑过的曲面：它是由既有的曲面去修改而得到的，有 offset［曲面补正］、trimmed［修整/延伸］、fillet［曲面倒圆角］、blend［曲面熔接］等。

MasterCAM 的曲面　MasterCAM 提供了许多功能强大的曲面技术，包括：

● 几何图形曲面模组：有旋转曲面、牵引曲面等两个模组。

● 自由型式的曲面模组：有直纹曲面、举升曲面、昆式曲面、扫描曲面等四个模组。

● 编辑过的曲面模组：有曲面倒圆角、曲面补正、修整/延伸、曲面熔接等四个模组。

对于自由型式的曲面和编辑过的曲面，主要都是基于三种方式的曲面数学化原则：Parametric（参数式）、NURBS 和 Curve-generate（曲线生成式）。大多数曲面模组可选用这三种形式，但昆式曲面、扫描曲面和顺接曲面只能选择参数式和 NURBS 式。

（3）几何图形的编辑

要产生复杂工件的几何图形，必须通过编辑功能来修改现有的几何图素，以使作图更容易和更快。几何图形的编辑功能有删除、修整和转换三种。

① 删除功能：它用于从屏幕和系统的资料库中删除一个或一群组设定因素，其子菜单包括串联、窗选、区域、仅某图素、所有的、群组、结果、重复图素和回复删除等。

② 修整功能：在修整功能表下包括一组相关的修整功能，用于改变现有的图素，其子菜单包括倒圆角、修剪延伸、打断、连接、曲面法向、控制点、转成 NURBS、延伸、动态移位、曲线变弧等。

③ 转换功能：用来改变几何图素的位置、方向和大小，其子菜单包括镜射、旋转、等比例、不等比例、平移、单体补正、串连补正、牵移、缠绕等。

（4）构图实例

1）产生线框架模型

【例 6.1】　产生如图 6.10 所示的线框架模型。

其构图分析如下：

① 用 Top CpLane（俯视图）构图平面，绘制一个矩形。

② 用 Front CpLane（前视图）建构线框架模型上边界的两个外形，即 C1 和 C2 两个圆弧，其由端点和半径所定义。

③ 用 Side CpLane（侧视图）来建构线框架模型上边界的其余两个外形。

④ 在作上边界右边的外形时，需先做三条辅助线；在作上边界左边的外形时，需先做一条辅助线，并在后面进行删除。

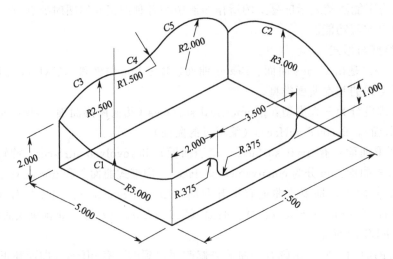

图 6.10　线框架模型

在进行构图分析后，其构图步骤具体如下：

① 进入 MasterCAM 系统，并设定次功能表。

- 点击 "Z"，输入 Z 值为 "0"，↙（"↙" 表示回车，下同）；
- 点击 "构图面"，再点击 "俯视图"；
- 点击 "视角"，选择 "等角视图"。

② 建构一个矩形盒：选 "MAIN MENU（回主功能表）"→"create（绘图）"→"rectangle [矩形]"→"2 point [两点]"。

- 输入左下角：0，0 ↙
- 输入右上角：5，7.5 ↙
- 按 "ALT＋F1" 组合键，然后再按 "ALT＋F2" 组合键使屏幕上的图形适度化。

选 "MAIN MENU [回主功能表]" →"Xform [转换]"→"Traslate [平移]" →"ALL [所有的]"→"LINES [线]"→"Done [执行]"→"Rectang [直角坐标]"。

- 请输入平移之向量：Z-2 ↙
- 设定对话框内的参数，如图 6.11 所示。
- 选对话框内的 "Done [确定]"。

图 6.11　平移对话框

现在，屏幕上矩形盒如图 6.12 所示。

③ 在 Front [前视图] 构图平面来绘制 C1 和 C2 圆弧。

选"Cplane [构图面]"→"Front [前视图]"。

选"MAIN MENU [回主功能表]"→"Create [绘图]"→"Arc [圆弧]"→"Endpoints [两点圆弧]"→"Endpoint [端点]"。

- 请输入第一点：抓取 P1 和 P2。
- 请输入半径：5 ↙
- 选择你的圆弧 C1。
- 选"Z0.000"→"End point [端点]"。
- 抓取 P3，表示把工作深度定位于所选之线端点的深度。
- 选 P4 和 P5 去定义圆弧的两端点。
- 请输入半径（5,0）：3 ↙
- 选择你要的圆弧 C2。

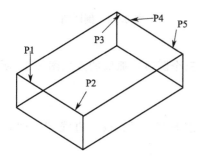

图 6.12　矩形盒

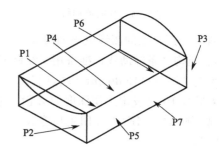

图 6.13　绘制两圆弧

现在，屏幕上的图形应该如图 6.13 所示。

④ 绘制三条辅助线，抓取的点如图 6.13 所示。

- 选"Cplane [构图面]"→"Side [侧视图]"。
- 选"Z"→"Endpoint [端点]"。
- 抓取 P1 即获得工作深度（应该是 Z5.0）。

选"MAIN MENU [回主功能表]"→"Create [绘图]"→"Line [直线]"→"Horizontal [水平]"。

- 请指定第一个点：抓取 P2 和 P3。
- 请输入所在 Y 轴位置：−1.0 ↙。

选"BACKUP [上层功能表]"→"Vertical [垂直]"。

- 请指定第一个点：抓取 P4 和 P5。
- 请输入所在 X 轴位置 2.0 ↙
- 请选定第一个点：抓取 P6 和 P7。
- 输入所在 X 轴位置：5.5 ↙

现在，屏幕上的图形应该如图 6.14 所示。

⑤加入 4 个倒圆角，抓取的点如图 6.14 所示。

选"MAIN MENU [回主功能表]"→"Modify [修整]"→"Break [打断]"→"2 pieces [两段]"。

- 请选择图素：选 P1，P2（两点可以为同一点）。

选"MAIN MENU [回主功能表]"→"Modify [修整]"→"Fillet [倒圆角]"→"Radius［圆角半径］"。

- 请输入圆角半径：0.375 ✓
- 依次选取 P3，P4，P5，P6，P7，P8，P9，P10 即完成四个倒圆角。

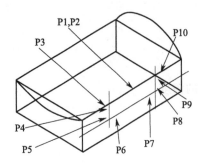

图 6.14　绘制辅助线

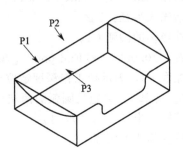

图 6.15　倒圆角

现在，屏幕上的图形应该如图 6.15 所示。

⑥ 建构一条辅助线，准备用于绘制 C3，C4，C5 三个圆弧，抓取的点如图 6.15 所示。

- 选 "Z" →"Endpoint［端点］"。
- 抓取 P1 去设定工作深度的 Z 值（应该是 Z0.0）

选 "MAIN MENU［回主功能表］" →"Create［绘图］" →"Line［直线］" →"Vertical［垂直］"。

- 抓取 P2 和 P3。
- 请输入所在 X 轴位置：3.75 ✓

现在，画出构图辅助线之后的图形如图 6.16 所示。

⑦ 建构两个圆弧 C3 和 C5，抓取的点如图 6.16 所示。

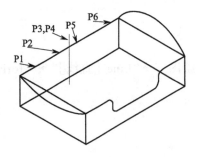

图 6.16　画构图辅助线

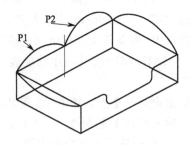

图 6.17　绘制两个圆弧

选 "MAIN MENU［回主功能表］" →"Create［绘图］" →"Arc［圆弧］" →"Endpoints［两点画弧］" →"Endpoint［端点］"。

- 抓取 P1 作为第一点。
- 选取 "Intersec［交点］"。
- 抓取 P2，P3 去决定第二点。
- 请输入半径：2.5 ✓
- 用鼠标去选取你所要的圆弧 C3。
- 继续抓取 P4，P5 去决定 C5 圆弧的第一端点。
- 选 "Endpoint［端点］"，然后再抓取 P6 作为圆弧的第二端点。

- 请输入半径：2 ✓
- 用鼠标选取你要的圆弧 C5。

现在，屏幕上已有 C3 和 C5 这两个圆弧，如图 6.17 所示。

⑧ 建构另一个圆弧 C4，其相切于 C3 和 C5，抓取的点如图 6.17 所示。

选 "MAIN MENU［回主功能表］" →"Modify［修整］" →"Fillet［倒圆角］" →"Radius［半径］"。

- 请输入半径：1.5 ✓
- 抓取 P1 和 P2 即完成倒圆角。

现在，屏幕上的图形应该如图 6.18 所示。

⑨ 删除绘图辅助线，抓取的点如图 6.18 所示。

选 "MAIN MENU［回主功能表］" →"Delete［删除］"。

抓取 P1，P2，P3，P4，删除这四条线。最后，完成的图形如图 6.19 所示。

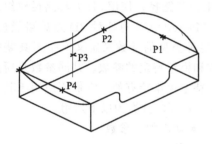

图 6.18 建构另一圆弧

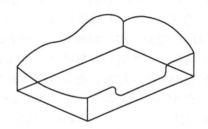

图 6.19 最终图形

⑩ 存档：选 "MAIN MENU［回主功能表］" →"File［档案］" →"Save［储存］" →输入档名：coons1←

2) 产生昆式曲面模型

【例 6.2】 产生如图 6.20 所示的昆式曲面模型。

它的边界属于开放式外形，其切削方向的缀面数目为 1，截断面方向的缀面数目为 1，因此，其缀面总数为 1，其绘图步骤具体如下：

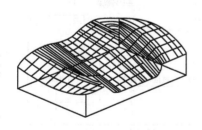

图 6.20 昆式曲面模型

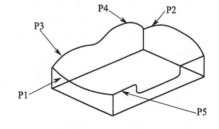

图 6.21 线框架模型

① 选择 "主功能表" →"绘图" →"曲面" →"昆氏曲面" →选择 "否"，手动串联，抓取的点如图 6.21 所示。

- 提示栏显示：切削方向的缀面数目，输入 1 ✓
- 提示栏显示：截断面方向的缀面数目，输入 1 ✓
- 选 "单体"，提示栏显示：

定义切削方向：段落 1、外形 1，抓取点 P1；

定义切削方向：段落 1、外形 2，抓取点 P2。

定义截断方向：段落 1、外形 1，选择菜单，点选"更换模式"→"串连"→"部分串连"，根据提示点选 P3 、P4；

定义截断方向：段落 1、外形 2，根据提示点选 P5。

② 选择菜单点选"结束选择"→"执行"，设定各项参数："曲面形式 N "、"熔接方式 L "→"执行"。最后，完成的昆式曲面模型图形，如图 6.20 所示。

选"MAIN MENU〔回主功能表〕"→"File〔档案〕"→"Save〔储存〕"→输入档名：coons2 ✓

6.4.4　刀具路径的生成

（1）2D 刀具路径的生成

1）2D 刀具路径模组及其共同参数

MasterCAM 提供了两组刀具路径模组来产生刀具路径：2D 刀具路径模组和 3D 刀具路径模组。使用 2D 刀具路径模组来产生 2D 工件的加工刀具路径，使用 3D 刀具路径模组来切削各式的 3D 曲面。下面先介绍 2D 刀具路径模组。MasterCAM 有四种 2D 刀具路径模组：外形铣削、挖槽、钻孔和刻文字。MasterCAM 使用各种类型的参数来定义产生刀具路径所需要的信息。这些信息参数可分类为两组：共同参数和模组特定的参数。共同参数是所用的刀具路径模组都使用的，而模组特定的参数乃是某一特定模组特有的，它们不适用于其他的模组。在 MasterCAM 中，共同参数又称为刀具参数，它可以分类为以下六组：

- 刀具补正
- 刀具数据
- 切削加工参数
- 坐标设定
- 刀具显示
- 其他

其屏幕内容形式如图 6.22 所示，下面讨论其具体内容。

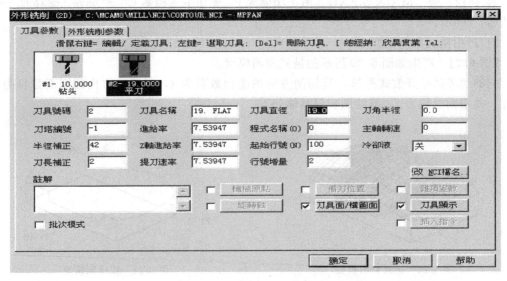

图 6.22　共同参数（刀具参数）

① 刀具补正：刀具补正是将刀具中心从零件的轮廓路径向指定的旁边偏移一定的距离。它又被称为刀具直径补正（CDC）或者刀具半径补正。它可应用于如下四种情况：

a. 使编程员可以直接根据工件坐标值编写所要的刀具路径；

b. 容许所使用的刀具直径不同于工件编程员所指定的，而不需要重写程序；

c. 补偿由于磨损、重复碾磨和重复精修所造成的刀具大小变化；

d. 使得粗切削和精切削可以在一个工件程序中完成，精切削的预留量必须在粗切削时先设定好。

MasterCAM 的刀具补正参数可以在三种选择之间切换：左补正（CDC 左）、右补正（CDC 右）和不补正（CDC 关）。三者的意义与手工编程时相同。

在刀具补正方式中有两种补正：控制器刀具补正和电脑刀具补正。

a. 控制器刀具补正：在工件程序中产生一个刀具补正指令（G40、G41 或 G42）。一个补正暂存器号被指定给控制器补正，补正值就存储在指定的暂存器里。补正值可以是实际刀具直径；或指定刀具直径和实际刀具直径之间的差值，具体说明如下：

控制器刀具补正	工件程序指令
左	G41 Dd
右	G42 Dd
关	G40

其中 d 是直径补正号码。

注意：在电脑屏幕上，即使控制参数的刀具补正设定为左或右，但刀具中心并不补正。

b. 电脑刀具补正：将刀具中心往指定的方向移动相等于指定刀具半径的距离，可以设定为左补正、右补正或不补正。它不将刀具直径补正码加到工件程序中，但它在电脑屏幕上，会改变刀具中心路径的坐标值。

综合以上两点，刀具位置（右或左）可以由电脑补正，而实际刀具直径与指定刀具直径之间的差值可以由控制器补正。当两个刀具直径相同的时候，在暂存器里的补正值应该为零，否则补正值是两个直径的差值。

在刀具补正中，还有一个补正位置参数，也就是刀位点的选择。这个参数是选择刀具补正为刀具的球心或刀位点。

② 刀具数据：刀具数据由一组参数所定义，包括刀具名称、刀具号码、直径补正号码、刀长补正号码、刀具库和工件材质。

a. 刀具名称：从目前的刀具库里，调出存储在指定名称之下的刀具数据，包括刀具号码、直径补正号码、长度补正号码、刀具直径和刀角半径。一个刀具名称最好能同时包含数字和符号以分别描述刀具的大小和种类。使用没有小数点的输入格式来指定刀具的直径。例如：5000 等于 0.5。

使用下列符号来指定刀具的种类或形状：FLT：平端面（底面）铣刀；SPH：球铣刀；DRL：钻头；TAP：牙攻；FAC：面铣刀；BOR：扩孔刀。

例如：

1250 FLT ：1/8″端铣刀　　　　　　　　　　　7500 DRL ：3/4″钻头

b. 刀具号码：指定所选定刀具库或者刀座里的编号。指定这个参数的号码将使系统进入一刀具交换指令到工件程序中。例如，一个为 2 刀号号码值将在工件程序中出现为指令 T2M6。

c. 直径补正号码：指定存储刀具补正值的暂存器编号。暂存器号码的形式是 Dxx。这

表 6.5　控制器刀具补正

控制器刀具补正	直径补正号码	工件程序的指定
不补正	21	无
左补正	21	G41　D21
右补正	25	G42　D25

个参数只有当"控制器刀具补正"设定为左或者右时才使用。表 6.5 说明各种控制器刀具补正和直径补正号码的组合，对工件程序中相关指令的影响。

　　d. 长度补正号码：它存储刀具长度补正值的暂存器编号。暂存器号码的形式是 Hxx。如图 6.23 所示，刀具长度补正值是从固定于机器零点的刀具尖端测量到零件参考零平面的距离。

　　e. 刀具直径：设定所用刀具的指定直径。

　　f. 刀角半径：设定所用刀具的刀角半径。

　　③ 切削加工参数：在 MasterCAM 中所用的切削加工参数包括：预留量，进给（XY 进给率和 Z 轴进给率），主轴转速，安全高度，深度铣削，线性阵列。

　　a. 预留量：指定预留一定厚度的材料在工件上以使进一步加工。如图 6.24 所示预留量对刀具路径所产生的效果。在 MasterCAM 中，预留量的方向决定于电脑补正参数的设定，如果电脑补正的设定为左补正，则预留量在左；同样，

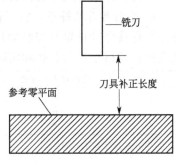

图 6.23　刀具长度补正

如果电脑补正的设定为右补正，则预留量在右；当电脑补正的设定为不补正时，则预留量的方向由控制器补正参数决定；当电脑补正和控制器补正设定都为不补正时，则预留量忽略不计。

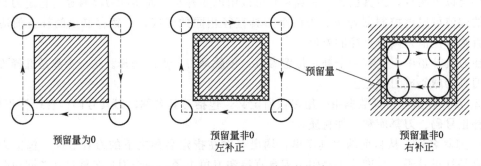

图 6.24　预留量对刀具路径的影响

　　b. 进给：使用两种类型的进给来控制切削速度：XY 进给率和 Z 轴进给率。Z 轴进给率只适用于 Z 方向的运动；XY 进给率则适用于所有其他方向的运动。单位一般为 IPM（英寸每分钟）。

　　c. 主轴转速：以 RPM（转每分钟）指定所要的主运动速度。一个 S 码包含所给的 RPM 值被插入到工件程序中。

　　d. 安全高度：也被称为清除平面、下刀参数平面或起始面。它指定一 Z 坐标作为：

　　● 在开始切削之前，刀具迅速下降的高度；

　　● 在切削结束时，刀具迅速撤回的高度；

　　● 在两次分开的切削加工间，刀具移动到此安全高度。如图 6.25 为安全高度在切削加工中的使用。

　　e. 深度铣削：指定在 Z 方向的粗切削和精切削的次数及每次粗（精）切削的粗（精）修量。切削来回的次数为粗切削和精切削次数之和。

　　f. 线性阵列：用于沿着现行构造平面的 X 或 Y 方向，以一定的间距产生一组重复的加工刀具路径。它使用如下参数：

　　X 轴数量：指定沿着 X 轴重复刀具路径的次数

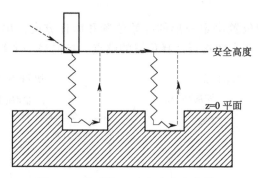

图 6.25　切削加工中安全高度的使用

Y 轴数量：指定沿着 Y 轴重复刀具路径的次数

X 间距：指定每次沿着 X 轴移动的距离

Y 间距：指定每次沿着 Y 轴移动的距离

④ 坐标设定：设定有三个参数：机械原点、刀具原点和刀具平面。

a. 机械原点：指定回归参考点的中间位置。大多数 CNC 控制器使用回归参考点指令 G28 产生主轴和机床回到机器原点的路径。回归参考点指令有下列格式：

G90 G28 Xx Yy Zz　　（绝对定位法）

或 G91 G28 Xx Yy Zz（逐步定位法）

其中 X、Y、Z 为中间点的坐标值。

b. 刀具原点：允许定义三种可能的原点：系统原点、构造原点和刀具原点。系统原点是系统自动设定的固定坐标系统；构造原点是为了几何构造而重新定义的原点；刀具原点则是用于重新定义刀具路径原点的。除非它们被重新定义，否则这三个原点都与系统原点重合。

重新定义刀具原点的原则与使用工作坐标设定指定 G92 相同。

c. 刀具平面：用于选择现行操作的刀具平面，其参数可在俯视图、前视图、侧视图、两线定面等之间进行切换。它有三个主要刀具平面及其指令码如下：

平面选择	指令码
XY 平面	G17
ZX 平面	G18
YZ 平面	G19

⑤ 刀具显示：这个参数可以选择刀具和刀具路径的显示模式。刀具显示可以用动态或者静态模式显示。在动态模式里，刀具会沿着刀具路径在各点出现并消失，好像在移动。在静态模式里，刀具将沿着刀具路径出现在各个点，但并不消失。

刀具显示可以被设定为以下两种形式：

● 中间过程：刀具按指定的步进量显示在每隔一定距离的点。

● 端点：刀具只显示在刀具路径的各个端点。

⑥ 其他：MasterCAM 从第五版提供了一个新的功能叫进/退刀向量，它让你在刀具路径的起点（进刀）和/或终点（退刀）加上引线，其主要作用是防止过切和毛边。

2）外形定义

一个外形是一系列相连接的几何图素形成一个切削加工的工件轮廓。定义外形的好处是把一个工件形状所包含的多个图素形成一个单一图素，这使得轮廓或者挖槽加工可以在一个刀具运动指令中完成。

选择外形第一图素的位置决定外形的开始位置和串连方向。串连方向也就是外形的方向。串连方向开始于一个图素较接近选择位置的端点，指向另一个端点，如图 6.26 所示。

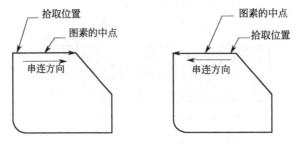

图 6.26　串连方向

有两种外形：封闭外形和开放外形。在一个封闭外形中，第一个和最后一个图素是相连的。在一个开放外形中，第一个和最后一个图素并不相连。挖槽所用的外形一定要是封闭外形。

外形选择方式有多种。如：串连、单一、点、窗口、最后的、文件和上一个等形式。

3）外形铣削模组

外形铣削模组是用于沿着一工件轮廓的一系列线和弧产生刀具路径，它用于加工二维轮廓，其切削深度固定不变。

除了上面介绍的共同刀具参数外，外形铣削模组还使用一组外形铣削专用的参数来定义刀具路径的进/退刀，粗切削的次数和间距及精切削的次数和间距。外形铣削参数如图 6.27 所示。

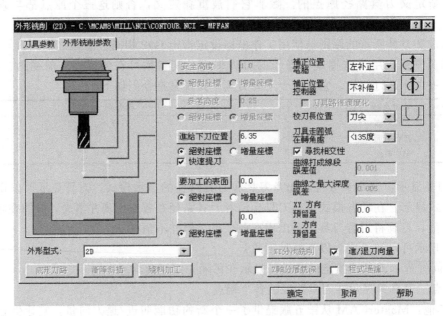

图 6.27　外形铣削参数

① 进刀退刀弧：MasterCAM 使用三个参数来指定进入和退出一个切削操作的刀具路径。如图 6.28 所示为进刀长度、进刀弧和角度的基本定义。它的主要作用是防止过切和毛边。

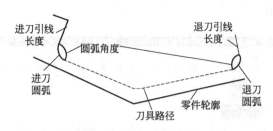

图 6.28　进刀/退刀弧定义

② 刀具路径参数：4 个参数用于指定在所选择的切削平面的粗切削和精切削次数及步进距离。所需要的外形铣削次数为粗切削和精切削之数的和，粗切削的间距是由刀具直径决定，通常取刀具直径的百分之六十到七十五。所需的粗切削次数等于将要切除的材质数量除以粗切削间距的商。如图 6.29 所示为下列设定刀具参数的刀具路径形式：粗切削次数为 2，粗切间隙为 0.25，精切削次数为 2，精修量为 0.05。

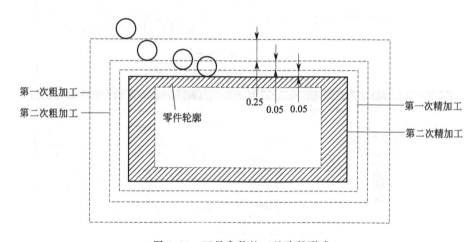

图 6.29　刀具参数的刀具路径形式

③ 注意方面

a. 使用适当的进刀/退刀长度和弧的组合来切削外形，这使得刀具可以平顺地与工件接触。

b. 在外形铣削中，要切削的材质数量可由原料大小减去工件轮廓尺寸来决定，建议使用粗切削间隙如下：切削钢材时，$S = 0.6D$；切削铸铁和其他材质时，$S = 0.75D$，其中 S 为粗切间隙，D 为刀具直径。

c. 铣削刀具路径都是由定义外形时选择的第一个几何图素的端点开始。

d. 使用 <135° 作为刀具转角设定。

e. 使用外形铣削模组的时候，有两种方法可以线性地改变切削深度：一种是使用三维构图面，另一种则是使用渐升（降）移动。

4）挖槽模组

挖槽模组是用于产生一组刀具路径束，可以为切除一个封闭外形所包围的材料；铣削一个平面；粗切削一个槽。要成功地使用挖槽模组，需设置如下参数：挖槽参数，加工顺序，切削方式，切削的挖槽深度，岛屿和其选择。

① 挖槽参数：有四组挖槽参数：杂项变数，粗切削，精切削，附加精修参数。

如图 6.30、图 6.31 所示。

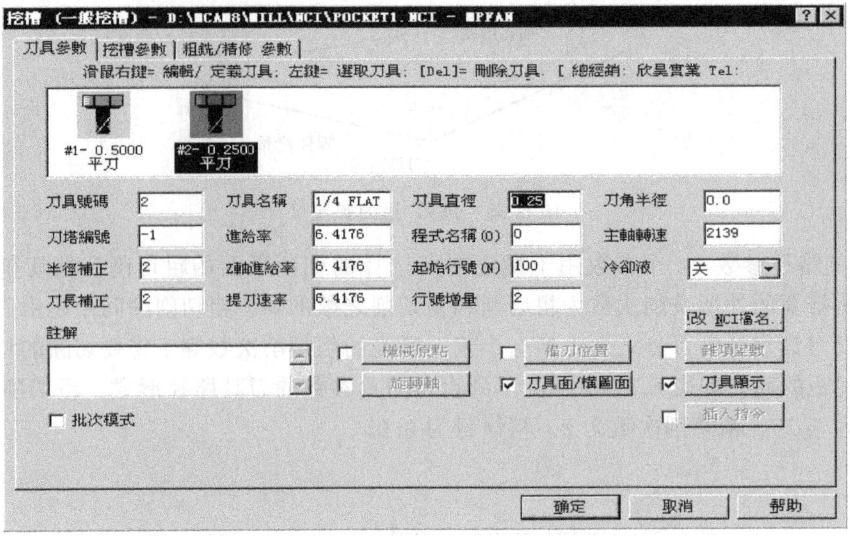

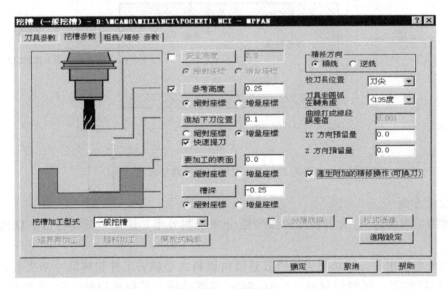

图 6.30　挖槽刀具参数

图 6.31　挖槽参数

下面讨论其中的一些项：

a. 批次模式：对一系列挖槽加工使用同样的参数设定。

b. 打断刀具路径圆/圆弧：使一个圆或者一个弧被打断成多个段落，有下列三种选择：

> 圆→两个 180°圆弧：打断刀具路径里的圆成为两个 180°的圆弧。
>
> 圆弧→小段圆弧：将刀具路径打断成几个小弧。小弧的角度由最大扫描参数所决定。
>
> 圆弧→线段：将弧沿着刀具路径打断一系列的线段。线段是由弦偏差值所控制。

c. 螺旋式下刀：指定刀具怎样切入工件并开始螺旋式的切削。与螺旋式下刀功能相关的参数描述如下：

半径:	指定进刀螺旋线的最大半径。
角度:	指定进刀螺旋线的斜坡角度。
误差:	指定螺旋线近似误差。
XY 预留间隙:	指定刀具和最终槽壁之间的最小间隙。
深度:	指定螺旋线的总深度。它必须为一个正值,且比槽深度大。
螺旋进刀方向:	设定螺旋切削方向为顺时针或者逆时针。
螺旋进刀速率:	定义螺旋线的进给率为 Z 轴进给率或者快速进刀。

d. 附加精修参数:允许使用者为精切削定义一组专用的刀具参数设定,如图 6.32 所示。当你要使用附加精修参数的时候,在挖槽参数里的"使用附加精修参数?"应该被切换到 Yes(有 X 标记)。

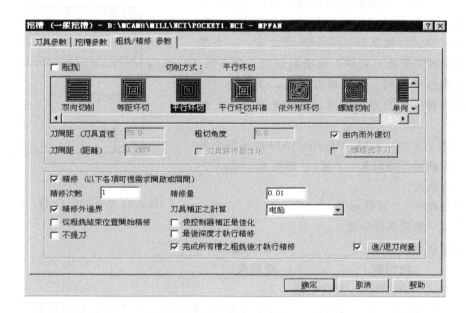

图 6.32　挖槽附加精修参数

使用这个参数用于下列两种情况:

● 用不同的刀具作精切削　即挖槽加工使用两支刀具,一支用于粗切削,另一支用于精切削。这时,一般刀具参数的设定用于粗切削,附加精切削参数的设定才用于精切削。

● 粗切削和精切削使用同样的刀具,但是精切削有不同的进给率,切削速度、主轴转速和刀具补正。

② 切削方式:MasterCAM 提供了双向切削、等距环切等七种挖槽切削方式,如图 6.32 所示。

③ 岛屿与区域:岛屿是在槽的边界之内,但不要切削加工的区域,如图 6.33 所示。岛屿的外形必须是封闭的。MasterCAM 将第一个选择的外形作为挖槽的外轮廓,其余的外形作为岛屿。

当切削有岛屿的槽时,系统也许会将槽分割为一些区域。当槽壁与岛屿之间的间隙小于刀具直径的时候,会形成一个以上的区域。图 6.34 所示是有两个岛屿的槽,因为间隙小于设定的刀具直径而形成 3 个区域。

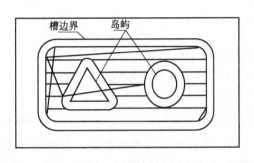

图 6.33　岛屿

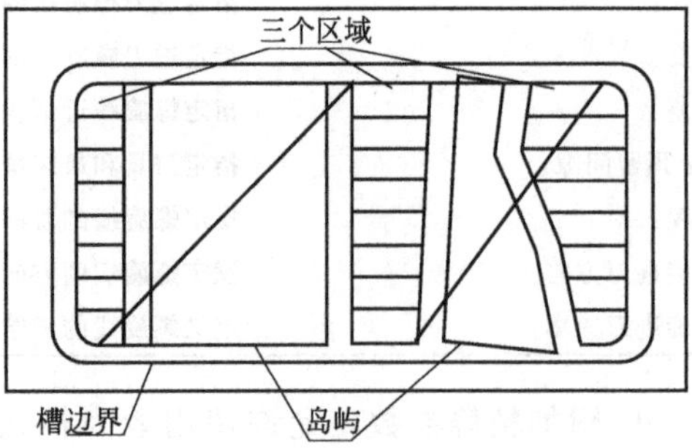

图 6.34　区域

④ 加工顺序：当切削因岛屿而形成一个以上区域的槽时，刀具路径顺序为区域方式或顺序方式。在顺序方式里，在移动到另一个区域之前，一个挖槽区域必须被完全加工完毕，包括粗切削、精切削、深度铣削和线性阵列。在区域方式里，系统产生所有区域的某种操作的刀具路径，然后才进行下一种操作。

⑤ 深度（Z 值）控制：MasterCAM 使用四个参数来定义挖槽操作的深度（Z 值），如图 6.35 所示。

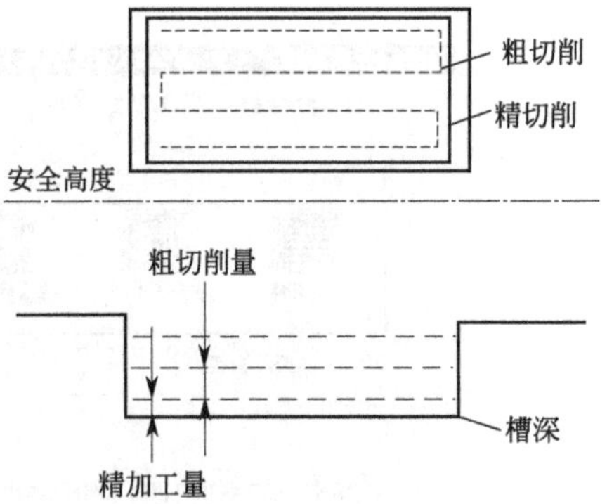

这些参数是：

安全高度＝0.2 或任何值

槽深度＝槽的实际深度。

深度铣削＝粗切削：＿＿＿＿＿　　粗切量：＿＿＿＿＿

　　　　　精切削：＿＿＿＿＿　　精修量：＿＿＿＿＿

精修方式＝ 最后深度/每次精修

图 6.35 挖槽深度（Z 值）控制

前 3 个参数在前面已讨论过了。"精修方式"参数决定 Z 方向的精切削次数。如果没有设定这个参数为最后深度，系统将在槽的最后深度产生所指定精切削次数的精切削刀具路径。但是如果设定这个参数为每次精修，则系统会在每次粗切削之后执行精切削。即 Z 方向的精切削次数是在深度铣削参数中所指定的粗切削与精切削次数的总和。

⑥ 注意方面

a. 切削方式的选择决定铣削形式（逆铣或顺铣）和程序大小。若用双向切削的切削方式，则刀具轮流用两种铣削形式与工件啮合，加工出的零件质量不理想，应尽可能避免使用。而应选用在加工中始终是一种铣削形式（如顺铣）的切削方式，如环切等。

b. 尽可能使用顺铣的铣削形式，以产生较好的曲面精度。

c. 当切削的槽有岛屿位于靠近槽中心时，应选用由外而内环切。

d. 在选择加工顺序方式时，若精切削刀具不同于粗切削刀具时，应该使用区域方式。

e. 在切削有岛屿的槽时，应尽可能避免使用进刀/退刀引线和弧。这是因为不适当的进刀/退刀引线和弧的组合，通常会导致过切、破坏外部边界和岛屿边界。

5）钻孔模组

MasterCAM 的钻孔模组是用于产生钻孔、镗孔和攻牙的刀具路径。要成功地使用钻孔模组，需将钻孔参数设定为适当的操作方式和值，并且选择合适的钻孔点。

① 钻孔参数：钻孔专用参数可以分为三组：Z 深度值、钻孔形式、琢钻参数。

a. Z 深度值：有三个 Z 值，如图 6.36 所示。

安全高度：刀具从起刀点开始移动到这个 Z 值指定的孔中心处。

参考高度：刀具快速向下移动到这个 Z 值。

Z 深度：刀具向下以绝对深度或增量方式进刀到这个 Z 值。这是钻孔底部的 Z 值。

b. 钻孔形式：MasterCAM 提供了 20 种钻孔形式指令，包括六种标准形式指令，其描述如表 6.6 所示。

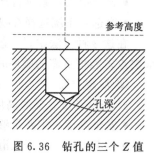

图 6.36　钻孔的三个 Z 值

表 6.6　六种标准钻孔形式

钻孔形式	NC 指令	典　型　应　用
深钻孔		
①暂留时间＝0	G81	钻孔或者搪深头孔,孔深小于三倍的刀具直径
②暂留时间≠0	G82	
深孔啄钻	G83	钻深度大于三倍刀具直径的深孔。特别适用于碎屑不易移除的情况
断屑式	G73	钻深度大于三倍刀具直径的深孔
攻牙	G84	攻右旋内螺纹
镗孔♯1		
①暂留时间＝0	G85	用进给进刀和进给退刀路径搪孔
②暂留时间≠0	G89	
镗孔♯2	G86	用进给进刀,主轴停止,快速退刀路径镗孔

常见的钻孔或镗孔操作如图 6.37 所示，其操作顺序如下：

● 快速移动到在安全高度的孔中心；

● 快速下刀到参考高度；

● 进刀到孔底部的 Z 深度；

● 暂留在孔底部一段时间（如果有指定的话）；

● 退刀回到参考高度或者安全高度。

钻深孔通常有两种方法：深孔琢钻和断屑式钻孔。它们适用于孔的深度大于三倍刀具直径的时候。图 6.38 说明这两种深孔钻孔形式的差别。

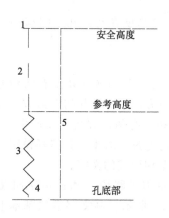

图 6.37　钻孔的操作顺序

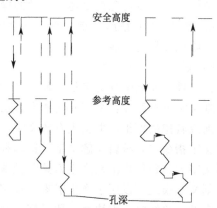

（a）深孔啄钻　（b）断屑式钻孔

图 6.38　钻深孔的两种方法

　　c. 点的选择：有 3 种主要方法来选择要钻孔的位置，它们是：

● 手动输入：人工选择要钻孔的点。

● 自动输入：系统自动选择要钻孔的点。

● 窗选：系统选择在视窗之内的点。

　　在这 3 种方法中，一般选择自动输入法。若要选的点数小于 4，或采用自动选点，所选取的点未能按所需的顺序时，则选用手动输入法。

　　② 注意方面

　　a. 安全高度、参考高度和 Z 深度的选择建议如下。

● 安全高度一定要足够高，以避免任何的干涉（如与步阶、夹具等产生的干涉）。

● 参考高度：对于光滑表面，取在要钻孔的工件表面以上 $0.15''$；对于粗糙表面，取在要钻孔的工件表面以上 $0.3''$。

● Z 深度：盲孔时，Z 深度＝全直径孔深度＋$0.3D$，其中 D 为钻头直径；穿透孔时，Z 深度＝孔深度＋$0.3D$＋0.1。

　　b. 一般使用绝对深度方式指定孔的 Z 深度（孔底部）增量深度方式只适合用于钻有不同深度且满足以下两个条件的孔：

● 选择点的 Z 值已经指定且必须是孔底部的精确 Z 坐标值；

● 顶端表面在同一水平面上。

　　c. 当选择点的 Z 坐标是零的时候，增量深度和绝对深度方式下的 Z 深度值相同。

　　d. 当孔的深度大于三倍刀具直径的时候，使用深孔啄钻或断屑式钻孔形式深孔啄钻适用于切削碎屑不易移除的情况；使用断屑式钻孔形式可以缩短操作时间，因为钻头不需要退回到安全高度或参考高度。然而，它的碎屑移除能力不如深孔啄钻。

　　e. 每次啄钻的钻孔距离大约是钻头直径的 1.5 倍。

　　f. 在攻牙操作里，进给率和主轴转速必须要彼此配合，以达成所要求的螺纹精度。

　　下列公式可以用于计算适当的进给率和主轴转速：

　　进给率（英寸每分钟）＝间距×RPM

　　进给率（英寸每旋转）＝间距

　　其中，间距＝1/每英寸的螺纹数，RPM＝主轴转速。

　　g. 当需要对同样一组孔进行多种操作如钻孔、镗孔和攻牙的时候，使用"重复使用这些点坐标"指令以避免重复地为后续的操作选择点。

　　h. 使用"增加跳跃"指令使刀具以比参考高度较高的高度在孔与孔之间移动，以免刀具与步阶或夹具的干涉。

　　6）刻文字模组

　　在工件表面上雕刻文字是一种常见的切削加工应用。在 MasterCAM 里有两种方法可以产生刻文字刀具路径：文字几何图素方法和刀具路径模组方法。文字几何图素方法是利用外形铣削或者挖槽模组，根据现有的文字图素产生刀具路径。有两种方法可以产生文字图素：使用文字指令或者编辑注解文字。这两种方法已在前面讨论过。对于刀具路径模组方法，使用刻文字刀具路径模组来产生刀具路径雕刻各种不同字型和形式的文字。

　　刻文字模组可以用于产生雕刻各种字型和形式的文字刀具路径。MasterCAM 提供四种标准字型：单线字、方块字、罗马字和斜体字，如图 6.39 所示。刻文字模组基本上用外形铣削的原则沿着文字轮廓产生刀具路径。

　　下面讨论有关的几个问题。

图 6.39　四种标准字型

① 文字尺寸和间距：文字尺寸决定它的高度和宽度，如图 6.40 所示。如果使用四种标准字型，每种字型的高度对宽度的比值是预先定好的，用户可以在设定档里改变这个比值。刻文字参数功能表只让用户改变字高参数，宽度会自动地根据高度和宽高比值缩放。

间距参数指定字串里文字之间的间距。

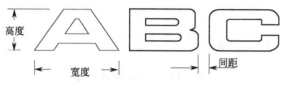

图 6.40　文字尺寸与间距参数

② 文字布局形式：MasterCAM 提供两种文字布局形式：直线形和弧形，如图 6.41 所示。

a. 直线形式：把字串排列成一条平行于 X 轴的线。当使用直线形式的时候，使用者需要指定文字的起点，就是字串的左下角，如图 6.42 所示。

图 6.41　文字布局形式　　　　　　图 6.42　文字的直线形式

b. 圆弧形式：允许字串沿着一个弧排列。有三个参数是用于定义字串的位置：圆弧中心、圆弧半径以及圆弧的视角。如果指定的是顶端圆弧（俯视图），字串中心定在 90°线，并且是顺时针方向排列；若是下方圆弧（底视图），字串中心定在 270°线，并且是逆时针方向排列，如图 6.43 所示。

（2）3D 刀具路径的产生

1）产生 3D 刀具路径的 2 种方法

MasterCAM 提供了两种方法，可用于产生曲面刀具路径去切削不同形式的曲面：Wirefrme［线框架法］、Surface［曲面法］。若用［线框架法］，则线框架模型被用于 3D 刀具路径模组（指令）去产生切削曲面的刀具路径；若用［曲面法］，则需额外的程序去产生曲面的刀具路径，即先用线框架去制作曲面，然后再用 flow line［单一曲面］或 multi surf［多重曲面］的刀具路径模组（指令）依曲面去产生刀具路径。看起来用［线框架法］去产生刀具路径是比较直接而且使用比较简单，但建议使用［曲面法］，除非你要加工的曲面是非常简单的曲面。表 6.7 描述了这两种方法的优缺点。

2）用线框架法产生刀具路径

① 3D 刀具路径共同参数：在前面 2D 刀具路径参数中已介绍，MasterCAM 有两类群的

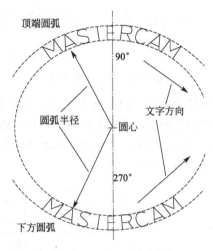

图 6.43　文字的圆弧形式

参数：common［共同参数］、module specific［模组特殊参数］去定义切削和刀具参数。大部分共同参数已介绍过，那些共同参数也可以用于 3D 的刀具路径，但仍有一些参数是 3D 刀具路径所增加的，如：切削方向步进距离、截断面方向步进距离、切削方法、切削方向、切削补正等参数。

表 6.7　产生 3D 曲面刀具路径的两种方法的比较

方　法	优　点	缺　点
线框架法	在产生曲面刀具路径之前，不要去构造曲面	①仅能针对单一曲面去产生刀具路径 ②产生刀具路径之前，无法得知曲面的形状 ③产生刀具路径之前，没有曲面模型可进行分析 ④需要定义更多的参数
曲面法	①可以同时针对多曲面去产生刀具路径 ②在产生刀具路径之前，就有曲面可以进行分析 ③仅需要定义较少的参数 ④编程更具有弹性且容易	需要有已存在的曲面才能产生刀具路径

　　a. Along［切削方向外形］和 Across［截断面方向外形］。曲面是由一系列的连接的或不连接的外形所定义，这些外形可分为两类：along［切削方向外形］和 across［截断面方向外形］，换句话说，［切削方向外形］和［截断面方向外形］是用于指定外形轮廓的方向，如图 6.44 所示。通常都是取较长方向的外形当作［切削方向外形］，较短方向的全部外形当作［截断面方向外形］。

　　b. Cutting Methods［切削式］。用于决定加工刀具的走向，有三种切削方式：zig zag［双向切削］、one way［单向切削］、circular［环状切削］。

　　c. Cutting Direction（刀具切削方向）。此参数可以切换为 along［沿切削方向］或 across［沿截断面方向］，用于指定刀具路径的方向。若是刀具的切削方向设定为 along［沿切削方向］的模式，则刀具将沿着 along［沿切削方向］来切削，而以 across［沿截断面方向］来步进，如图 6.45 所示。若是刀具的切削方向设定为 across［沿截断面方向］，则刀具将沿着 across［沿截断面方向］来切削，而改以 along［沿切削方向］来步进，如图 6.46 所示。

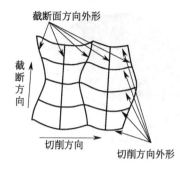

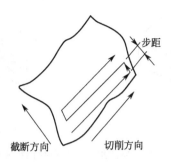

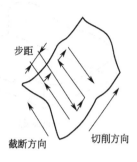

图 6.44　切削方向外形和　　　图 6.45　沿 along 的　　　图 6.46　沿 across 的刀
　截断面方向外形　　　　　　刀具切割方向　　　　　　　具切割方向

d. Stepping Over Distances［步进距离］。曲面是由很小的直线线段以步进的方式沿着曲面的表层来切削，因此，切削曲面需要设定两个步进距离，一个是［切削方向步进距离］，另一个是［截断面方向步进距离］，它们用于决定真正的刀具路径坐标。MasterCAM 使用两个参数去决定这两个步进距离值：

● along cut distance［切削方向步进距离］：沿着切削方向每一个刀具路径内部的增量距离。

● Across cut distance［截断面方向步进距离］：垂直于切削方向，相邻两个刀具路径间的距离。

以上两个参数决定曲面的精度及制作出来的程序长短，若设定的补进距离愈大，则程序愈短，但曲面的误差愈大，也就是愈粗糙；相反，若是步进距离愈小，则曲面愈光滑，但所产生出来的程序就愈长了。

e. Cutter Compensation［刀具补正方式］。在 3D 的切削加工过程中，其补正的方式与 2D 的切削有很大的不同，总共可以分为五种不同的补正方式。

电脑补正：右补正、不补正、左补正；

补正位置：刀具值：center［球心］、tip［刀尖］。

通常，在 3D 曲面切削都是采用 ball-end mill［球形端铣刀又称球刀］或 bull-nose end mill［圆鼻刀］。当选用［球心］或［刀尖］的补正位置时，对刀具路径有很大的影响。

刀具补正的方向可以为 left［左补正］、right［右补正］、off［不补正］。当以［切削方向］计算补正的时候，由第一个外形朝向最后一个外形看，当用于定义曲面的外形会落在刀具路径的［左侧］时，则为［左补正］；当用于定义曲面的外形会落在刀具路径的［右侧］时，则为［右补正］。

② 刀具路径模组：MasterCAM 有两类的 3D 刀具路径模组，第一类有六个刀具路径模组可用于产生单一曲面的刀具路径，这直接是由线框架直接去产生刀具路径，不必经由曲面来产生路径。第二类有两个刀具路径模组，用于制作单一曲面或多曲面的刀具路径，但它必须由既有的曲面去制作刀具路径，不能直接由线框架来产生刀具路径。

③ 昆式加工刀具路径模组实例

【例 6.3】　本实例将要制作昆式曲面的刀具路径，去加工由四个外形定义的单一缀面的昆式曲面。此线框架模型已由前面所绘制，其档名为 coons1，其线框架和完成的刀具路径图形应如图 6.47 所示。

产生该昆式加工刀具路径的分析如下：

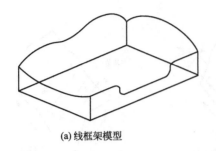
(a) 线框架模型

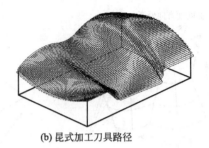
(b) 昆式加工刀具路径

图 6.47　昆式加工刀具路径模组实例

a. 这是一个开放式边界的情况，所以：

- 切削方向外形＝2
- 截断方向外形＝2
- 切削方向的曲面数目＝1
- 截断方向的曲面数目＝1

b. 因为这是单一缀面，所以用［线性］熔接的方式。

c. 电脑补正设定为［左补正］。

生成其昆式加工刀具路径的具体步骤如下。

a. 装入线框架模型档（coons1. nc8），或重新绘制之。

选 "MAIN MENU［回主功能表］" →"File［档案］" →"Get［取档］"。

请指定欲读取之档名：coons1 ↙；选开启表示要打开现有图形，则屏幕上的图形应如图 6.48 所示。

b. 启用昆式加工刀具路径模组。选 "MAIN MENU［回主功能表］" →"Toolpaths［刀具路径］" →"下一页" →"线架构" →"Coons［昆式加工］"。

c. 指定切削方向和截断方向的曲面数目如下：

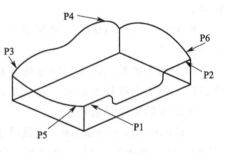

图 6.48　线框架模型

- 切削方向的缀面数目＝1
- 截断方向的缀面数目＝1

d. 定义外形，使用的抓取点如图 6.48 所示。

定义切削方向：段落 1 外形 1，选 "串连" →"部分串连" →抓取 P1，P2；

定义切削方向：段落 1 外形 2，选 "部分串连" →抓取 P3，P4；

定义截断方向：段落 1 外形 1，选 "部分串连" →抓取 P5→"结束选择"；

定义截断方向：段落 1 外形 2，选 "部分串连" →抓取 P6→"结束选择" →"执行"。

e. 设定［昆式加工］参数，如图 6.49 所示。

f. 设定［刀具参数］，如图 6.50 所示，选对话框内的 "确定"。

g. 接受并储存刀具路径。选 "刀具路径" →"操作管理" →"执行后处理" →选定 "储存NCI档"，"编辑"；"储存 NC 档"，"编辑" →"确定" →NCI 档文件名：Coons1→"保存" → NC 档文件名：Coons1→"保存"，其刀具路径如图 6.47(b) 所示。

3) 用曲面模型产生 3D 刀具路径

大多数曲面都需要两大类刀具路径，即粗加工和精加工，才能完成其曲面的加工。曲面粗加工刀具路径用于尽可能快速切除工件的材料，但是 MasterCAM 在进行粗加工前，新增加了一道面铣加工工序，它主要用于粗切毛坯顶面。粗加工分为两类，一类为曲面粗加工；另一类为凹槽加工，只用于粗切介于曲面及物体的边界而产生刀具路径。粗加工共有 7 种方

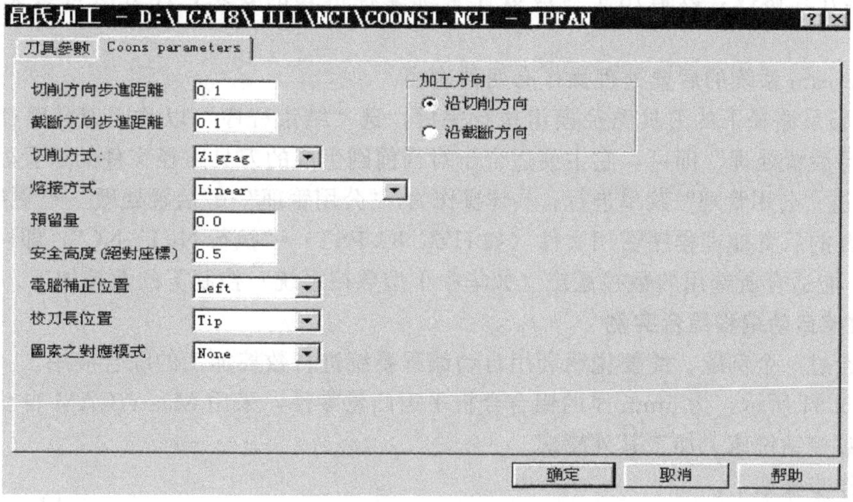

图 6.49　设定［昆式加工］参数

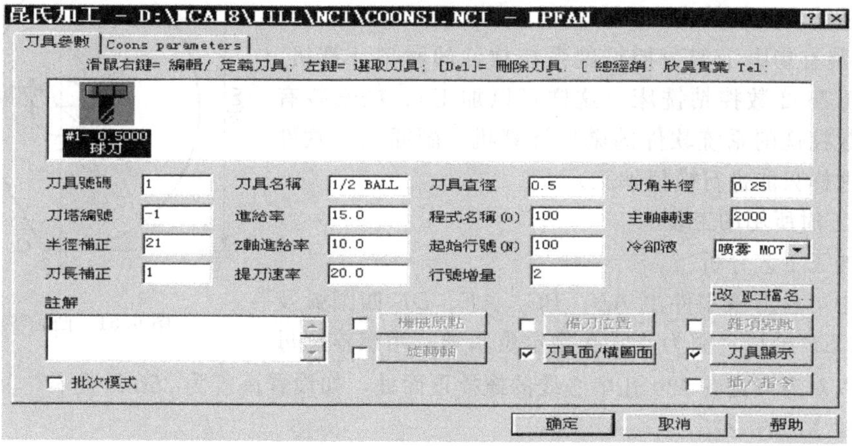

图 6.50　设定［刀具参数］

法，即平行铣削、放射状加工、投影加工、曲面流线、等高外形加工、挖槽粗加工、钻削式加工。曲面精加工的主要目的是要将粗加工后的材料精修到物体本身几何形状与尺寸公差范围内。MasterCAM 8 提供了 10 种精加工方法，很多指令都与粗加工时基本相同。对于曲面粗加工和精加工的具体指令，在此不再详述。

（3）后置处理

后置处理是根据加工工件所用的 CNC 控制器后置处理程序，将 NCI 档案转换为该 CNC 控制器可以识别的 NC 代码程序。

对于不同的数控机床，由于其数控系统不同，其编程指令与格式也有所不同，所选用的后置处理程序（＊.pst）也相应不同。对于具体的数控机床，应选用对应的后置处理程序，MasterCAM 提供了 400 种以上的后置处理程序可供选择。若可供选择的后置处理程序在 MasterCAM 中没有，则需由用户准备相应的后置处理程序。随着机床数控系统的标准化，一般选取与该数控系统相同系列的后置处理程序惯用文件，用任何文本编辑软件编辑修改使用者定义的后处理块、预先定义的后处理块和系统问题等项后，以新文件名存档并可通过

EDIT 编辑方式修改，以适用于对应数控系统编程格式的要求，此方法可参见本书参考文献。

Mastercam 系统的后置处理操作有两种途径：

① 在刀具路径下的刀具路径模组执行完后，选"结束程序"以关闭刀具路径文件，再选择"执行后置处理"即可，它主要适合于对当前刚生成的刀具路径文件的后置处理。

② 通过"公用管理"菜单进行。具体操作为："公用管理"→"后置处理"→"更换机种"→选取所需要的后置处理程序惯用文件（如 HZCNC. PST）→"执行 NCI—NC"，即可自动生成 NC 程序，能适合所选用的数控系统（如华中Ⅰ型数控系统）控制下的数控加工。

6.4.5　数控自动编程综合实例

下面通过一个例题，简要说明利用自动编程系统进行数控加工的综合应用。

如图 6.51 所示，为 5mm 厚的铝合金板平面凸轮零件，采用 MasterCAM 自动编程，在 ZJK7532 数控钻铣床上加工其外轮廓。

其操作步骤如下。

（1）软硬件配置

① 微型计算机（PⅡ以上配置），安装有 MasterCAM 自动编程系统应用软件。

② 安装有华中Ⅰ型数控铣削系统软件的微型计算机，联结于 ZJK7532 数控钻铣床（这样可以加工）；或安装有华中Ⅰ型数控铣削系统软件的微型计算机，配插系统软件加密狗（这样只能进行模拟加工）。

③ 加工时所用的工装。

（2）加工工艺分析

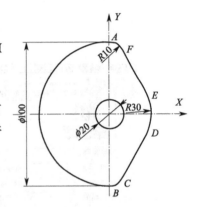

图 6.51　凸轮零件

从图中可看出该零件由 AB、BC、AF、DE 四圆弧及线段 CD、EF 构成。因为 $\phi20$ 孔是定位基准，用螺栓螺母夹紧，所以对刀点选在 $\phi20$ 孔中心线的螺栓顶面处，如设置高度为 25mm 左右，具体对刀指令可为 G92 X0 Y0 Z25。

采用 $\phi10$mm 螺旋铣刀，工艺参数为 S250r/min、F100mm/min。

（3）图形构造

① 依次打开微型计算机各电源开关：显示器电源→计算机主机电源。

② 运行 MasterCAM。

③ 产生 $\phi100$ 左半圆。选择"主功能表（Main menu）"→"绘图（create）"→"圆弧（Arc）"→"极坐标点（Polar）"→"圆心点（Ctr Point）"→输入圆心点：0，0✓

输入半径：50✓

输入起始角度：90°✓

输入终止角度：270°✓

④ 产生上、下两个 R10 圆弧及一个 R30 圆弧。

输入圆心点：0，40✓

输入半径：10✓

输入起始角度：0✓

输入终止角度：90✓（完成上面 R10 的圆弧）

输入圆心点：0，−40✓

输入半径：10 ✓

输入起始角度：270 ✓

输入终止角度：360 ✓（完成下面 $R10$ 的圆弧）

输入圆心点：0，0 ✓

输入半径：30 ✓

输入起始角度：−90 ✓

输入终止角度：90 ✓（完成 $R30$ 的圆弧）

⑤ 产生两条切线。选择"主功能表（Main menu）"→"绘图（create）"→"线（Line）"→"切线（Tangent）"→"两个物体（2 arcs）"→点选物体，则画出两条切线。

⑥ 修整上、下两 $R10$ 圆弧、$R30$ 与切线。选择"主功能表（Main menu）"→"修整（Modify）"→"修剪延伸（Trim）"→"二个物体（2 entities）"→点选需要的，修剪去掉不需要的。

⑦ 存图档。选择"主功能表（Main menu）"→"档案（File）"→"存档（Save）"→文件名：＊＊＊＊，回车（"＊＊＊＊"由用户自行取文件名）。

（4）产生刀具路径

① 选择"主功能表（Main menu）"→"刀具路径（Tool paths）"→"外形铣削（Contour）"→"串联（Chain）"→点击 $R50$ 圆弧→"向前移动（move fwd）"，直到图形封闭为止→"执行（Done）"。

② 设置刀具参数及外形铣削参数

具体参数设置如下：

2D 外形	吃刀深度：−7.000
粗切削次数及加工量：1	精切削次数及加工量：0
进、退刀线长：20	进、退刀圆弧半径：20
角度：90°	相切加工
刀具名称：10000FLT	刀具号码：1
刀具半径补正号码：101	刀具长补正号码：1
刀具直径：10	安全高度：25
XY 轴进给：100	Z 轴进给：100
主轴转速：250	
起始行号：1	行号增量：1
程序号码：2000	

电脑不补正，控制器右补正（可按外形的选择不同而不同）

冷却液开

选择"执行（Done）"后，则在屏幕上出现刀具路径。

（5）后置处理

选择"操作管理"→"执行后处理"，选择后置处理程序为 Mpfan. pst→"NCI"，输入档名：＊＊＊＊→"NC"，输入档名：＊＊＊＊（一般与 NCI 档的正名相同）→"确定"→形成凸轮零件的 NC 程序文件。

对于具体的数控系统，需选择合适的后置处理程序，可通过选择"操作管理"→"执行后处理"→"更改后处理程序"→选择对应的后置处理程序，即可。

（6）数控程序编辑与存盘

若选择了与数控系统相对应的后置处理程序，则所得到的 NC 程序不再需要编辑修改。否则，在作完后置处理后所得到的 NC 程序，还需在文本编辑器（如 EDIT）中，对其进行编辑修改，使其符合具体的数控系统程序格式。

对于华中Ⅰ型数控铣削系统，自动编程后的数控程序编辑与存盘，其具体步骤如下（其他数控系统依具体数控程序格式而定）：

① 用编辑软件修改零件程序：如用 EDIT 编辑软件，删除零件程序中的注解部分，去掉无用的程序段（如有的打了"/"的部分，为程序注释部分），修改有关的指令（如将 G59 修改为 G92，去掉 G28、G29 等指令）。

② 套用华中Ⅰ型数控系统的程序格式：程序开头格式为 ％××××，其中"××××"为程序号码，如为"2000"。

刀具补偿值的设置位于第二个程序段，用"♯×××＝＊＊"形式，其中"×××"为刀具半径补正号码，如"101"；"＊＊"为所需设置的刀具半径值，一般设置为刀具直径值的一半；对于同一把铣刀，＊＊的设置值愈大，则加工出的该零件轮廓也愈大。

③ 编辑后数控程序存盘：程序存盘路径和程序名为 C：\JX4\PROG\O××××（带加密狗的模拟软件所放零件程序的目录或文件夹可不为 \JX4\PROG，相应变化；"××××"为程序名，一般取 4 位数字，如程序名为 O2003）。在自动编程后置处理后，所得到的 ＊＊＊＊.nc 程序文件，其存储的路径和 NC 文件名，往往与这里的不相同，则需通过文件拷贝和更名的方法，按这里规定的路径和文件名格式存盘。

得到的 NC 程序文件（程序名如为 O2003）内容及说明如下：

％2000	程序开头格式，如％后跟程序号码 2000
♯101＝5	刀具半径补偿值为 5mm
N01 G92 X0 Y0 Z25	预置寄存，对刀
N02 G00 G90 X20 Y90 S250 M03	起刀点
N03 G01 Z－7 F200	下刀
N04 G42 D101 Y70 M07	开始刀具半径右补偿
N05 G02 X0 Y50 R20 F100	切入工件至 A 点
N06 G03 Y－50 R50	切削 AB 弧，"R50"可用"I0 J－50"代替
N07 X8.6603 Y－45 R10	切削 BC 弧，"R10"可用"I0 J10"代替
N08 G01 X25.9808 Y－15	切削 CD 直线
N09 G03 Y15 R30	切削 DE 弧，"R30"可用"I－25.9808 J15"代替
N10 G01 X8.6603 Y45	切削 EF 直线
N11 G03 X0 Y50 R10	切削 AF 弧，"R10"可用"I－8.6603 J－5"代替
N12 G02 X－20 Y70 R20 F200	退刀，"R20"可用"I0 J20"代替
N13 G40 G01 Y90	取消刀具半径补偿
N14 G01 Z25 F300 M05	Z 向提刀
N15 G01 X0 Y0 M09	返回对刀点
N16 M02	程序结束

（7）程序校验或模拟加工或空运行

按华中Ⅰ型数控铣削系统程序校验或模拟加工或空运行的操作步骤进行。

（8）零件加工

按基于华中Ⅰ型数控铣削系统控制下的 ZJK7532 数控钻铣床的数控加工操作步骤进行。

（9）零件加工后检验

按传统铣削加工的检验方法，使用合适的量具（如用量程为 0～150mm 的游标卡尺）对加工后零件进行检验。

（10）结尾工作

清扫机床及周围环境卫生，退出数控系统，关闭机床操作面板钥匙开关，退出 Windows 系统，依次关闭各电源开关：计算机主机电源→显示器电源→机床控制柜开关。

习　题　6

6.1　数控机床选用的一般原则是什么？数控机床的主参数有哪些？在购置订货时应注意哪些问题？

6.2　数控机床的安装调试，主要有哪些工作？

6.3　数控机床如何进行地线连接？

6.4　相序检查方法有哪些？

6.5　数控机床的几何精度和定位精度检查的验收内容有哪些？举例说明。

6.6　如何进行数控机床的设备管理？

6.7　试说明 MTBF、MTTR 代号的含义，什么是平均有效度？数控机床的可靠性如何度量？

6.8　数控机床的维修包含哪些内容？

6.9　解释说明数控机床的故障规律曲线。

6.10　数控机床的日常维护与保养有何重要性？如何搞好数控机床的日常维护与保养工作？

6.11　数控机床的故障诊断按什么步骤进行？有哪些具体方法？

6.12　采用换板法进行数控机床的故障诊断时应注意哪些问题？

6.13　应如何处理数控系统不能接通电源的故障问题？

6.14　对数控机床液压系统故障应如何处理？

6.15　图形交互数控自动编程系统有何特点？国内外有哪些常用软件？

6.16　MasterCAM 产生 NC 程序的主要内容有哪些？

6.17　如图 6.52 所示为某工件外形，单位为英寸，采用外形铣削和钻孔模组分别产生工件外部轮廓与钻四个孔的刀具路径，建议使用的刀具及切削用量如表 6.8 所示，试产生该图形和其刀具路径，最后得 NC 程序，并在相应的数控铣削系统中进行模拟。

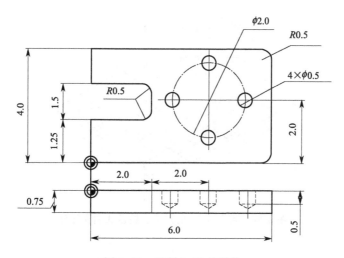

图 6.52　习题 6.17 的零件

表 6.8　习题 6.17 工件刀具路径的刀具及切削用量

刀具编号	刀具直径 /in	XY 进给率 /(in/min)	Z 轴进给率 /(in/min)	主轴转速 /(r/min)
1	1.0	15.0	10.0	3000
2	0.5	15.0	—	1500

6.18 切削如图 6.53 所示工件的内槽，单位为 in，要求使用两支刀具：0.5in 端铣刀做粗切削，粗切削的切削间距为 0.35in（或者 0.7D）；0.25in 端铣刀做精切削，精切削次数是 1，精切削间距为 0.1in。试产生该图形和其刀具路径，最后得 NC 程序，并在相应的铣削数控系统中进行模拟加工。

6.19 如图 6.54 所示，为挖槽、铣昆式三维曲面零件，采用自动编程，零件材料为蜡模。为提高数控加工轨迹的模拟速度，试设置挖槽和昆式曲面铣削时的工艺参数，产生其刀具路径和 NC 程序，并在相应的铣削数控系统中进行模拟加工。

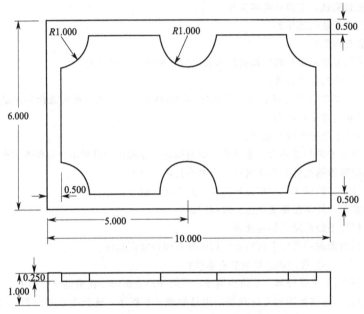

图 6.53 习题 6.18 的零件

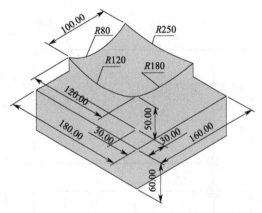

图 6.54 习题 6.19 的挖槽、铣昆式曲面零件

参考文献

［1］ 张建钢，胡大泽主编．数控技术．武汉：华中科技大学出版社，2000.
［2］ 朱晓春主编．数控技术．北京：机械工业出版社，2007.
［3］ 明兴祖主编．数控加工技术．第2版．北京：化学工业出版社，2008.
［4］ 王永章主编．数控技术．北京：高等教育出版社，2003.
［5］ 吴晓光主编．数控加工工艺与编程．武汉：华中科技大学出版社，2010.
［6］ 华茂发主编．数控机床加工工艺．北京：机械工业出版社，2000.
［7］ 陈洪涛主编．数控加工工艺与编程．第2版．北京：高等教育出版社，2009.
［8］ 韩建海主编．数控技术及装备．第2版．武汉：华中科技大学出版社，2011.
［9］ 杨有君主编．数控技术．北京：机械工业出版社，2005.
［10］ 王贵明编著．实用数控技术．北京：机械工业出版社，2000.
［11］ 张兆隆，陈文杰主编．数控加工技术实训．第2版．北京：高等教育出版社，2008.
［12］ 明兴祖，姚建民主编．机械CAD/CAM．第2版．北京：化学工业出版社，2009.
［13］ 赵玉刚，宋现春主编．数控技术．北京：机械工业出版社，2003.